图解服装立体裁剪与板样

徐丽　主编

化学工业出版社
·北京·

内容简介

本书共三部分，分别介绍了现代立体裁剪法相关情况、服装裁剪基础知识及裁剪制图实例。实例中介绍了男式服装裁剪图、女式服装裁剪图、儿童服装裁剪图以及帽子、鞋子、手套裁剪图，并介绍了男衬衫参考尺寸、男式服装参考尺寸、女式服装参考尺寸、女式夏装参考尺寸、服装号型等服装裁剪常用数据。

图书在版编目（CIP）数据

图解服装立体裁剪与板样 / 徐丽主编. —北京：化学工业出版社，2024.3

ISBN 978-7-122-44815-6

Ⅰ.①图… Ⅱ.①徐… Ⅲ.①立体裁剪 Ⅳ.①TS941.631

中国国家版本馆CIP数据核字（2024）第002417号

责任编辑：彭爱铭 张 彦　　　文字编辑：张熙然
责任校对：宋 夏　　　装帧设计：孙 沁

出版发行：化学工业出版社
（北京市东城区青年湖南街13号 邮政编码100011）
印 装：三河市延风印装有限公司
787mm×1092mm 1/16 印张13 字数269千字
2024年4月北京第1版第1次印刷

购书咨询：010-64518888　　　售后服务：010-64518899
网 址：http://www.cip.com.cn
凡购买本书，如有缺损质量问题，本社销售中心负责调换。

定 价：59.00元

FOREWORD 前言

立体裁剪是以人台或模特为操作对象，是一种具象操作，所以具有较高的适体性和科学性。立体裁剪的整个过程实际上是二次设计、结构设计以及裁剪的集合体，操作的过程实质就是一个美感体验的过程，因此立体裁剪有助于设计的完善。立体裁剪是直接对布料进行的一种操作方式，所以，对面料的性能有更强的感受，在造型表达上更加多样化，许多富有创造性的造型都是运用了立体裁剪来完成的。

中国近现代服装裁剪技术发展的历程，立体的裁剪是服装发展中一个重要的转折点，它标志着中国裁剪技术已经摒弃了传统中国裁缝重经验、轻科学的经验主义，中国服装制作开始以科学实证的方法，走上了一条科技创新之路。

凡是接触过服装裁剪的技师，都有这样一个体会，要画好一件服装裁剪图，较困难的就是对衣片的袖孔和袖子的定点绘画。因为服装的其它部位都可按照人体的测量数据，以一定的比例分配定点划线；而对衣片袖孔和袖子的定点划线的尺码数据，既不能从人体上直接测量所得，也没有一个统一的比例分配公式，这就给服装裁剪带来了一定的困难。

立体裁剪的特点如下：其一，袖系基数的确认，是在广泛调查、测量、验算、实践的基础上，以及根据四季服装的不同厚度与内外层次等因素，进行综合分析，找出的比较合乎实际和带有一定规律性的数据。因此，作为袖系制图的定点划线公式，比较准确、合理，因而是科学的。

其二，方法简便、统一。在制图时，用袖系基数，不论男式、女式、童装，都可用统一方法、统一公式计算绘画，这就非常方便，易记易学。衣片的袖孔和袖子也都是以袖系基数为基础，这样就使袖孔和袖子同步变化，从而保证了在装配时能正确缝合。在装袖时，“袖吃势”的比例因素反映了“立体裁剪”的准确性和统一性。

其三，在目前采用的服装裁剪制图中，大都是先确定前后衣片的胸围尺寸以后，除去胸宽和背宽的尺码，余下的作为袖孔的宽度。袖孔的深度也往往是包括肩斜一起计算的。这样，就影响袖孔制图的稳定性，时大时小，缝合困难，有时还会因服装式样的变化而引起袖孔的深、宽变化而难以掌握。“立体裁剪”是先确定袖孔的深度和宽度后，再作其它部位的制图，这样就保证了袖孔制图的相对稳定。这是“立体裁剪”的独特之处。

“立体裁剪”是服装裁剪制图技术中的一项重大的改革和创新，肯定有不完美之处。加上作者文化有限，在文字叙述、制图、绘画等方面，都会有不足之处，希望广大读者提出宝贵意见，本人email为skyxuli888@sina.com。

本书适合大中专院校服装设计相关专业的师生阅读，也可供从事服装裁剪工艺和服装制作的人员参考。

徐丽

目录

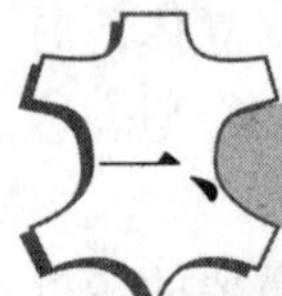

一、服装裁剪新法

二、服装裁剪基础知识

三、裁剪制图实例

附录

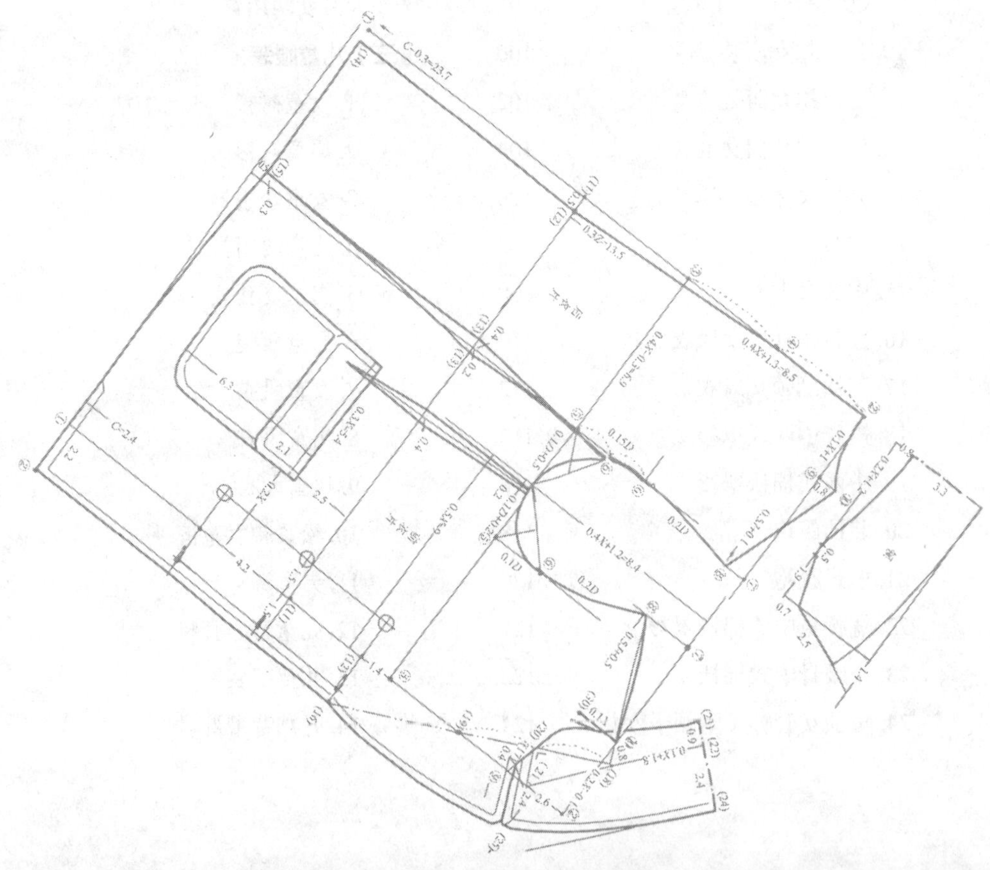

一、服装裁剪新法

（一）服装裁剪新法概述

目前，服装裁剪方法有比例裁剪、原型裁剪、立体裁剪等多种。我国多数采用比例裁剪法。比例裁剪法就是根据对人体测量和宽放量所得的尺寸，按照衣片的组合情况按比例分配的方法计算制图，如胸/4、臀/6、腰/2等。对有些不易测量或无法测量的部位，如衣片的肩斜度、衣片袖孔深和宽的制图等，用胸围的一定比例加减定数的方法计算制图。从目前实践的情况来看，这种方法基本上还是可行的。特别对一般服装的中档尺寸比较适用，袖孔和袖子都能较正确地缝合。但是，经不起尺码的推档，若服装的尺码过大或过小，就会影响制图的准确性。如果式样有所变化（特别是袖形的变化），就不能适用了。服装有内衣、外衣之分，即使是外衣，也有单、夹、棉、罩之别，它们之间存在穿着“层次”关系。如果用比例分配计数算式制图，将会影响制图的准确性。此外，各地各人采用的算式也各不相同。例如，有人把袖子的大小、袖山的高低、袖孔的深浅和阔度，都用胸围尺寸的1/6作比例，有的人分别用胸围尺寸的2/10、0.5/10、1.5/10、2/10作比例，还有的人分别用1.5/10、1/10、2/10、1/10作比例……且都还要加上几寸几分，以用来调节。总之，算式种类五花八门，各不相同，并且没有说明为什么要用几分之几胸围加几寸几分，使初学者找不到内在联系和基本规律，只能按照书中的举例尺寸，依样画瓢。一旦改变尺寸，就束手无策。

立体裁剪是用半胸围的尺寸加服装内外的增值来确定袖系基数，然后用袖系基数来控制袖子和袖孔的大小，使其准确吻合。

不同类型的服装的增值不同。增值是根据服装穿着的层次关系确定的。比如说，穿在里面的衬衫袖子可以小些；罩在外面的罩衫袖子宜大些；大衣穿在服装的最外层，所以袖子应更大些。根据这些实际情况，把各类服装按照内外层次进行排队列表，并给它们各自规定一个合理的补偿值——增值（表1-1）。增值用符号δ表示。

表1-1　各类服装的增值

服装名称	短袖女衬衫	长袖女衬衫	轻便两用衫	拉链衫	中山服	棉中山装	男衬衫	棉袄罩衫	风大衣	短大衣	呢大衣	风雪大衣
增值	1.5寸	2寸	3寸					4寸		4~5寸	5寸	6寸

注：表内未注明男式或女式者，均为男女通用；如裁剪的服装在增值表中没有，可参照近似服装品种的增值。寸是我国传统长度单位，1寸＝3.33厘米。

凡是懂得一点服装裁剪知识的人都知道，要学好服装裁剪制图，关键是对前后衣片的袖孔弧线和袖子的定点绘制。因为这两个关键部位的制图数据很难从人体或成品服装上直接测量得到，而且不同的服装式样、不同的尺码，其定点的数据都是不同的，这就给初学者带来了困难。

现在用袖系基数绘划袖子和袖孔，既符合人体横向的增长规律，又符合穿着的实际需要，且在公式中没有不规则的加减定数，可适应男女老幼、春夏秋冬各类服装的裁剪。

（二）服装裁剪新法的理论根据

为了使初学者能够完整地了解公式构成的来源，现把人体各主要部位的测量方法（图1-1）、数据、人体展开图以及半胸围到袖系基数的过程分段叙述。为方便起见，半胸围用符号X表示，袖系基数用符号D表示。

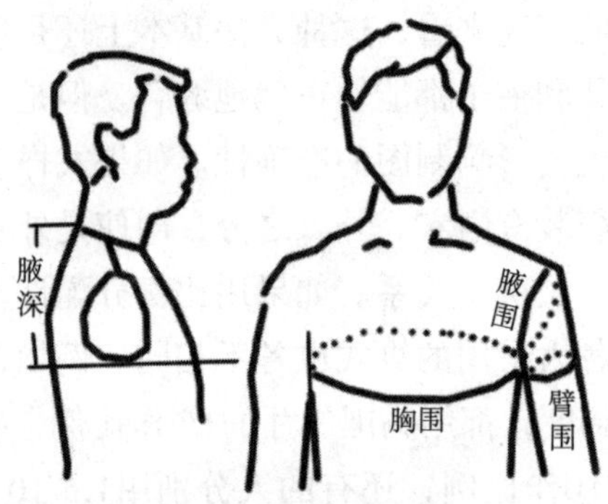

图1-1 人体主要部位的测量

在长期的实践中，从男女老幼身上测量到大量的体型数据。经过整理、分析、研究后，发现半胸围和其他各部位之间存在着一定的函数关系（表1-2）。

表1-2 半胸围和其他各部位之间的关系 单位：寸

部位	数据					比例
胸围	15	18	21	24	27	$2X$
半胸围	7.5	9	10.5	12	13.5	X
臂围	4.6	5.6	6.6	7.6	8.6	$0.666X-0.4$
腋围	7.35	8.52	9.69	10.86	12.03	$0.78X+1.5$
腋深	3.4	4	4.6	5.2	5.8	$0.4X+0.4$

表1-2中的数据说明：人体的臂围尺寸，等于半胸围尺寸的2/3－0.4寸，即$0.666X-0.4$；人体的腋围尺寸，等于半胸围尺寸的39/50＋1.5寸，即$0.78X+1.5$寸；人体的腋深尺寸，等于半胸围尺寸的2/5＋0.4寸，即$0.4X+0.4$。

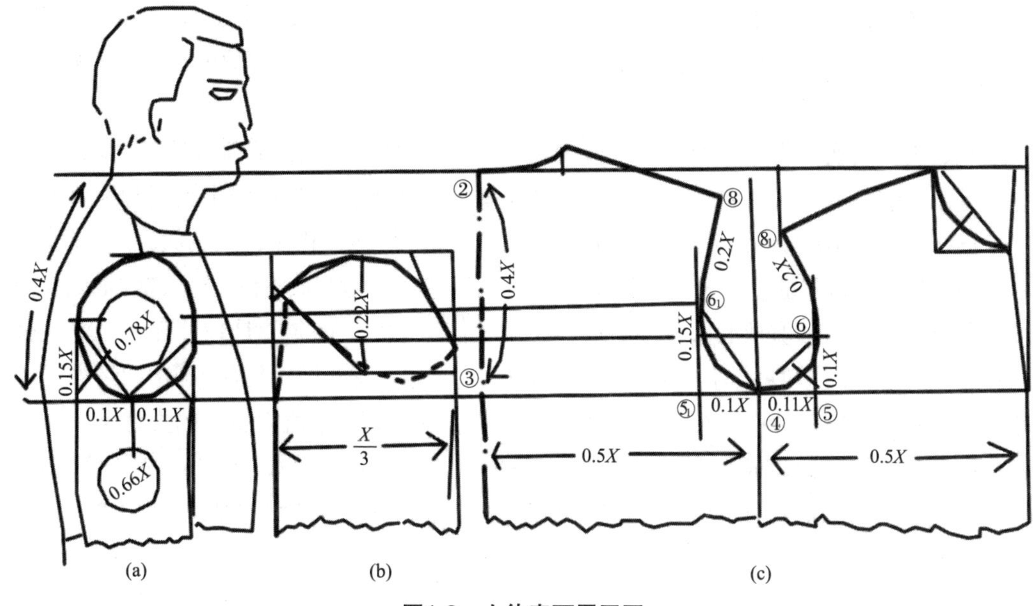

图1-2　人体表面展开图

根据表1-2中的比例关系（暂时不考虑增减常量），用测得的半胸围数据直接画一幅人体表面的展开图（图1-2）。图1-2（a）是人体测量的比例示意图。圆圈中的0.78*X*，表示人体腋围尺寸与半胸围尺寸的比例关系；小圆圈中的0.66*X*，表示人体臂围尺寸与半胸围尺寸的比例关系。图1-2（b）的手臂双层尺寸是根据0.666*X*/2绘成的。如果把双层的手臂图样恢复到圆筒的手臂状态，它的直径就是0.666*X*/π = 0.21*X*。袖山深用0.22*X*表示，是按照手臂圆柱体的43°　36'斜切割来制定的。

图1-2（c）的②～③是腋深。这是根据图左的人体腋深比例直接绘划的，所以用0.4*X*。

手臂孔⑤～⑤$_1$是手臂与正身的吻合结构，手臂孔的宽度是由手臂粗细决定的。既然已知手臂的直径是0.21*X*，那么手臂孔的宽度公式当然也是0.21*X*。由于人们的两臂经常向前活动，所以手臂孔就要偏向前面。因此，前手臂孔④～⑤用0.11*X*，后手臂孔④～⑤$_1$用0.1*X*。

前袖标⑤～⑥采用0.1*X*，是臂围的半径；后袖标⑤$_1$～⑥$_1$采用0.15*X*，比前袖标高0.05*X*。主要是由手臂根部形状和手臂活动情况来决定的。如果把⑥～⑥$_1$两点连接起来，手臂犹如活动的转轴。

根据图1-2（c）④⑤⑥和④⑤$_1$⑥$_1$，画成的臂孔底部弧线的长度是0.38*X*，加上⑥～⑧$_1$和⑥$_1$～⑧的两个0.2*X*，臂孔弧线的总长度是0.78*X*，这与测量到的腋围比例相符合。以上就是人体横向比例的展开理论。

上面讲的是人体横向的比例关系，是作为服装结构的比例依据，而不是服装裁剪图。

大家知道，除了有松紧的针织内衣，服装的胸围尺寸一般都要比人体的实际胸围放宽几寸，中山装宽放6寸，春秋大衣宽放8寸，冬季的厚呢大衣宽放9～10寸，风雪棉大衣则需宽放11～12寸。

假定人体的实际胸围是24寸，手臂围是8寸，做一件中山装的胸围就需要宽放6寸，也就是说服装的胸围尺寸要做30寸。那么袖子要做多大呢？如果按照半胸围和手臂的比例（15×0.666＝10）计算，是10寸，这与手臂的实际尺寸8寸相比，只宽放2寸，显然是不够的。根据实践经验，袖子与手臂的宽放量最好达到正身宽放量的2/3。这就是说，袖子尺寸要比手臂尺寸宽放4寸，即衣袖要做到12寸。那么多少的2/3是12寸呢？当然只有18寸的2/3才是12寸。18寸与半胸围15寸相比，还差3寸，这3寸就是在绘画中山装袖子和袖孔时，在半胸围尺寸中需要另外增加的寸数，就是增值。增值因服装的类型不同而不同，所以只能统一地写成半胸围＋增值（$X+\delta$）。为了简化书写，把“$X+\delta$”用“D”代替，D就是袖系基数。用袖系基数D绘制的立体裁剪图也称D式裁剪基图（图1-3）。

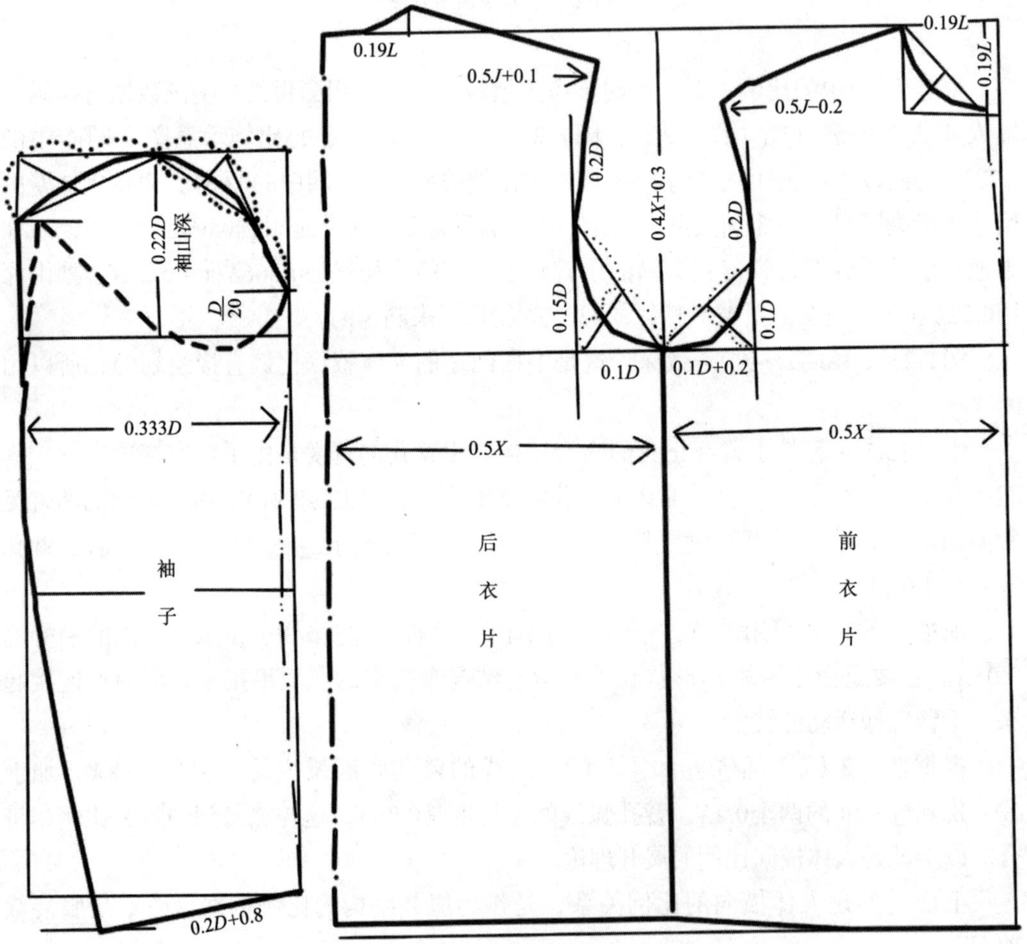

图1-3 D式裁剪基图

D式裁剪基图不但公式统一，而且易记易算。如果把图中的公式归纳起来，可以简单地写成如下要诀：

D式裁剪重理论　　公式统一计算易
只要搞懂一个D　　服装裁剪真方便
衣长袖长按身量　　大小根据半胸围
前后衣片对半分　　四胸三增袖孔深
绘画袖子和袖孔　　半胸围上加增值
女衫二寸外衣三　　四罩五大六风雪
为了增值简作D　　袖肥三三深二二
一一二划前袖孤　　一一五二后袖弧

（三）服装裁剪新法的特点

立体裁剪是一种新的裁剪方法，它结构合理，论证确切，易学易记，对初学习裁剪者是一条捷径，能快速学成，而且能帮助弄清制图中的算式来源。其主要特点有四：

① 制图简易，袖孔和袖子数据稳定。立体裁剪制图是以绘制袖孔大小为主要手段，先确定袖孔的深度和宽度，余下的再作为肩斜度和胸宽、背宽的数值。这样既保证了袖孔的长短宽窄和图形的稳定，又有一定的规律可循。

② 能准确缝合。因为立体裁剪制图不论是衣片的袖孔制图，还是袖子的制图，都用同一的袖孔基数“*D*”作为计数算式，袖孔和袖子两者之间同步变化。所以不论是内衣、外衣、夏装、冬装、尺寸大小，其袖子和衣片的袖孔都能正确缝合。

③ 裁剪公式的统一性。在立体裁剪中，不论是男式、女式或儿童服装，也不论是不同的尺码规格或不同的服装品种、式样，其袖孔和袖子的制图定点公式，都是统一的。

目前，在多数的服装裁剪书中定点计数算式，名曰公式，但实质上都不能相互通用。立体裁剪用的是统一算式，使初学者容易掌握要领，并能举一反三，达到触类旁通、广泛应用的良好效果。

④ 结构上的合理性。立体裁剪的制图方法是在广泛调研的基础上，对人体的胸围、臂围和腋围的发育关系，以及四季服装厚度和内外层关系等因素，进行综合分析，找出比较合乎规律的函数关系，并经过千百次的反复验算和实践，才得出这个立体裁剪的制图定点的制图公式。

二、服装裁剪基础知识

（一）尺的选择

要知道一个人的高、矮、胖、瘦，要知道衣服的长短大小，需要用到尺。

要绘划裁剪制图或要测量一下衣服的成品规格，也同样需要用到尺。

尺有硬尺或软尺之分，硬尺供制图和量料，软尺适用于量体。常见的有市尺（1市尺＝33.33厘米）和公尺（1公尺＝1米）两种。市场上供应的成品服装的标码多数用厘米，但自行裁剪的人，却喜欢使用市尺。因为市尺的长度适中，尺花分格清楚，加之市尺在民间流传普遍，到处都能找到，所以本书也采用市尺，并用市寸（1寸＝3.33厘米）作为计量单位，小数点以后一位为市分（1分＝0.33厘米）。如四寸八写作4.8寸，五分写作0.5寸等。现将市寸尺和厘米尺的实样对照如下（图2-1、图2-2）。

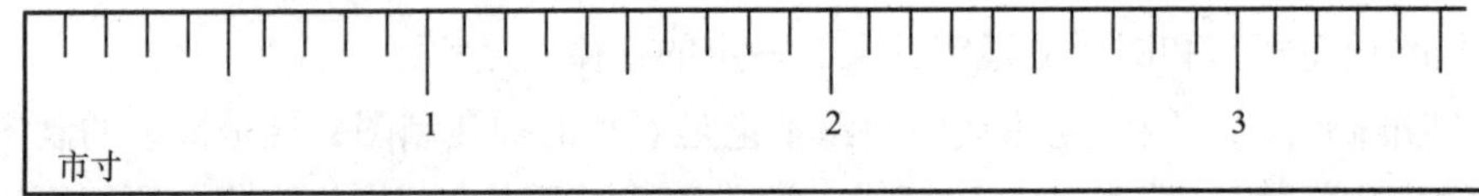

图2-1　市寸尺

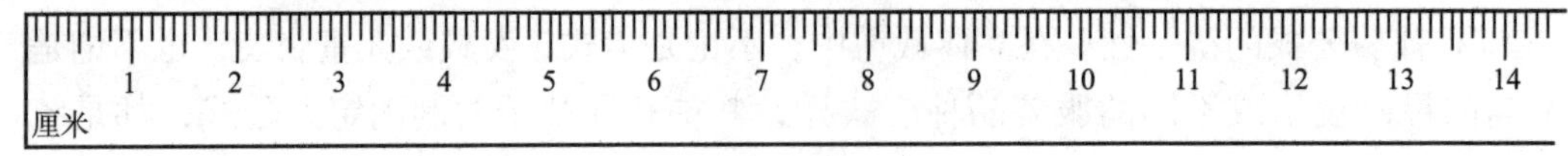

图2-2　厘米尺

本书中裁剪制图实例，除标有▲（或另有注明）外，其余制图均采用1∶5比例绘制，比例尺附书后。

（二）量体知识

要使服装裁剪、缝合得贴体合身，量体是重要的因素之一。量体所得的尺寸是制图的主要依据。尺寸量得是否准确，将直接影响到服装制成后的质量和穿着的舒适度。

量体有一定的步骤和技巧，必须在熟悉体型特征的基础上进行反复实践，才能不断地熟练和提高。现将有关量体的步骤和注意事项介绍如下。

1. 测量的步骤、部位和方法（图2-3、图2-4）

（1）总长：从颈后第七颈椎骨（即衣服的后领根处）起，向下量至脚底（不包括鞋后跟）的长度，是分配服装长度的基本依据。代号为Z。

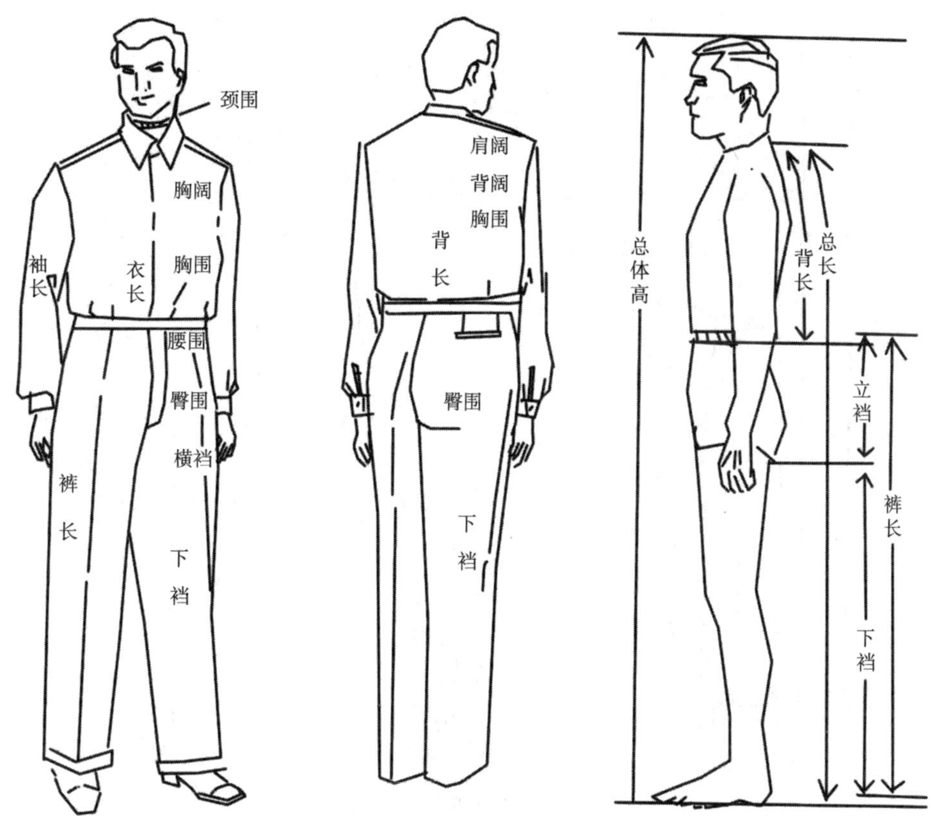

图2-3　男子量体示意图

（2）衣长：从紧贴颈部的肩缝起，向下量至所需长度止。代号为C。

（3）胸围：从腋下经过背部至前胸最丰满处围量一周，但不包括乳房（图2-4），并根据不同服装品种，另加宽放量。放入宽放量后的胸围尺寸的一半称半胸围，其代号为X。

（4）腰围：在腰部最细处围量一周，宽放量另加。半腰围的代号为Y。

（5）臀围：在臀部最丰满处围量一周，宽放量另加。半臀围的代号为T。

（6）肩宽：从左肩骨外端平量至右肩骨外端，并按照服装的式样需要，酌情加放少量的宽放量。肩宽的代号为J。

（7）袖长：从肩骨外端量至手腕（或手背）。棉衣或有肩垫的服装，酌情加放0.5～1寸的宽放量。代号为SC。

（8）领围：在颈部最细处围量一周，宽放量另加。代号为L。

（9）背长：从后领根量至腰间最细处。代号为H。

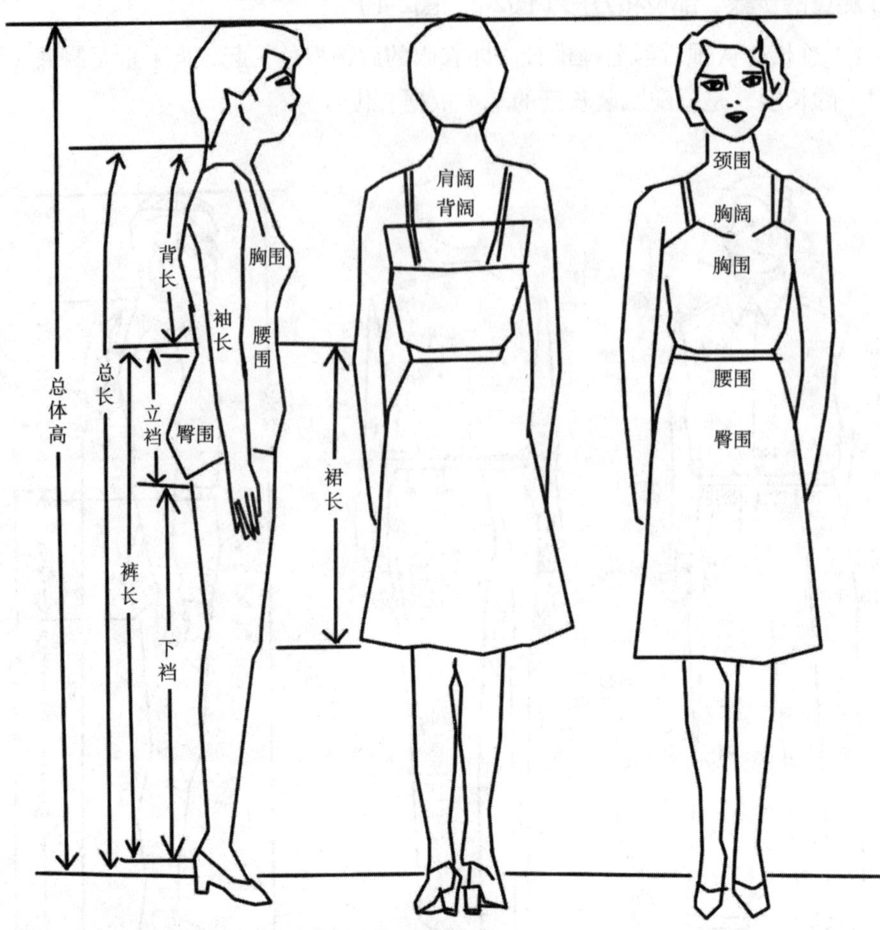

图2-4　女子量体示意图

（10）裤长：从裤腰上口起，向下量至所需长度止。代号为*KC*。

（11）裙长：从裙腰（或裤腰上口）起，向下量至膝盖下2寸左右，儿童略高。代号为*QC*。

（12）下裆：从腿内侧的腿根起，向下量至裤子所需长度止。

（13）立裆：又称直裆或上裆。是裤长减去下裆的尺码；或从裤腰上口起，量至臀下弧沟止。也可坐在凳上，从腰上口量至凳面再加放0.4寸。代号为*d*。

（14）脚口：也称裤脚或下口，一般可按0.4臀围加0.5寸计算，或根据需要而定。代号为*K*。

（15）前腰节：从紧贴颈部的肩缝处，经过乳峰量至腰间最细处。代号为*E*（图2-5）。

（16）后腰节：从紧贴颈部的肩缝处，经过背高点量至腰间最细处。代号为*F*（图2-5）。

（17）乳高：从颈侧肩缝处量至乳峰最高处的距离。代号为R_g（图2-6）。

（18）乳距：即两乳之间的距离，主要是用来确定胸省省尖位置。代号为R（图2-6）。

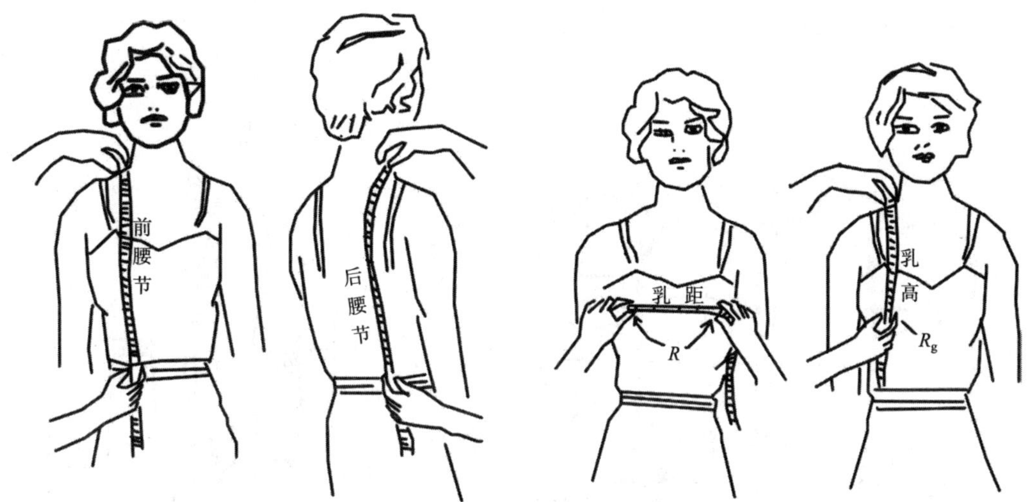

图2-5 测量前后腰节示意图

图2-6 测量乳高、乳距示意图

2. 量体时的注意事项

① 量体时，被测量者应立正站直，姿势自然。量时软尺不要拉得过紧或太松，一般以能垫入二指为宜。长量时，尺要垂直；横量时，尺要保持水平。

② 测量时，首先要仔细观察被测者的体型，对特殊体型的人（如挺胸、凸背、胖肚、肥臀、高低肩等），还应测量其特殊位置。

③ 测量前要咨询一下被测量者的穿着习惯和穿着要求，做到心中有数。

④ 当因故无法测量人体尺寸时，可以根据本人成品服装的实际尺寸测量。方法如图2-7所示。

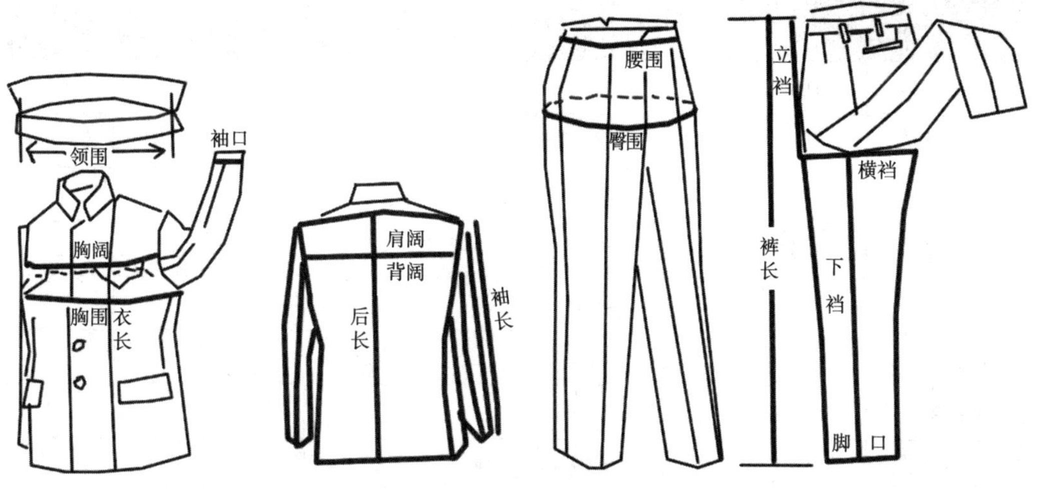

图2-7 成品服装测量示意图

（三）服装的长度标准和围度宽放量

男装长度标准示意和围度宽放量见图2-8和表2-1。

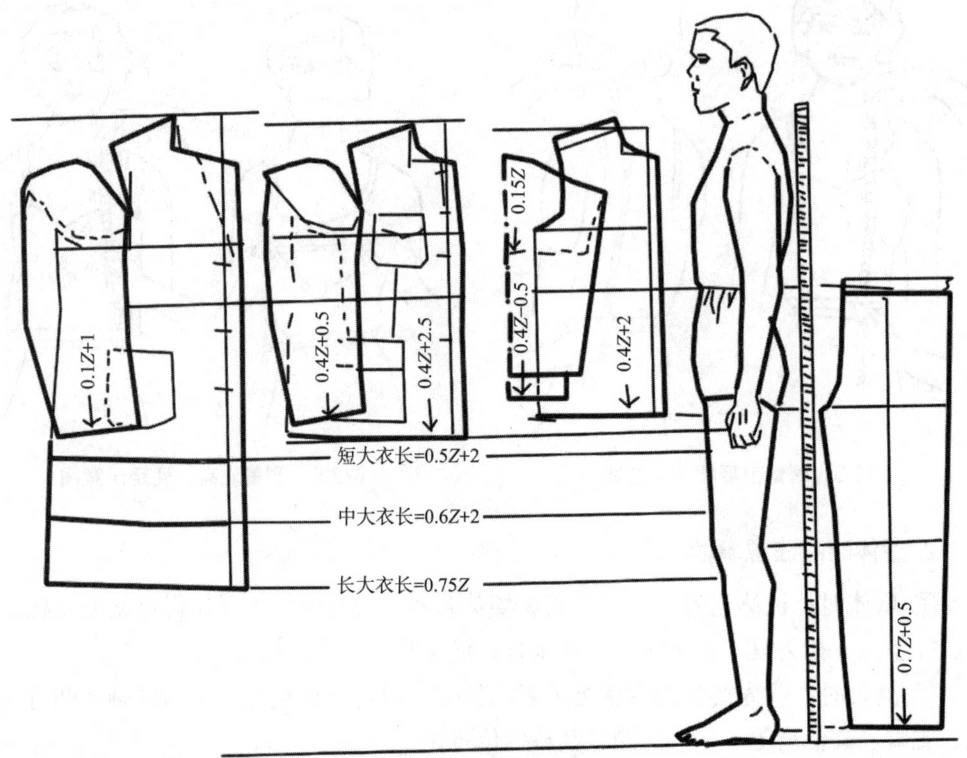

图2-8　男装长度标准示意图

表2-1　男装的长度标准和围度宽放量　单位：寸

名称	长度标准			围度宽放量			
	衣长	袖长	裤长	胸围	腰围	臀围	领围
短袖衬衫	0.44Z+1.5	0.15Z		5			0.8～1
长袖衬衫	0.44Z+5	0.4Z−0.5		6			0.8～1
西装	0.44Z+2.5	0.4Z+0.5		5		4	
两用衫	0.44Z+2.5	0.4Z		6		4	2
中山装	0.44Z+2.5～3	0.4Z+0.5		7		5	1.7
风大衣	0.75Z	4.4Z+1		8			3
棉袄罩衫	0.44Z+3～3.5	0.4Z+1		8			2.4
短大衣	0.5Z+2	0.4Z+1		10			3.5

续表

名称	长度标准			围度宽放量			
	衣长	袖长	裤长	胸围	腰围	臀围	领围
中大衣	0.6Z+2	0.4Z+1		10			3.5
长大衣	0.75Z	0.4Z+1		10			3.5
棉长大衣	0.75Z+2	0.4Z+2		12			4
男长西裤			0.7Z+0.5		0.8	3~4	
男短西裤			Z/4+2		0.5	3~4	
男衬裤			Z/4+1			3~4	
男睡裤			0.7Z			3~4	

注：胸围以衬衫外测量为依据；领围以颈围一周为依据；臀围以单裤外测量为依据。测量条件有变化时，酌情增减。

女装长度标准示意和围度宽放量见图2-9和表2-2。

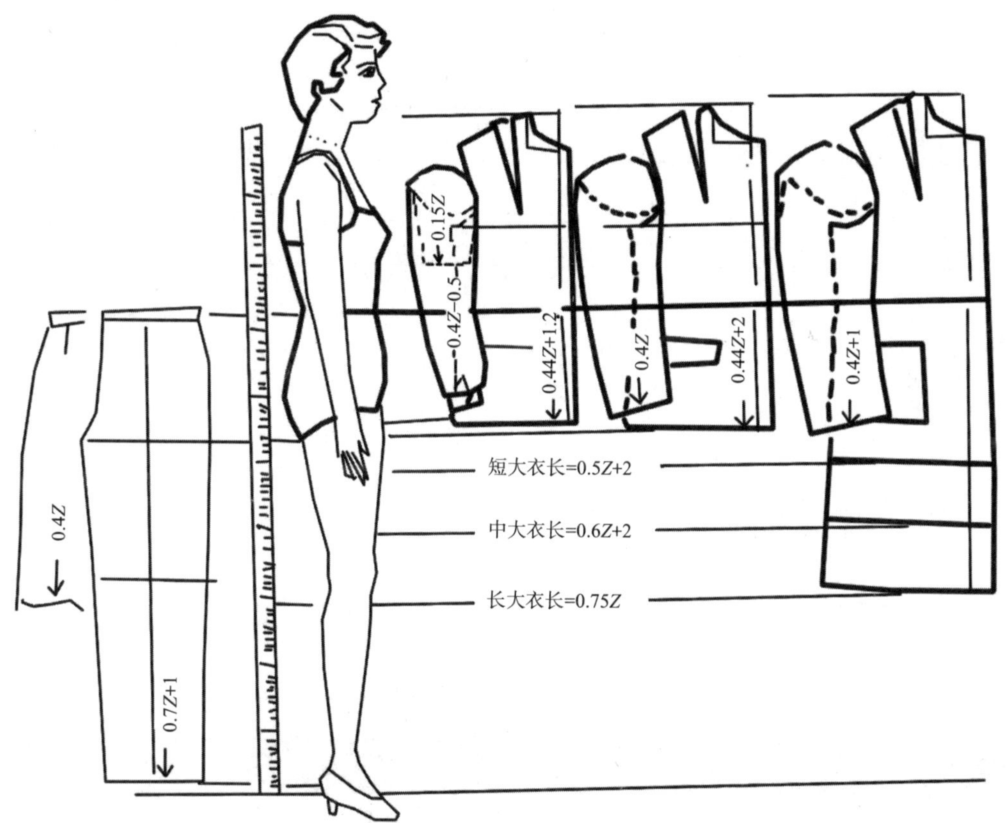

图2-9　女装长度标准示意图

表2-2　女装的长度标准和围度宽放量　　单位：寸

名称	长度标准			围度宽放量			
	衣长	袖长	裤长	胸围	腰围	臀围	领围
短袖衬衫	0.44Z＋1	0.15Z		3.5		2.5	1
长袖衬衫	0.44Z＋1.2	0.4Z－0.5		4		3	1
连衣裙	0.7Z	同衬衫		3	2	2	1
旗袍	0.75Z～0.85Z	同衬衫		2	1.5	2	1
西装	0.44Z＋2	0.4Z		5	4	4	
两用衫	0.44Z＋2	0.4Z		5	4	4	2
风大衣	0.75Z	0.4Z＋0.5		7			3
棉袄罩衫	0.44Z＋2.5	0.4Z＋0.5		6		5	2.6
短大衣	0.5Z＋2	0.4Z＋1		9		8	3.5
中大衣	0.6Z＋2	0.4Z＋1		9		8	3.5
长大衣	0.75Z	0.4Z＋1		9		8	3.5
长棉大衣	0.75Z＋2	0.4Z＋1.5		11		10	4
夹背心	0.44Z＋1.5			3～4		2～3	2
女长西裤			0.7Z＋1		0.5	2～3	
女短西裤			Z/4＋2			2～3	
女衬裤			Z/4			3～4	
女睡裤			0.7Z			3～4	

注：胸围以衬衫外测量为依据；领围以颈围一周为依据；臀围以单裤外测量为依据。测量条件有变化时，酌情增减。

（四）服装裁剪制图符号

学习裁剪制图，首先要弄懂制图符号，然后才能按照裁剪公式熟练地绘制出裁剪图来。下面我们将常见的裁剪制图符号做一介绍（表2-3）。

表2-3　裁剪制图符号

符号	名称	说明
①②③④⑤	顺序号	为了便于文字注解，在制图的每一交点旁，按习惯上的绘画先后加注的顺序号

续表

符号	名称	说明
1～2	关系号	是用来说明1根点与2根点之间的关系与尺寸，如1～2、5～7等
	辅助线	衣片各部位制围时的辅助线，线条较细 在前裤片的基础上再绘划后裤片，则前裤片线也称辅助线
	轮廓线	表示衣片的轮廓，线条较粗。裁剪时，必须在此线外加放做缝，故也称净缝线
	点划线	表示衣片双层折叠，不能剪开
	虚线	用来表示叠在下面不易见到的裁剪线 在大袖的基础上划出的小袖
	双点划线	又称线钉线。常用于口袋位置、西装驳头线等
	均分线	表示平均分成若干份
④ ⑤ ③ 0.5X	注寸线	表示从点③到点④的尺寸
	箭头	表示从制图的最上面点起，到箭头所指线的长度
	垂直	表示两条直线相交成90° 直角
	折裥	表示缝合时须折叠的部分。如前裤片的折裥等
	拔开	根据体形需要，衣片在缝制时应按围度的部位
	归拢	根据体形需要，衣片在缝制应紧缩的部位
	罗纹	表示在下摆、袖口等处，装罗纹或松紧带
	塔克	表示衣片折叠后，沿边再加缉缝线
	收绉	根据式样要求，衣片上需要较大幅度收缩的部位
	同寸	表示两个或两个以上的线段尺寸相同
	刀眼	便于缝合袖子，在所剪的小缺口制定位记号
	径向符号	表示衣料的直丝（径线）方向

（五）服装裁剪制图常用术语名词解释

在服装裁剪制图过程中，经常用到一些服装行业上的技术性语言。为了便于大家在学习过程中理解，现将常用术语列于表2-4内。

表2-4 常用术语名词解释

名称	说明
叠门	是指前身开襟处，两片叠在一起的地方
撇门	也称撇止口或撇胸，是指领口、叠门处需要撇进的地方，也称撇势
止口	是指叠门、领子、袋、裤腰等边缘缝合的地方
省	也称省缝、省道、省位。为了适合体型裁衣，衣片上须缝去的部位。如腰省、胸省、肩省等
折裥	根据体型需要，作折叠的中分。如前裤片的两个折裥等
驳头	前领和挂面向外翻转的部位
吃势	小面积的归拢
翘势	衣服底边往上起弧形的地方
覆势	也称肩覆势，男衬衫覆在肩上的双层布料
挂面	叠门的反面，有一层比叠门宽的贴边
袖孔	是指与前后衣片缝合的袖窟窿，俗称袖窿
袖深	袖子上端至袖根部分
袖山	袖子上端成弧形的部分
袖肥	也称袖壮，袖子的阔度
外袖	也称胖肚，是袖子的大片
内袖	也称瘪肚，是袖子的小片
袖标	在衣片和袖片上做对准记号所剪的小缺口，也称刀眼
袖口边	也称克夫，接在衬衫袖子下端的长方形双层布料
推档	服装尺寸的放大或缩小，使各部分的轮廓随之增减
开刀	剪开后再缝合的服装造型手段（多数是顺着收省部分剪开），也称分割
栋缝	裤子的左右旁缝，也称侧缝
挺缝	左右裤管的前后烫褶线
登	具有立体感的意思
摆缝	衣服的左右旁缝，也是前后衣片的拼缝处
净缝裁剪	根据行业习惯，服装裁剪分净缝裁剪和毛缝裁剪两种。以前女式服装大都采用净缝裁剪，先裁好净缝样后，再另放做缝和贴边；而男式服装和衬衫、西装等，大都采用毛缝裁剪，衣片的外形划线包括做缝和贴边。一般讲净缝裁剪（也称净缝制图）比较准确，所以本书采用净缝裁剪

（六）服装制图的部位名称

服装制图的部位名称见图2-10、图2-11。

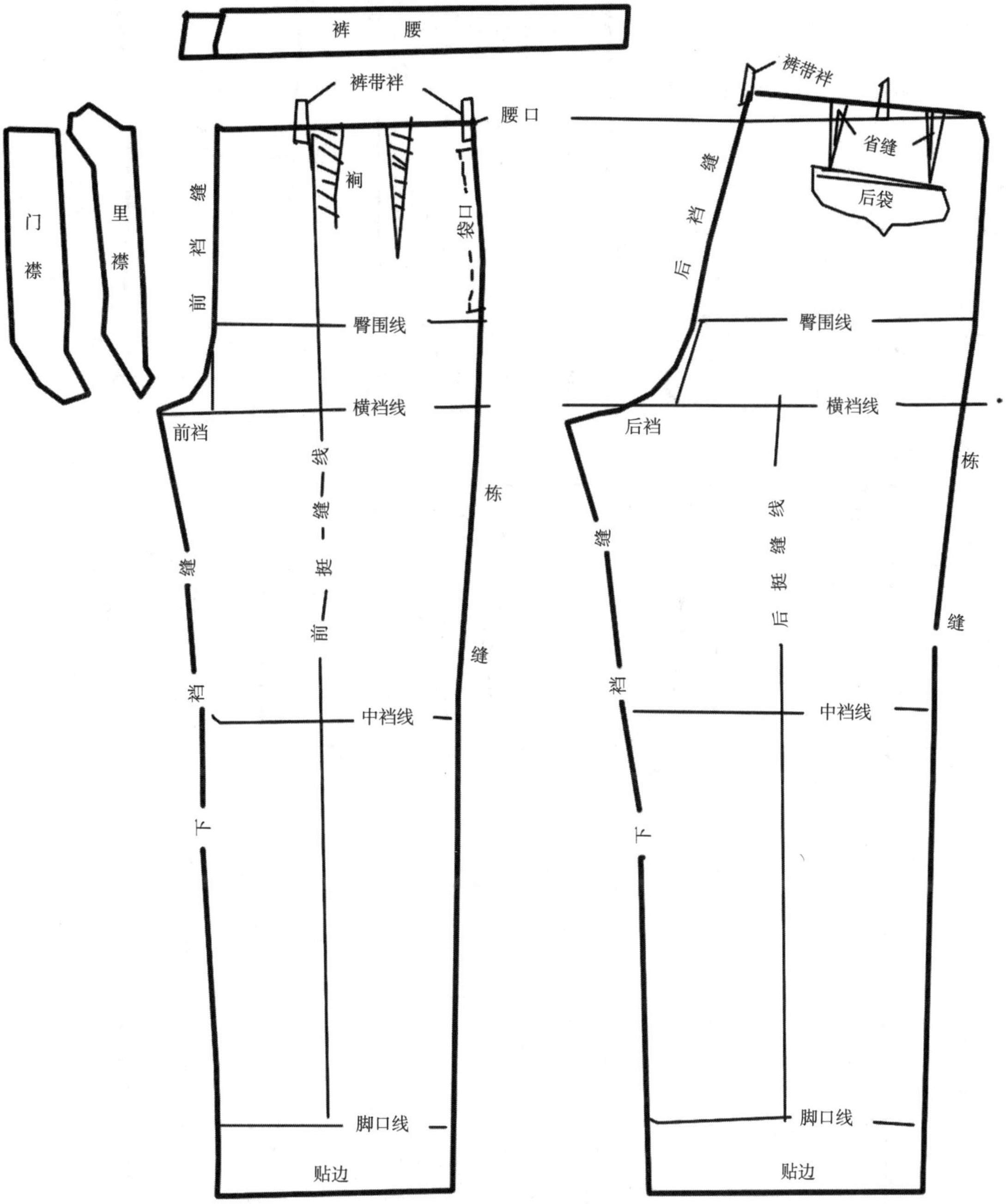

裤腰
裤带袢
腰口
门襟
里襟
前裆缝
裥
袋口
臀围线
横裆线
前裆
前挺缝线
栋缝
下裆缝
中裆线
脚口线
贴边
裤带袢
后裆缝
省缝
后袋
臀围线
横裆线
后裆
后挺缝线
栋缝
下裆缝
中裆线
脚口线
贴边

图2-10　裤片部位名称示意图

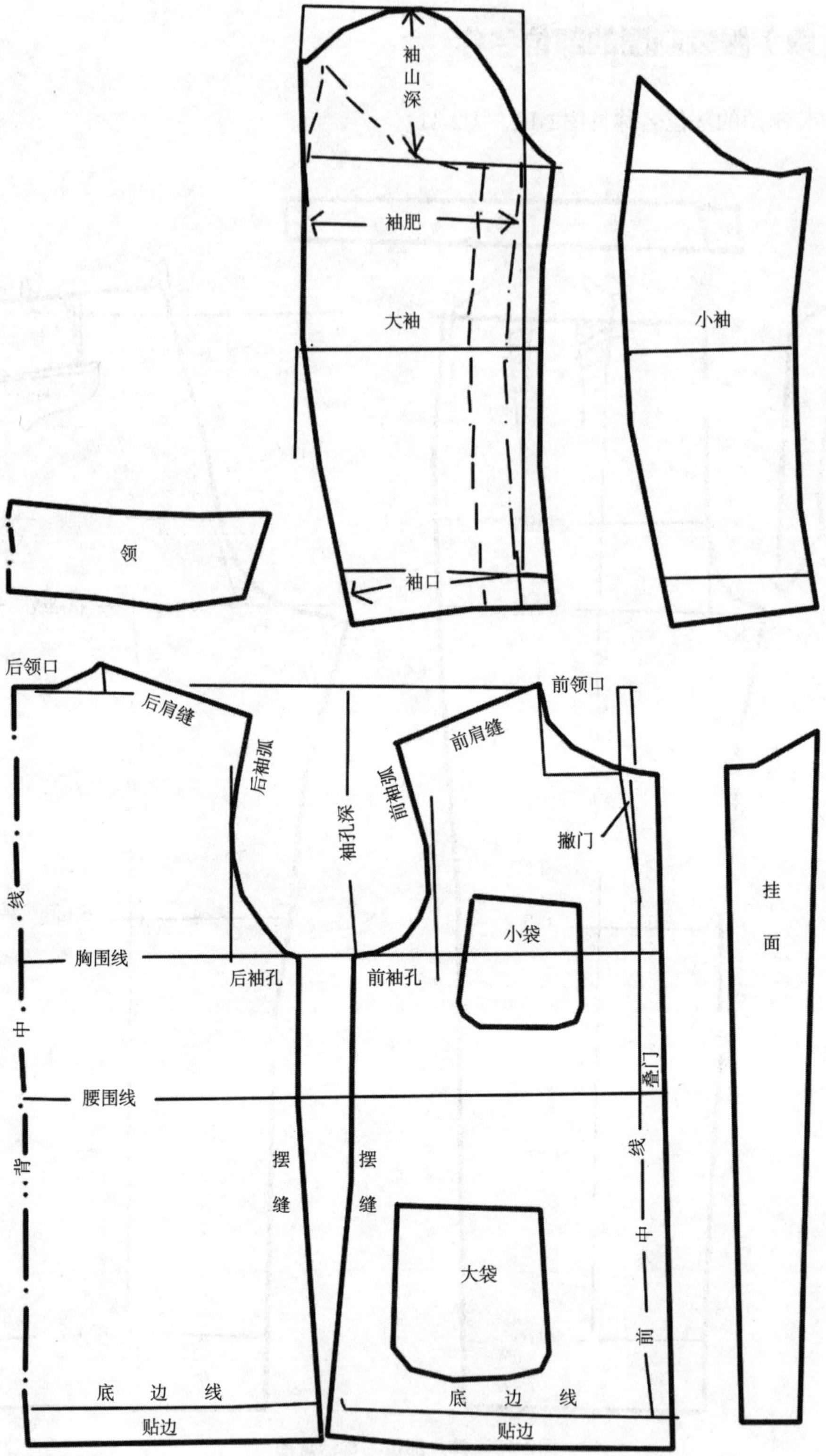

图2-11　上衣衣片部位名称示意图

（七）定点公式的计算

服装为了适应不同体型的需要，有很多尺码分档。如从最小的胸围18寸算起，到最大的胸围44寸，以每隔1寸作为一个分档，就有27个分档。在这27个不同规格的服装中，裁剪制图时其各片衣片的部位定点尺寸是不同的，就要有27套相应变化的具体定点尺寸。裁剪者要把这么多分档的具体尺寸都记在脑子里，比较困难。所以在服装制图中，多用代表数词的文字或符号，以及符号的几分之几的公式来代替。

裁剪使用公式，就免不了要进行计算，例如$D/10$、$D/5$、$D/3$等。为了便于计算和书写，本书中除个别公式外，一般都采用十进位的小数。这样既可以用乘法运算，又可以用加法进行心算。例如，已知$D=18$寸，$X=15$寸，$\delta=3$寸，求$0.1D$。用乘法运算，$0.1D=0.1\times18=1.8$寸；用加法运算，$0.2D$就是两个1.8寸，$1.5D$就是1.5个1.8寸。这些都是容易心算的。下面介绍不易计算公式的速算法。

“$0.18L$”，如果领围尺寸接近于10寸时，可以简化为$0.2L-0.2$寸；如果领围尺寸过大或过小时，则可以把“$0.18L$”看作成$0.2L-0.02L$，这样就可以用倒减法绘制。例如，$L=12.5$寸，那么$0.2L=2.5$寸，$0.02L=0.25$寸。绘划制图时，只要把尺寸的2.5寸对着已知的据点②，再按尺头上的0.25寸处划出新据点⑩就行了。如$0.19L=0.2L-0.01L$，也可采用倒减法直接绘划，无需计算（图2-12）。

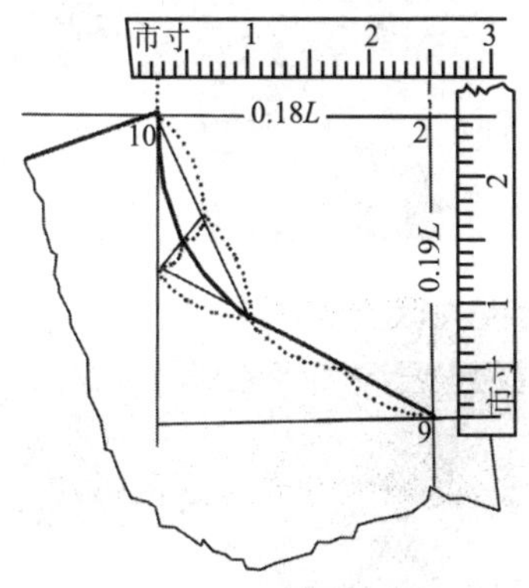

图2-12 用倒减法直接绘划领圈的示意图

“$D/3$”比较难算，简单的办法是把尺子上的长度放大3倍记在心中，即把4寸、5寸、6寸、7寸，分别看成12寸、15寸、18寸、21寸，同时把市寸之间平均分成3小格。如果有条件的话，干脆把尺子按图加注数字，这样制图时就可以按数字直接绘制，无需计算（图2-13）。

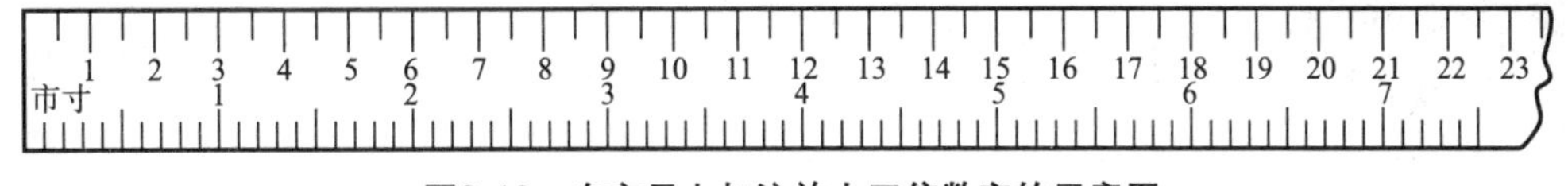

图2-13 在市尺上加注放大三倍数字的示意图

为了方便读者，现把书中常见公式计算结果分别列于表2-5～表2-8。目的是帮助读者彻底搞懂公式的计算方法，无需死记硬背。

表2-5　以半胸围尺寸“X”为依据的计算表　　单位：寸

公式	半胸围									
	10	11	12	13	14	15	16	17	18	19
0.1X	1	1.1	1.2	1.3	1.4	1.5	1.6	1.7	1.8	1.9
0.2X−0.2	1.8	2.0	2.2	2.4	2.6	2.8	3.0	3.2	3.4	3.6
0.4X	4	4.4	4.8	5.2	5.6	6	6.4	6.8	7.2	7.6
0.5X	5	5.5	6	6.5	7	7.5	8	8.5	9	9.5

表2-6　以增值“δ”为依据的计算表　　单位：寸

公式	δ									
	女衬衫	两用衫	中山装	西装	男衬衫	棉袄罩衫	夹大衣	棉大衣	呢大衣	风雪大衣
δ	2	3				4		5		6
0.3δ	0.6	0.9				1.2		1.5		1.8

表2-7　以袖系基数“D”为依据的计算表　　单位：寸

公式	D									
	12	13	14	15	16	17	18	19	20	21
0.1D	1.2	1.3	1.4	1.5	1.6	1.7	1.8	1.9	2.0	2.1
0.1D+2	1.4	1.5	1.6	1.7	1.8	1.9	2.0	2.1	2.2	2.3
0.15D	1.8	1.95	2.1	2.25	2.4	2.55	2.7	2.85	3.0	3.15
0.2D	2.4	2.6	2.8	3.0	3.2	3.4	3.6	3.8	4.0	4.2
0.22D	2.64	2.86	3.08	3.3	3.52	3.74	3.96	4.18	4.4	4.62
D/3	4	4.33	4.66	5	5.33	5.66	6	6.33	6.66	7
0.2D+1	3.4	3.6	3.8	4	4.2	4.4	4.6	4.8	5	5.2

表2-8　以领围尺寸“L”为依据的计算表　　单位：寸

公式	L									
	8	8.5	9	9.5	10	10.5	11	11.5	12	12.5
0.2L	1.6	1.7	1.8	1.9	2	2.1	2.2	2.3	2.4	2.5
0.19L	1.52	1.62	1.71	1.81	1.9	2.0	2.09	2.19	2.28	2.38
0.18L	1.44	1.53	1.62	1.71	1.8	1.89	1.98	2.07	2.16	2.25

续表

公式	L									
	8	8.5	9	9.5	10	10.5	11	11.5	12	12.5
0.5L	4	4.25	4.5	4.75	5	5.25	5.5	5.75	6	6.25
L/6	1.3	1.4	1.5	1.6	17	1.7	1.8	1.9	2	21

（八）服装裁剪制图的绘画步骤

为了便于大家的制图实践，以一件青年式接链衫为例（表2-9），运用立体裁剪的制图方法做分步介绍。

表2-9　青年式接链衫　　单位：寸

部位	总长（Z）	衣长（C）	肩阔（J）	袖长（SC）	领围（L）	半胸围（X）	袖系增值（δ）	袖系基数（D）
尺寸	40	19	12.4	15.5	11.5	15	3	18

1. 前衣片（图2-14～图2-19）

把衣片双层折叠，正面向内，横放在裁剪台上。在衣料的左前角处做点1，点左预留贴边1寸，点前预留做缝（有些衣服还要留出叠门和挂面），顺着衣料的经纬丝纹画纵横基本线（图2-14）。

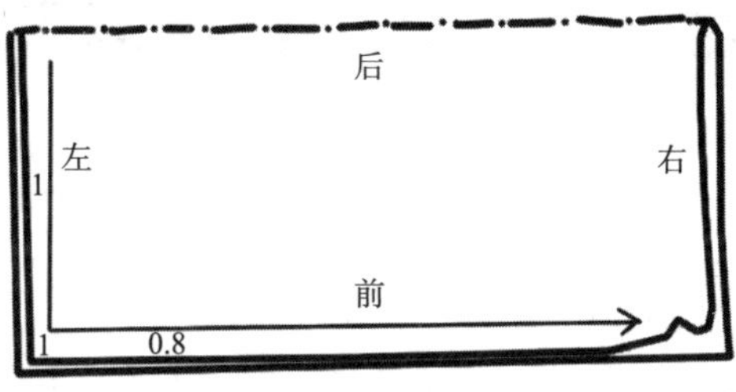

图2-14

由1向右量衣长尺寸做点2，由点2向后画横线垂直于直线12，再由点2向左量$0.4X+0.9=6.9$寸做点3（即袖孔深），并由点3向后画横线垂直于直线12（图2-15）。

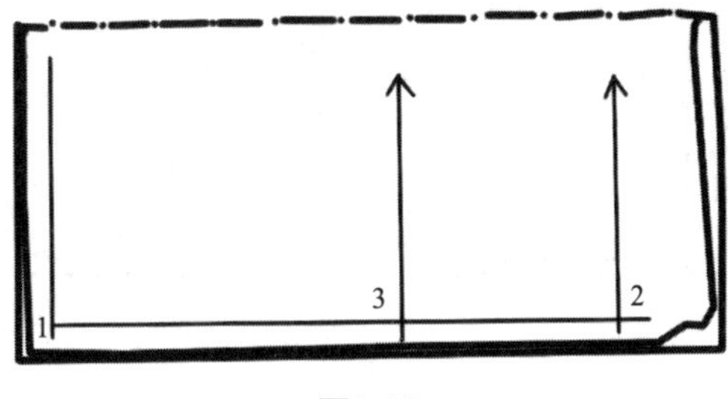

图2-15

由3向后量$0.5X=7.5$寸做点4（即前片胸围大），由4向左画垂直线做点11，再从4向前量$0.1D+0.2=2$寸做点5（即袖孔宽），由5向右画直线，由2向后量0.3寸做点21（即撇门大），由21向左画直线（以后凡直横线均互相垂直）（图2-16）。

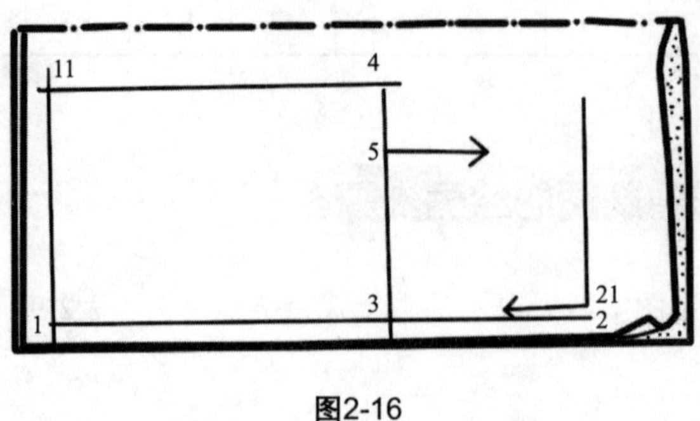

图2-16

由5向右量$0.1D=1.8$寸做点6，向4画斜线，在斜线的中间与5连接做二等分，由21向后量$0.5J-0.2=6$寸做点7（即前肩宽），向左画直线（图2-17）。

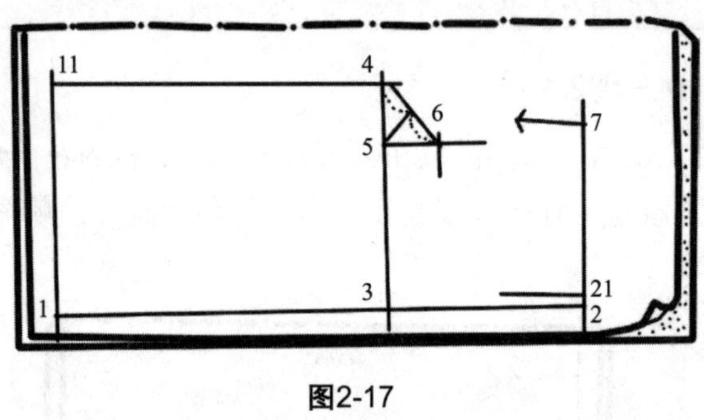

图2-17

以6为圆心、$0.2D=3.6$寸为半径画弧，相交于7线做点8（即前肩斜），从21向左量$0.19L=2.2$寸做点9，向后画横线，再从21向后量$0.18L=2.1$寸做点10，向左画横线画出领圈，然后连接各点，在点11处上翘0.3寸，划成前衣片的轮廓线（即净缝线）（图2-18）。

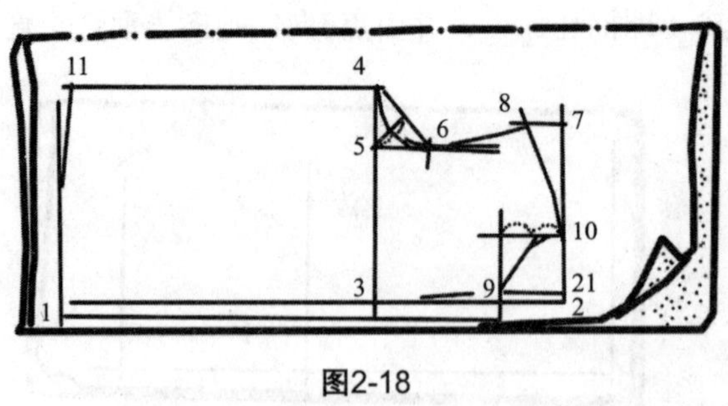

图2-18

在轮廓线的外围放出做缝和贴边，一般做缝为0.3寸；袖孔、领圈做缝可少放些，一般为0.2寸。至此，前衣片的制图完毕（图2-19）。

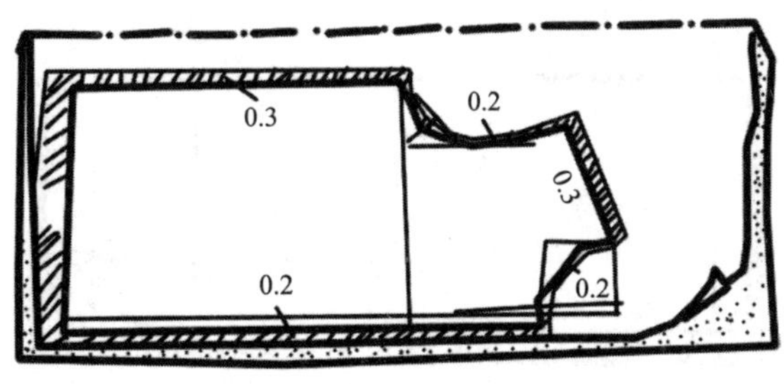

图2-19

2. 后衣片（图2-20～图2-24）

将衣料依着经线方向双层折合，正面向内，横置于裁剪台上。在衣料褶线的左右做点1，点左预留贴边1寸，从1向右量衣长$C-0.3=18.7$寸做点2，从2向左量$0.4X+0.9=6.9$寸做点3（即袖孔深），由1、2、3点向前画三条横线（图2-20）。

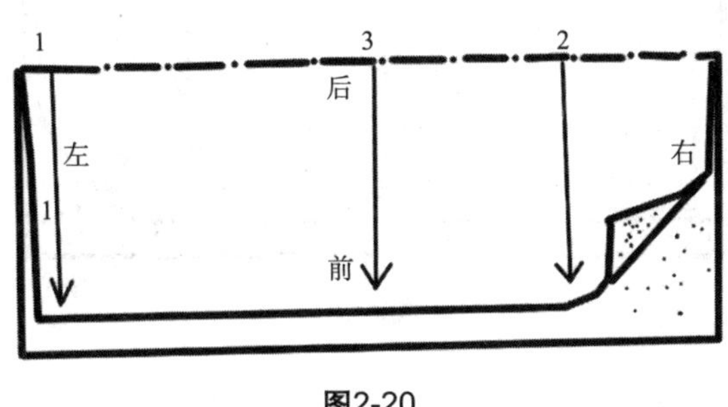

图2-20

从3向前量$0.5X=7.5$寸做点4（即后衣片胸围大），向左画直线，从4向后量$0.1D=1.8$寸做点5（即袖孔宽），向右画直线（图2-21）。

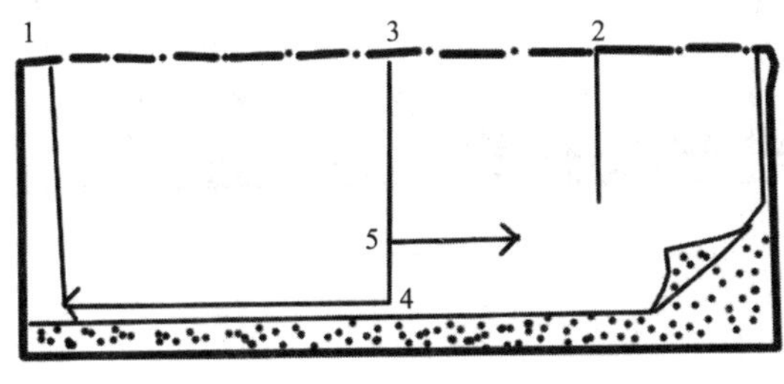

图2-21

从5向右量$0.15D = 3.6$寸做点6，连接直线46，在直线46的中点与5连接。从2向前量$0.5J + 0.1 = 6.3$寸做点7（即后肩宽），向左画短直线（图2-22）。

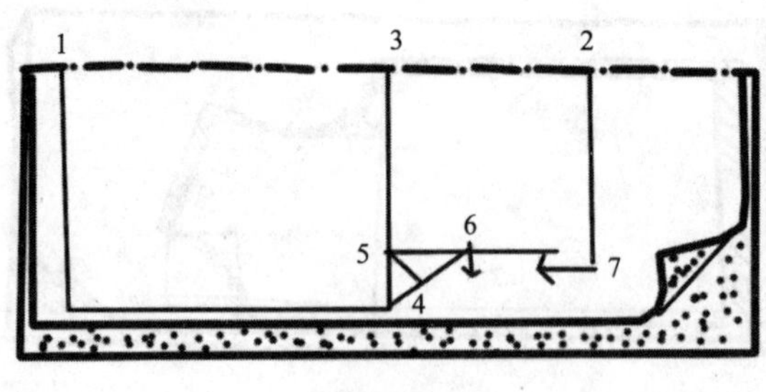

图2-22

以6为圆心，$0.2D = 3.6$寸为半径画弧，相交于点8（即后肩斜）。从2向前量$0.19L = 2.2$寸做点9，从9向右量0.7寸做点10，和2连接成后领圈。最后将各点划线连接，就成后衣片的轮廓线，即净缝线（图2-23）。

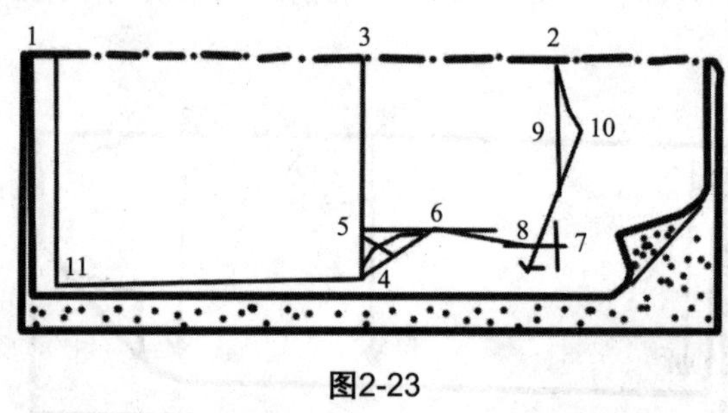

图2-23

在轮廓线的外围放出做缝和贴边，放缝的宽同前衣片。至此，后衣片制图完毕（图2-24）。

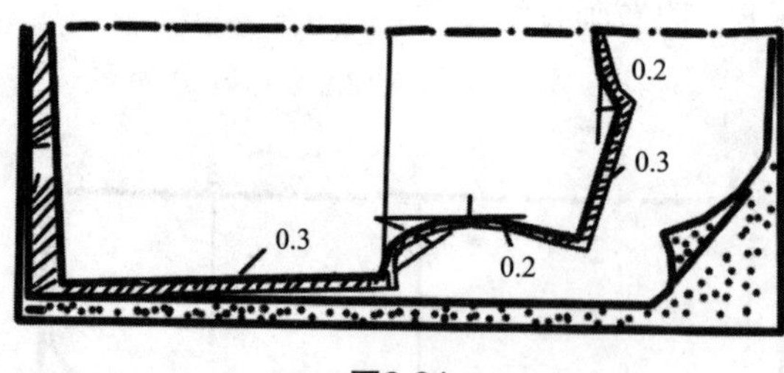

图2-24

最后，可根据裁制的衣片，裁配挂面、领子、袋、袋口布、袋盖、小袢等附件。附件有夹里的也须同时配好，并各放出做缝（图2-25）。

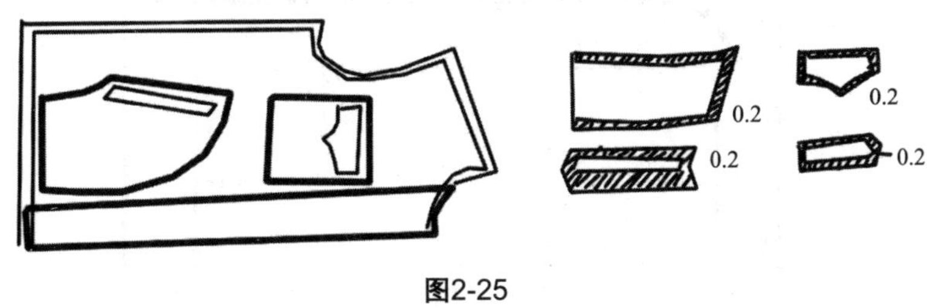

图2-25

3. 大小袖片（图2-26～图2-34）

把衣料正面向内，双层折合，横直于剪裁台上，在衣料的左前角处做点1，点左预留贴边和翘势1.7寸，点前预留偏袖和做缝1.1寸。最后顺着衣料的经纬丝纹画好纵横基本线（图2-26）。

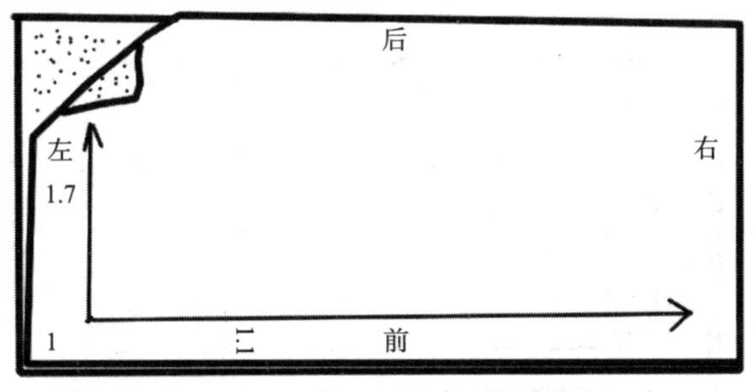

图2-26

从1向右沿着直线量袖长$SC-0.3=15.2$寸做点2，并画好垂直于12的横线（图2-27）。

图2-27

从2向左量$0.2D$做点3（即袖山深），画好垂直于直线12的横线。从2向后量$D/3+0.2$寸做点4（即袖肥），向左画直线平行于直线12，5是直线24的中点（图2-28）。

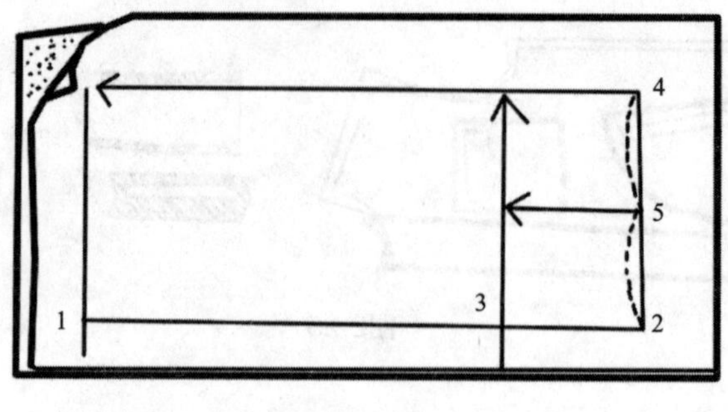

图2-28

从3向右量$0.05D$做点6（即前袖标），从4到6_1是24间的1/4（即后袖标），7是直线25的中点（图2-29）。

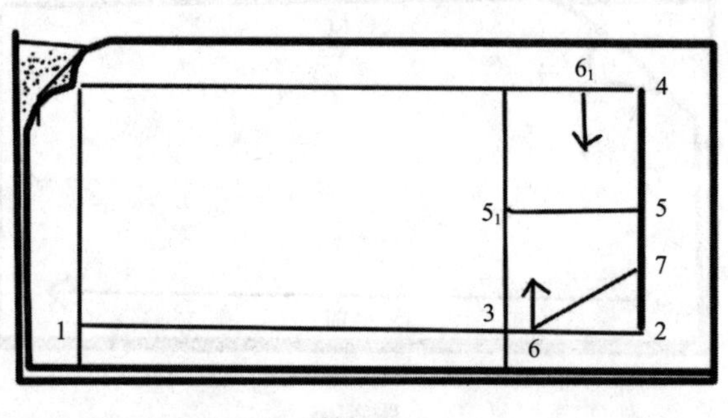

图2-29

从5_1向4与6_1间的1/3处画一斜线，斜线与6_1出发的横线的交点是9（图2-30）。

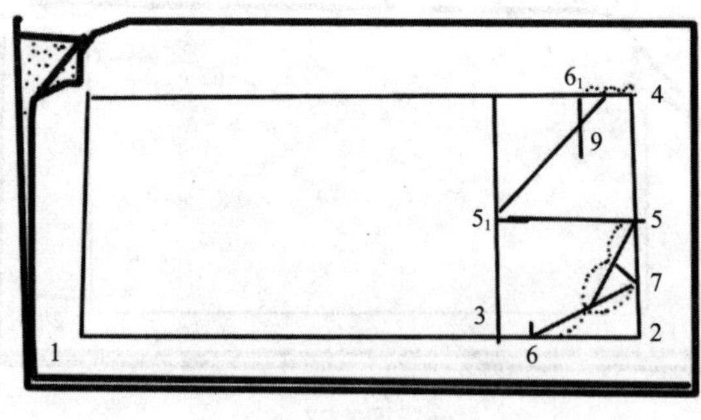

图2-30

10是1～6的中点，向后移0.3寸（即袖肘点），分别和1与6连接便成袖线。10横线与4直线的交点，做11，从1向后画袖口斜线，翘势为0.7寸，线长0.2D＋1寸做点12（图2-31）。

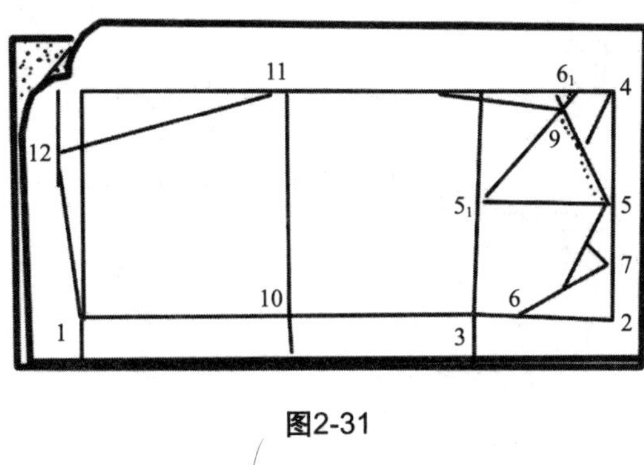

图2-31

1～13、10～14、3～15各为0.8寸（即偏袖宽）。按图画顺成大（外）袖的轮廓线（图2-32）。

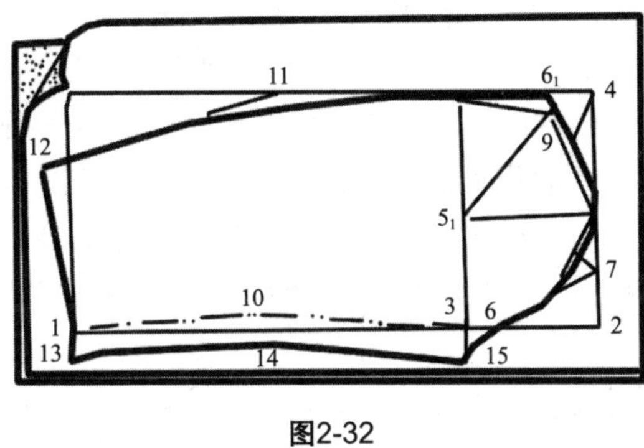

图2-32

1～16、10～17、3～18各为0.8寸（即偏袖划进）。按图画顺成小（里）袖的轮廓线（图2-33）。

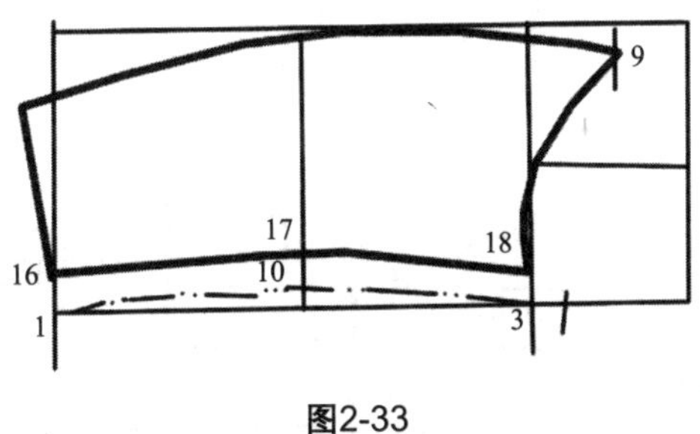

图2-33

在大小袖片的外围放出做缝和贴边。做缝为0.3寸，袖山弧线一般放缝0.2寸。至此，大小袖片全部画成（图2-34）。

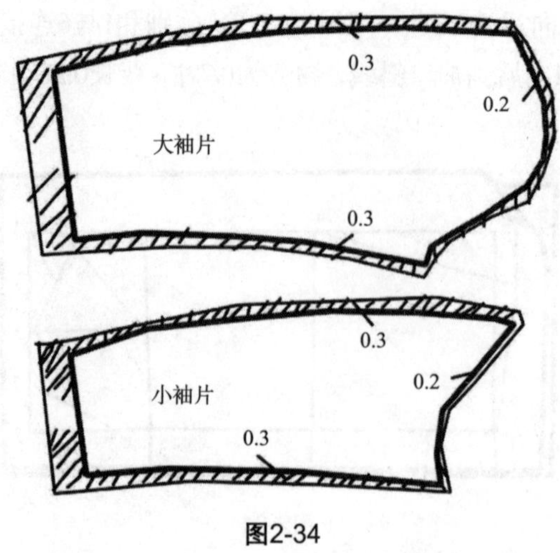

图2-34

（九）特殊体型服装的裁剪与调整

立体裁剪的主要特点是以人体从小到大正常体型的增长规律为依据，所以遇到肩窄腹大的肥胖体和肩宽胸小的特瘦体，裁剪公式就需要加以调整。其原因是肥胖体的脂肪层较厚，臂围尺寸已经超过胸围尺寸的1/3。所以在裁剪肥胖体的服饰时，可以用提高袖系增值来加以调整。如书中介绍的老年女衫的增值是3寸而不是2寸。反之，对肩宽胸小的瘦型体来讲，也可以用减少增值来加以调整。此外，也可以直接减窄或增宽袖孔袖肥来加以调整。图2-35就是对肩窄的肥胖体和肩宽的特瘦体服装的袖子和袖孔调整的示意图。

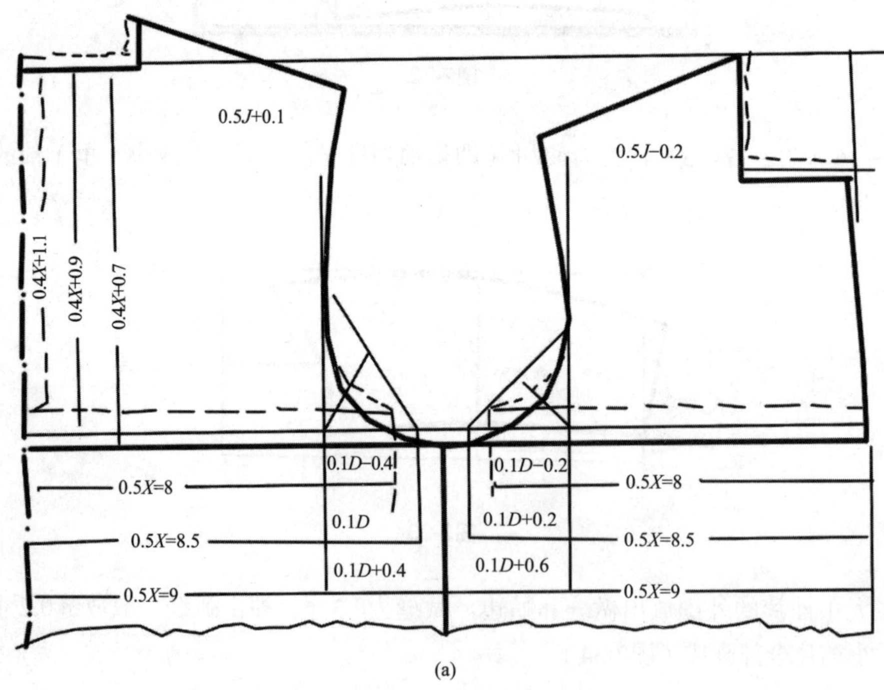

(a)

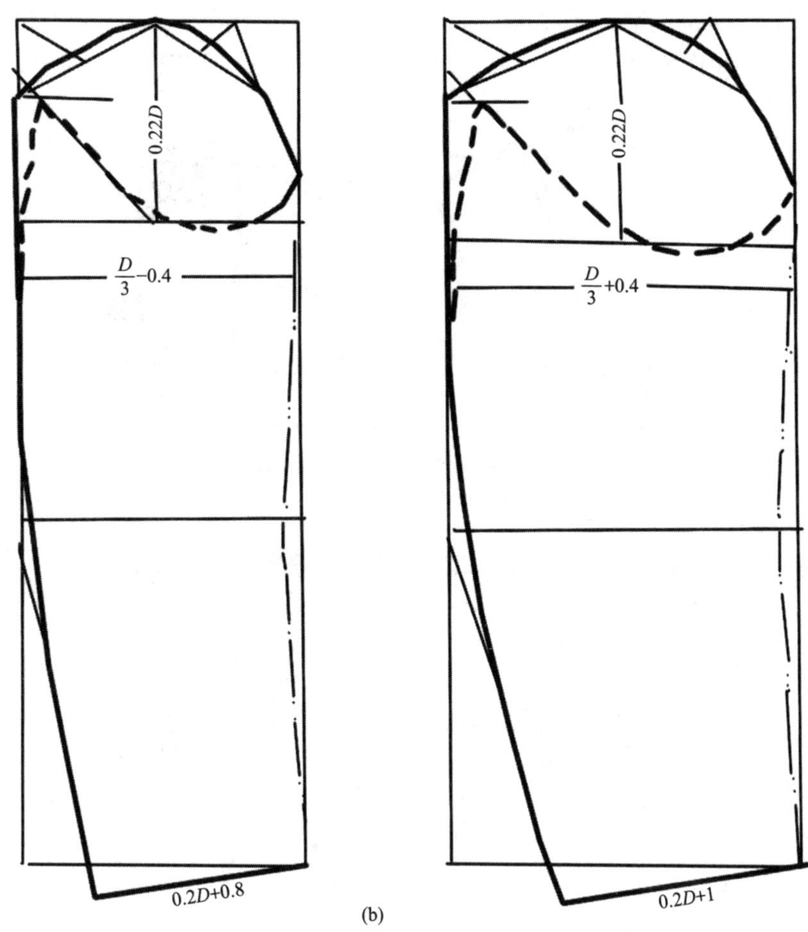

图2-35　特殊体型服装的袖子和袖孔调整的示意图

女士服装是根据女性的肩斜特征而设计的，如果遇到肩平的人，可以减浅袖孔0.1～1.3寸，如中西式罩衫和装袖旗袍等。挺胸体的人，前胸宽后背窄，可以将整个袖孔向后移，胸省增大，前袖孔增深，后袖孔减浅，后省减小或不缝。驼背体的人，前胸窄后背宽，可将整个袖孔向前移，前袖孔减浅，胸省减小或不缝；后省增大，可裁得大而长些，后袖孔增深（图2-36～图2-38）。

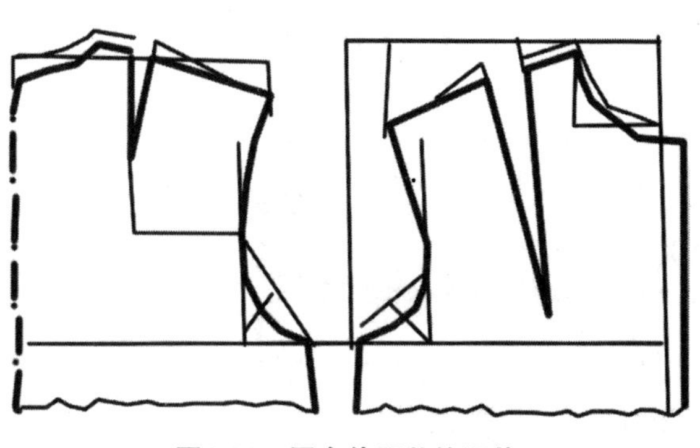

图2-36　平肩体服装的调整

男士服装调整情况与女士基本相似，但男装一般没有胸省缝和后省缝。遇到驼背体时，可将后衣片的后袖孔增深，并用开背缝的方法解决（图2-39～图2-41）。

平肩体：袖孔深度减短0.1～0.3寸（图2-36）。

驼背体：背阔胸窄，前袖孔的深度减短，胸省改小或不缝。后袖孔的深度加长，后省加大加长（图2-37）。

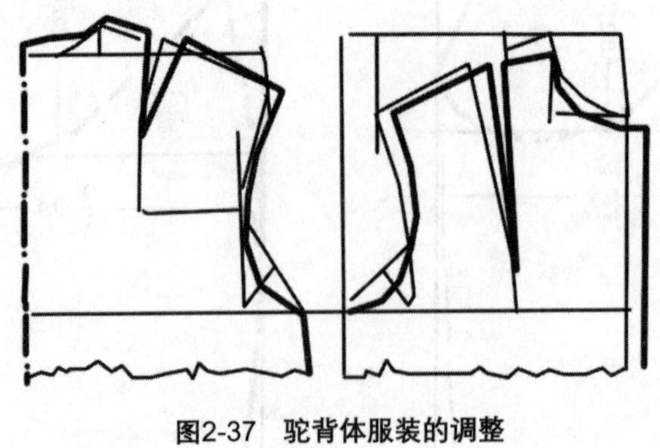

图2-37 驼背体服装的调整

挺胸体：① 胸阔背窄，前袖孔的深度增长，胸省放大；后袖孔的深度减浅，后省改小或不缝（图2-38）。

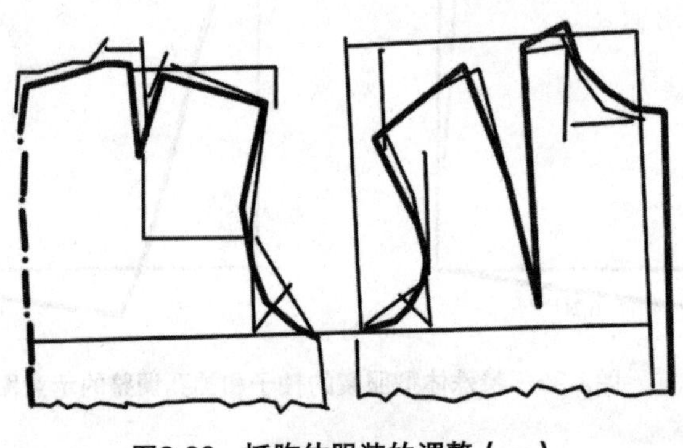

图2-38 挺胸体服装的调整（一）

② 把前片的纸样如图剪开，使前袖孔增深，后袖孔减浅。前胸撇门增大，整个袖孔向后移（图2-39）。

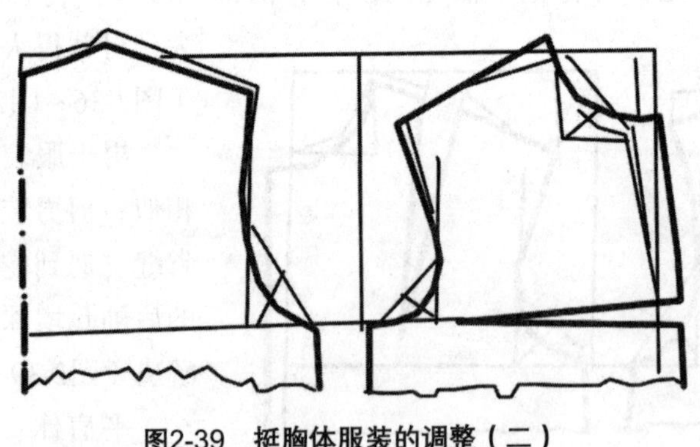

图2-39 挺胸体服装的调整（二）

驼背瘪胸体：把前片纸样的前端折叠裁剪，无需撇胸；把后衣片的纸样剪开裁剪，后片宜做背缝（图2-40）。

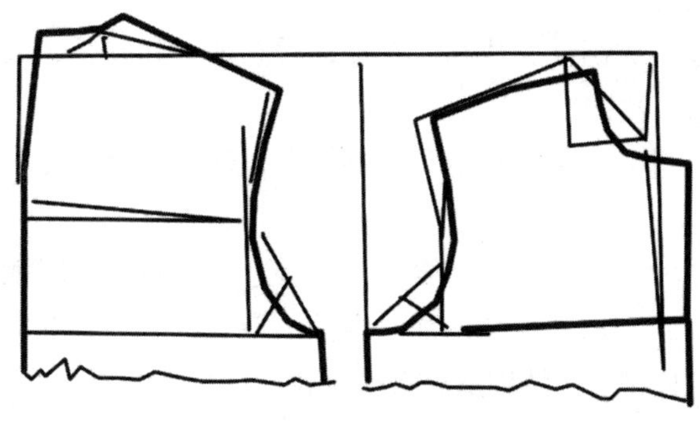

图2-40 驼背瘪胸体服装的调整

平肩体：袖孔减浅，见虚线（…………）。

正常体：见实线（———）。

斜肩体：袖孔增深0.2寸，见…………线（图2-41）。

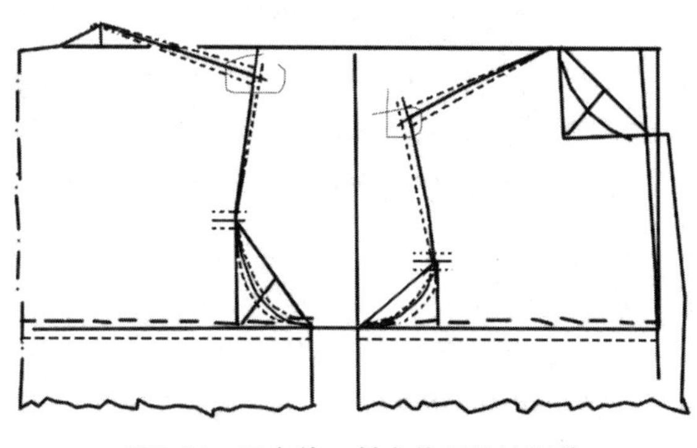

图2-41 平肩体、斜肩体服装的调整

（十）服装裁剪和排料

学会了绘制服装裁剪图，还不能立即在衣料上进行正式裁剪，需要经过一个排料工序。服装制图的正确与否，和制成后的服装式样、规格、质量有关，还和衣片与附件能否正确缝合有关。而排料是否合理，却和用料的多少直接相关。同样裁剪一件上衣，有的用料6尺（1尺＝10寸＝33.33cm），有的只要5尺，这就和排料时是否紧密合理等有关。如果把服装制图直接画在衣料上，不经过精打细算的紧密排料，画到哪里就裁到哪里，往往会使预定的衣料不够。所以初学者最好先把制图画在纸上，留出做缝，剪好纸样，然后再将纸样放在衣料上铺排。有了一定的经验和把握以后，再将制图直线画在衣料上。

排料时，有一定的次序和方法，一般是先大后小，先主后次。特别是衣服正身的底边，最好先靠着衣料的横断面，平对平，凹对凹，见缝插针，见空补白，就可以做到物尽其用，节约用料。

一般的排法是，先画前衣片和后衣片，后画袖子和领子，最后才画各部的附件，如袋、挂面、贴边、袖袢、袋盖等。

为了帮助读者进一步掌握裁剪和排料知识，现举两个常见的折叠方法和套裁实例供参考。

图2-42是用27寸门幅，顺着经线折合（布边对布边）双层裁剪。绘画时，从左到右，先留出贴边，再画前衣片和外袖、内袖，最后画后片，在空余处分别画领子、挂面、袋、袋盖。这样排法，特别适合有倒顺茬或倒顺毛的衣料。

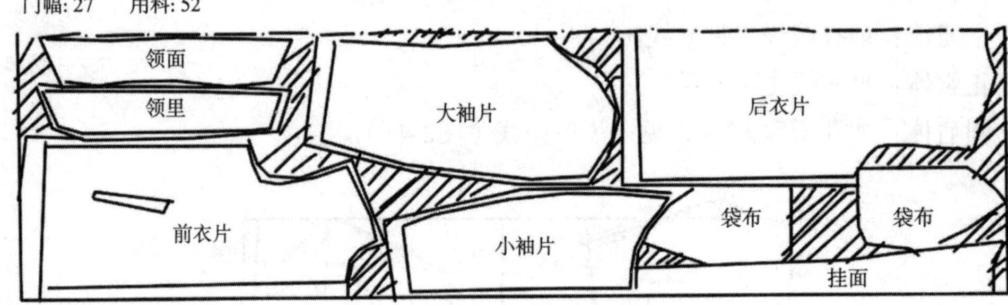

图2-42　用27寸门幅衣料经向折合排料示意图

图2-43是用23寸门幅，顺着纬线把衣料的两头折合拼齐裁剪。绘画时，也是从左画起，先留出贴边，再依次绘画前衣片、内袖、外袖和挂面，并估计一下余料是否够裁后衣片，如果够就将画好的四种衣片裁下，用余料画后衣片、领子、袋和袋盖等。

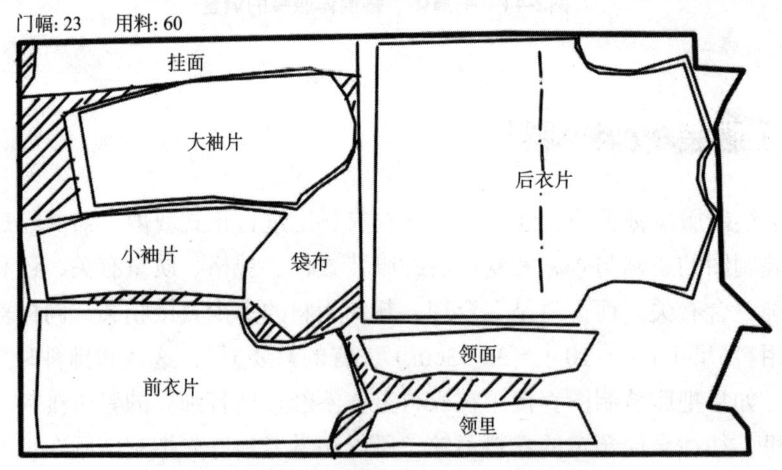

图2-43　用23寸门幅衣料纬向折合排料示意图

（十一）服装裁剪注意事项

① 裁剪前，衣料必须进行预缩处理。一般棉布或人造纤维织物，应先下水预缩后再裁剪；合成纤维衣料，因缩水率很小，可直接裁剪；灯芯绒不宜下水预缩，可按缩水程度适量加放宽放量后裁剪；毛呢料可盖湿布用熨斗蒸烫预缩后裁剪。配用辅料如里布、衬布、袋布等，也应用水预缩后再用，以防洗涤后变形。

② 裁剪时，画粉应画在衣料反面，并尽可能用白色或浅色画粉。识别衣料正反面的方法有四个。

a. 根据织物的组织识别。织物一般有平纹、斜纹和缎纹之分。平纹织物除印有颜色花纹外，一般正面平整光滑，反面比较暗淡、粗糙。斜纹织物，可以看它的纹路方向。哔叽、双面卡、防雨布（线织物），正面的斜纹是从右上到左下，即像汉字中“撇”的笔画；斜纹布及纱卡等（纱织物），正面的斜纹是从左上到右下，即像汉字中“捺”的笔画。缎纹织物，一般正面缎纹清晰、平整、光滑，手感柔软，富有光泽，反面织纹不甚明显，光泽也比较灰暗。

b. 根据织物的花纹、色泽识别。各种织物的花纹图案，正面清晰，线条明显，层次分明，色泽鲜艳匀净；反面则比较浅淡模糊。

c. 根据织物的提条花纹识别。凡是正面，一般提纹较少（即丝脚短），条纹和花纹都比反面明显，线条轮廓清晰，光泽匀称美观。

d. 双幅料的织物，一般正面折在里面，反面露在外面（部分进口原料也有正面在外面的）。

③ 注意织物的倒顺。呢绒和灯芯绒等织物，有倒顺绒面之分。裁剪时各衣片要顺排，不可颠倒排列，以免光泽深浅不同。一般呢绒料宜顺做（毛峰朝下），以减少衣服表面起球；灯芯绒和丝绒原料，宜倒做（毛峰朝上），使制成的服装光色趋深，不泛白；对有条子、格子和有图案的衣料，也要注意倒顺一致，尽可能做到左右对称、和合。丝绒衣料两片合裁容易错动，应分开裁。

④ 一般情况下，裁剪图中的横直线之间，如无法注明，都互相垂直；明显的等分也不做表示。

⑤ 女式服装一般都把纽洞开在右边；男式服装则开在左边。

⑥ 本书采用净缝裁剪制图。裁剪时需加放宽放量，一般宽放2～3分。缝纫时沿粉线缉缝。呢毛料服装，穿着时间较长，应多放一些宽放量，以备放大放长。

⑦ 一般服装主件衣片经纱（直纱）做长度。用双层布做的衣领、袋盖等，里料和面料的纱纹要一致，不能横、直、斜乱拼接，以免成衣下水后变形。

⑧ 本书所列的表、制图等，均以寸为单位。

三、裁剪制图实例

（一）男式服装

要使服装裁剪缝纫后，穿在身上贴体合身，造型优美，穿着舒服，必须对人的体型有一个全面的了解。男子体型的特征是身体魁梧，两肩平阔，胸宽背方，肌肉的块面比较显著。从服装的裁剪结构来讲，一般比女式服装简单。所以初学者可以先从男式服装入手。男式服装的外形，除了吸（收）腰的中山装、西装等外，一般的式样尺码要求都较宽舒大方，衣缝平直整齐。

男式服装的结构大致可分为宽舒大方的平分式（即前后衣片一样大小，各占胸围的1/2）、吸腰身的四六式（即前衣片大，占胸围的6/10，后衣片小，占胸围的4/10）、背缝式、无背缝式、分割式和有肩覆势的衬衫式等多种。

由于服装的结构不同，在裁剪制图时对各部位的定点算式就有一些变动。学习者应掌握它的变化原因和其规律。这样不仅可以弄清这些结构变化的原理，同时也有助于记忆和灵活应用。现将实例中各类服装的算式和变化情况做如下介绍。

实例中的拉链衫、睡衣、轻便两用衫等，是属于平分式的服装。其前后衣片的胸围宽度都是$0.5X$；前后袖孔深的算式是$0.4X+0.9$寸。即$0.4X+0.3\delta$寸（见实例图），因为这些服装的增值δ都是3寸。

中山装、西装、猎装是属四六式的吸腰式服装，前片宽是$0.6X+0.4$寸，后片宽是$0.4X-0.4$寸。袖孔深仍是$0.4X-0.3\delta$寸，但这仅限于有背缝的西装。军便装和中山装都是扣合式领子，而且不做背缝，所以后袖孔深要再增加0.3寸，即$0.4X+1.2$寸。

风大衣的前袖孔深是$0.4X+1.2$寸，加数按0.3δ计算；后袖孔深度的加数也应按0.3δ计算，但由于大衣后背的吸势较少，为了弥补背外层的弯势不足，在0.3δ的基础上增加0.1寸，所以后袖孔深应为$0.4X+1.3$寸。

以上的前后袖孔深和袖孔的位置，是适宜我国一般成年男子体型的，如遇特殊体型时，还须酌情增减。

绘画领圈的定点算式，后领口的宽是②～⑨$=0.19L$，前领口宽是②～⑩$=0.18L$。这种算式计算比较麻烦，在实际绘划时，可用$0.2L-0.1$寸和$0.2L-0.2$寸近似算式来计算。

西装的横开领要比一般领口宽0.2寸。但由于西装的领子不是实用性的关合领，而是一种装饰造型，其衣领和驳角长度是随着式样变化而变化的，所以领围的尺寸是不稳定的。习惯上对这类翻驳领式的服装是不测量领围尺寸的。在没有准确尺寸数据情况下进行定点绘划时，一般按胸围尺寸来作为基础计算。

根据肩胛骨的形状，制图时后肩一般比前肩宽出0.2寸左右。在缝合时，前肩要稍拉宽，后肩稍紧缩，这样才能更好地符合人体的外形。

男装的衣袖，袖肥一般用$D/3$，袖深用$0.22D$（包括袖山弧线的吃势$0.05D$）。有肩垫的袖肥是$D-0.2$寸，袖深是$0.24D$（包括吃势$0.06D$）；便于劳动的工作服，袖肥是$D/3+0.2$寸，袖深是$0.2D$，吃势是$0.04D$。

男衬衫的袖孔深减去肩端骑着的覆势$0.05X$，应为$0.35X+0.9$寸，这样成人、儿童都可通用，但算式比较繁杂。为了简化计算，书中用简单的近似公式代替。男衬衫的前袖孔深就是用$D/3+0.2$寸计算的。

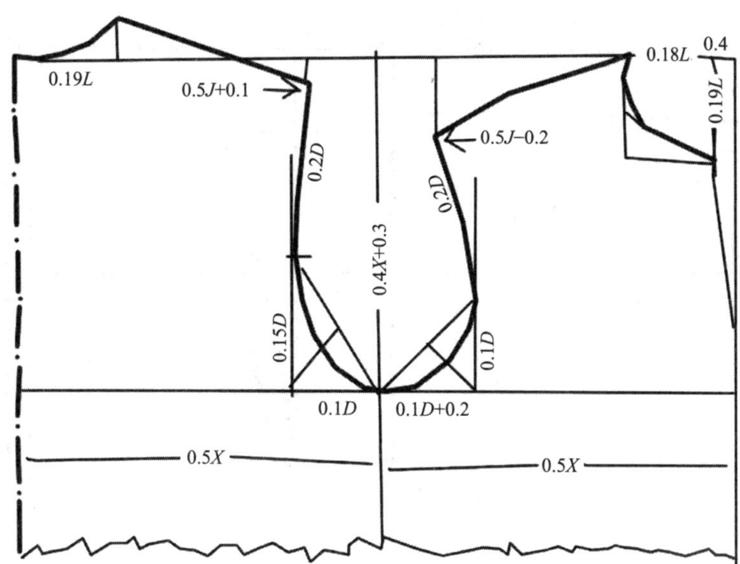

1. 青年拉链衫

单位：寸

部位	总长（Z）	衣长（C）	半胸围（X）	肩宽（J）	袖长（SC）	领围（L）	增值（δ）	袖系基数（D）
尺寸	40	19	15	12.4	15.5	11.5	3	18

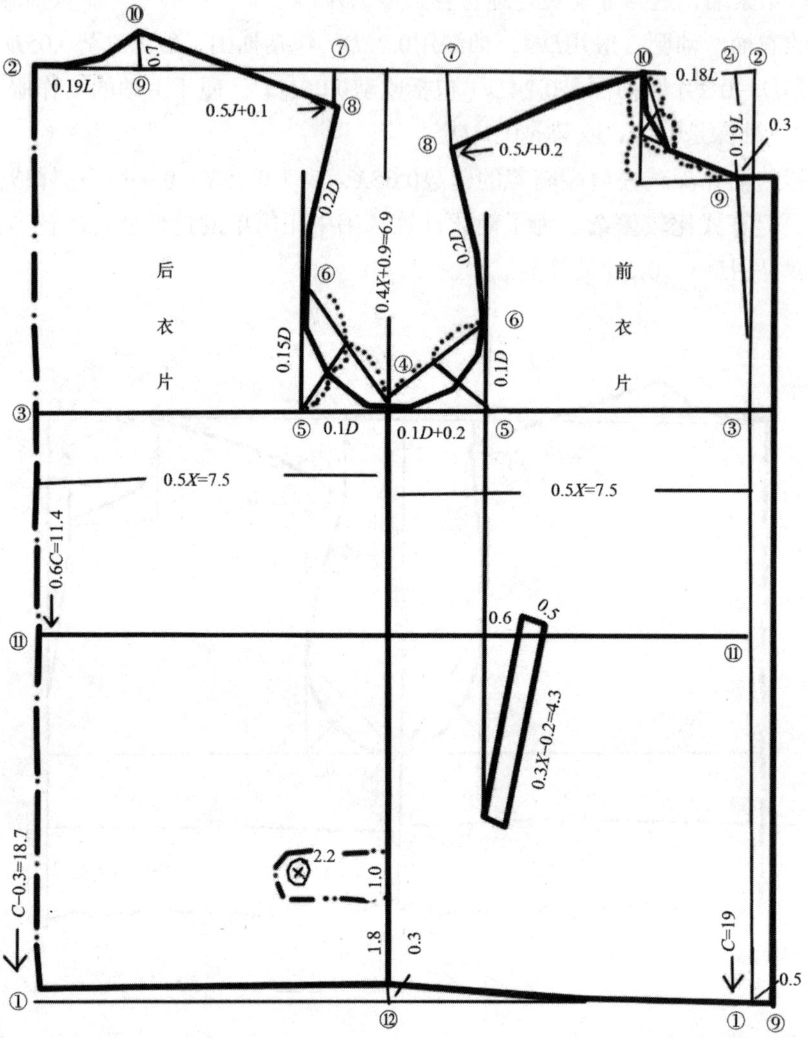

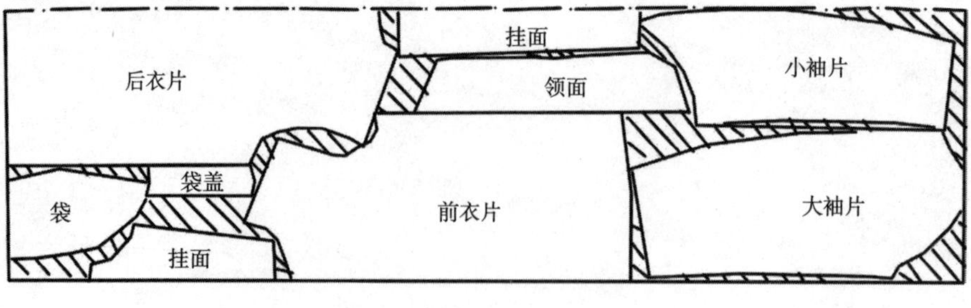

门幅：27　　用料：50

前衣片

①～② $C=19$

②～②$_1$ 0.3

②～③ $0.4X+0.9=6.9$

③～④ $0.5X=7.5$

④～⑤ $0.1D+0.2=2$

⑤～⑥ $0.1D=1.8$（前袖标）

②$_1$～⑦ $0.5J-0.2=6$

⑥～⑧ $0.2D=3.6$

②$_1$～⑨ $0.19L=2.2$

②$_1$～⑩ $0.18L=2.1$

②～⑪ $0.6C=11.4$

①～⑫ $0.5X$上翘0.3

后衣片

①～② $C-0.3=18.7$

②～③ $0.4X+0.9=6.9$

③～④ $0.5X=7.5$

④～⑤ $0.1D=1.8$

⑤～⑥ $0.15D=2.7$（后袖标）

②～⑦ $0.5J+0.1=6.3$

⑥～⑧ $0.2D=3.6$

②～⑨ $0.19L=2.2$

⑨～⑩ 0.7

②～⑪ $0.6C=11.4$

①～⑫ $0.5X=7.5$

袖子

①～② $SC-0.3=15.2$

②～③ $0.2D=3.6$

②～④ $D/3+0.2=6.2$

⑤ 是②④中点

③～⑥ $0.05D=0.9$（前袖标）

④～⑥$_1$ $D/12=1.5$（后袖标）

⑦ 是②⑤中点

⑤～⑧ 是⑤⑦的1/4（对肩缝）

⑨ 横斜二线的交点

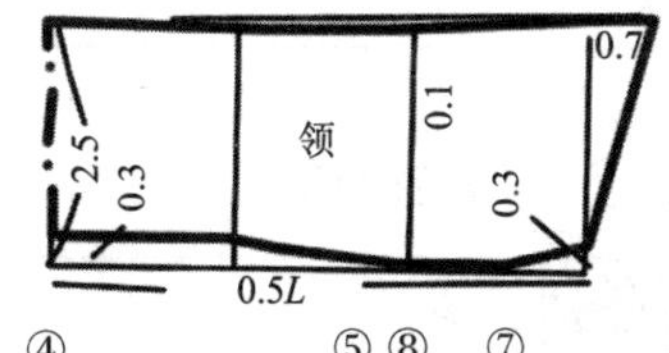

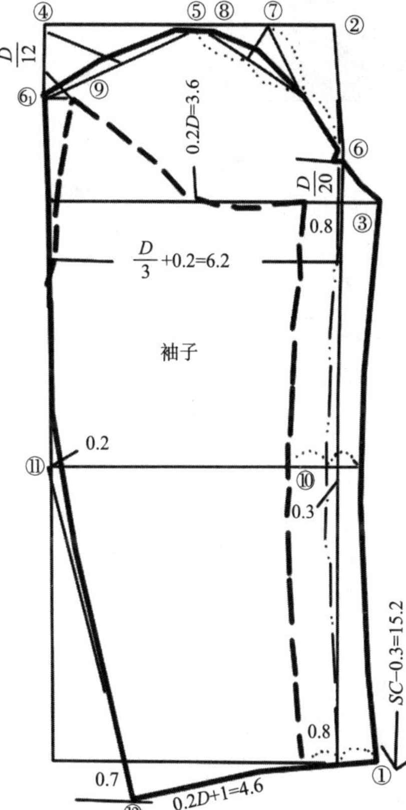

⑩ 是①⑥的中点凹0.3

⑪ 是④⑩二线的交点

①～⑫ $0.2D+1=4.6$，低0.7

注：青年拉链衫的衣长略短于一般外衣。

青年拉链衫尺寸参考 单位：寸

总长	部位					用料布幅	
	衣长	胸围	领围	肩阔	袖长	23	27
40	19	30	11.5	12.4	15.5	61	52
41	19.5	31	11.9	12.6	15.9	65	55
42	20	32	12.2	13	16.3	68	58
43	20.5	32	12.2	13	16.7	70	60
44	21	33	12.5	13.4	17.1	73	62
45	21.5	34	12.8	13.8	17.5	77	66
46	22	35	13.1	14.2	17.9	81	69

2. 罗纹口拉链衫

单位：寸

部位	总长（Z）	衣长（C）	半胸围（X）	肩宽（J）	袖长（SC）	增值（δ）	袖系基数（D）
尺寸	40	17.5	15	12.4	15.5	3	18

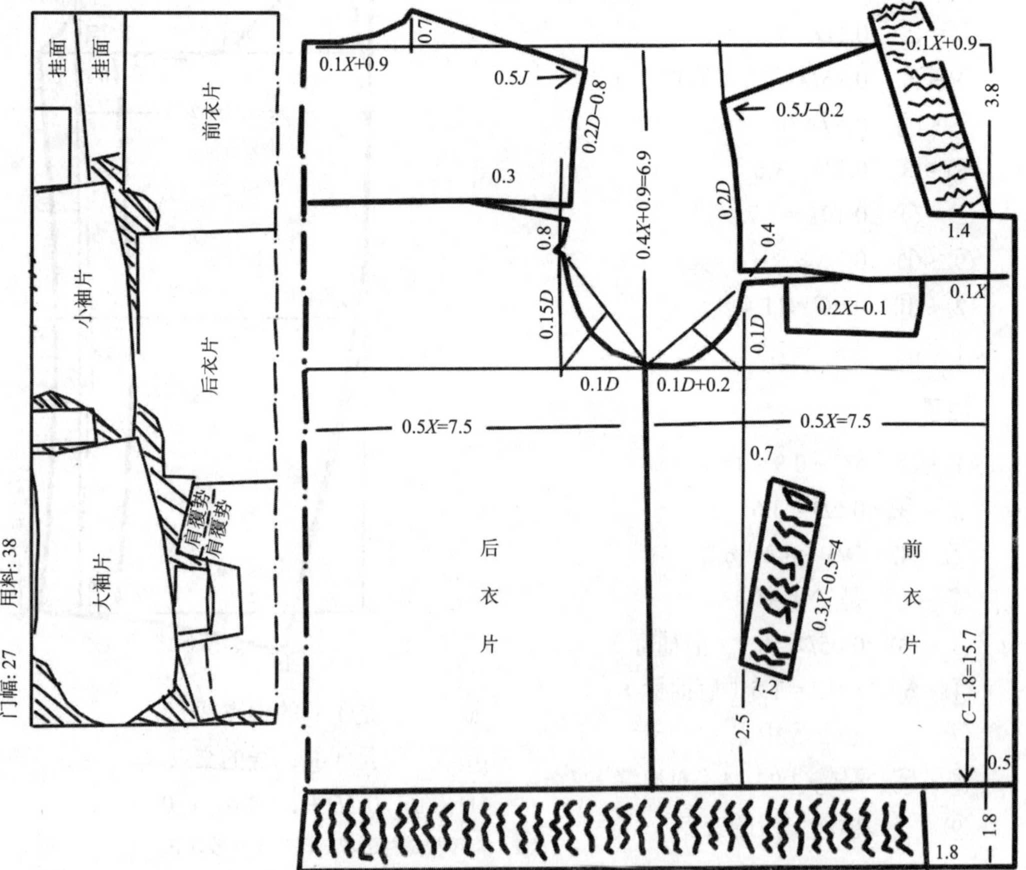

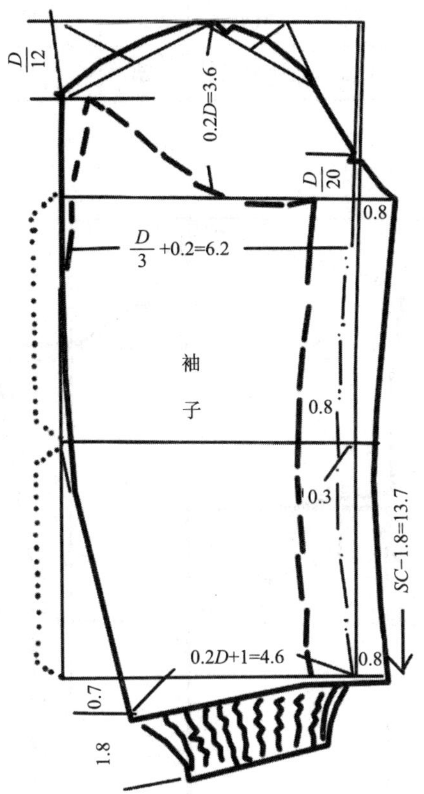

罗纹口拉链衫尺寸参考　　单位：寸

总长	部位					
	衣长	胸围	肩阔	袖长	用料布幅 23	用料布幅 27
38	16.7	29	12	14.7	42	36
40	17.5	30	12.4	15.5	45	38
41	18	31	12.6	15.9	48	40
42	18.4	32	13	16.3	50	43
43	18.8	32	13	16.7	51	44
44	19.2	33	13.4	17.1	53	46
45	19.8	34	13.8	17.5	57	49

3. 开口轻便衫

单位：寸

部位	总长（Z）	衣长（C）	半胸围（X）	肩宽（J）	袖长（SC）	领围（L）	增值（δ）	袖系基数（D）
尺寸	45	22	17	13.8	18	12.5	3	20

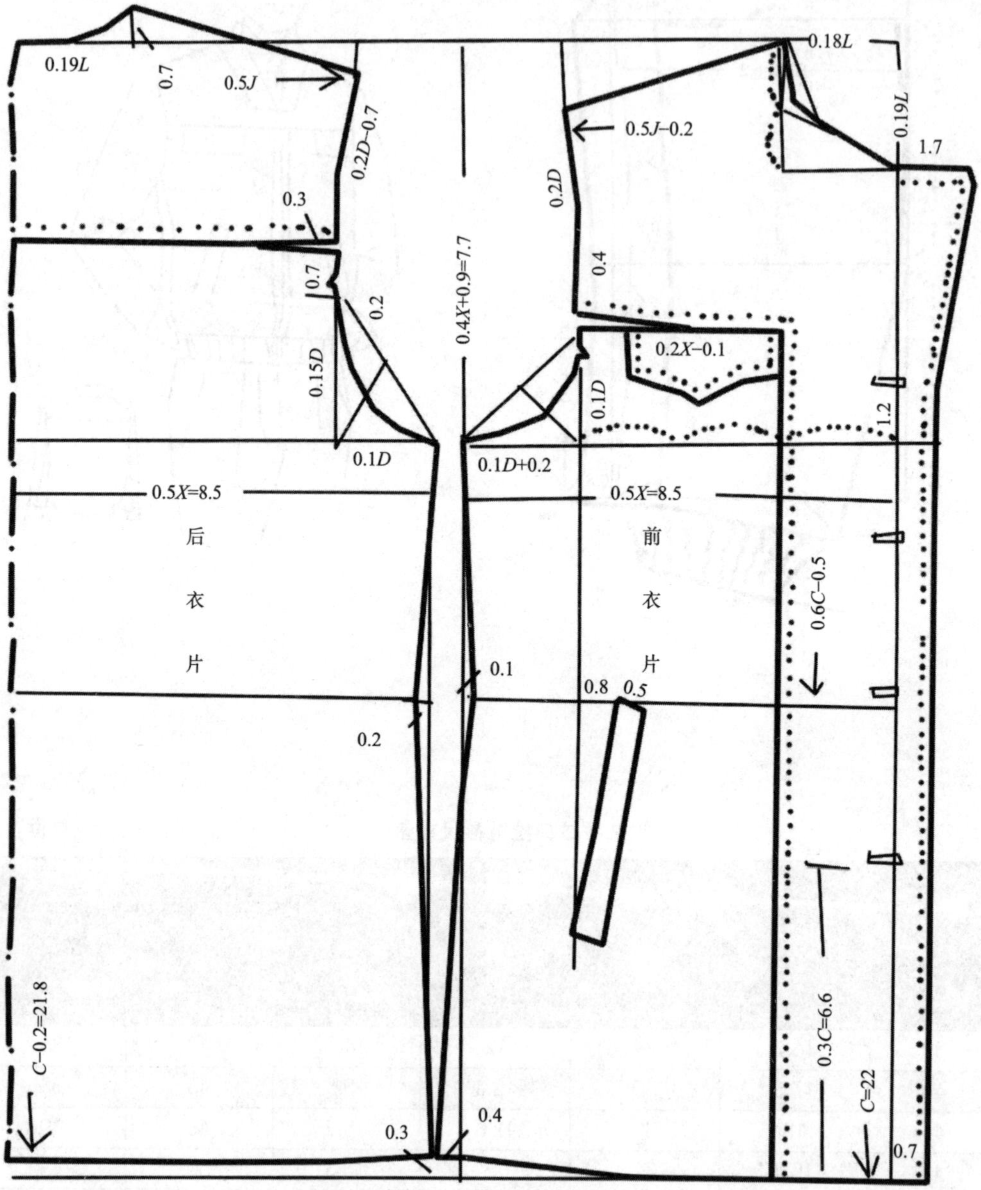

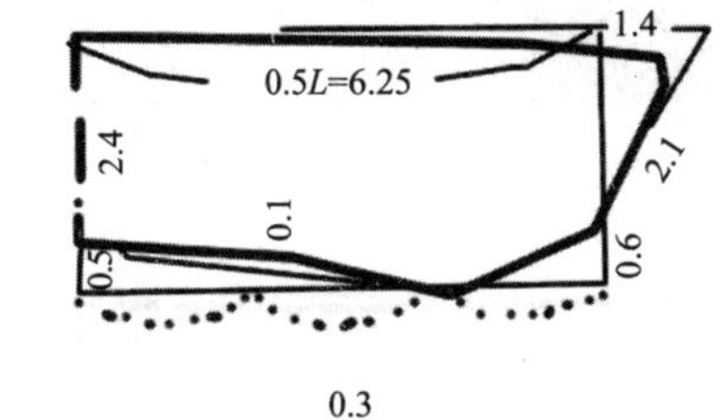

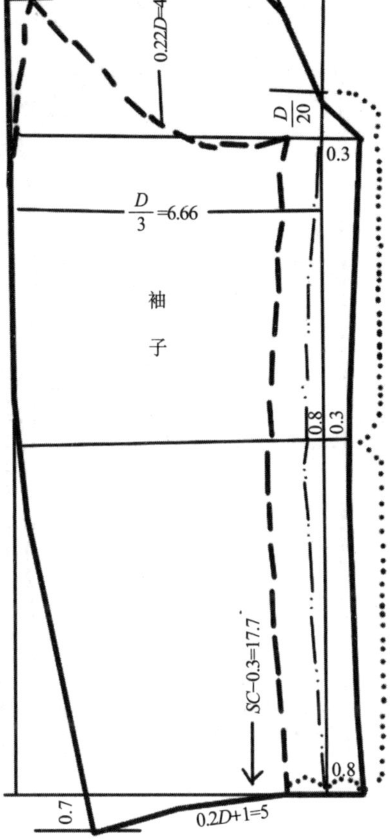

开口轻便衫尺寸参考 **单位：寸**

总长	部位					用料布幅	
	衣长	胸围	肩阔	袖长	领围	23	27
42	21	31	12.6	16.8	11.6	72	61
43	21.4	32	13	17.2	11.9	75	64
44	21.7	33	13.4	17.6	12.2	78	67
45	22	34	13.8	18	12.5	81	69
46	22.5	35	14.2	18.4	12.8	86	73
47	23	36	14.4	18.8	13.1	89	76

门幅: 27　　用料: 63

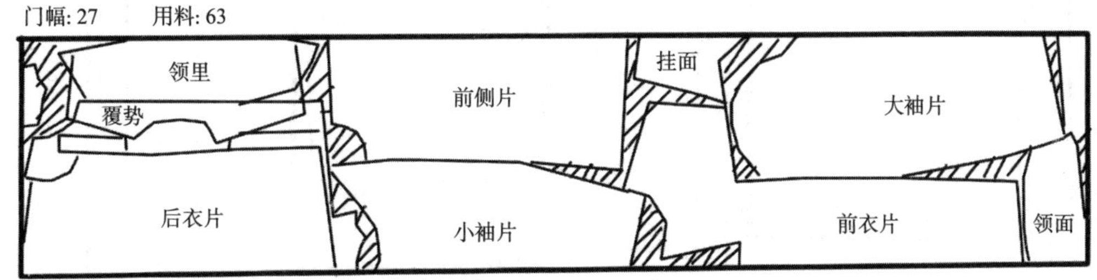

4. 蟹钳领上装

单位：寸

部位	总长（Z）	衣长（C）	半胸围（X）	肩宽（J）	袖长（SC）	增值（δ）	袖系基数（D）
尺寸	45	22	17	13.8	18	3	20

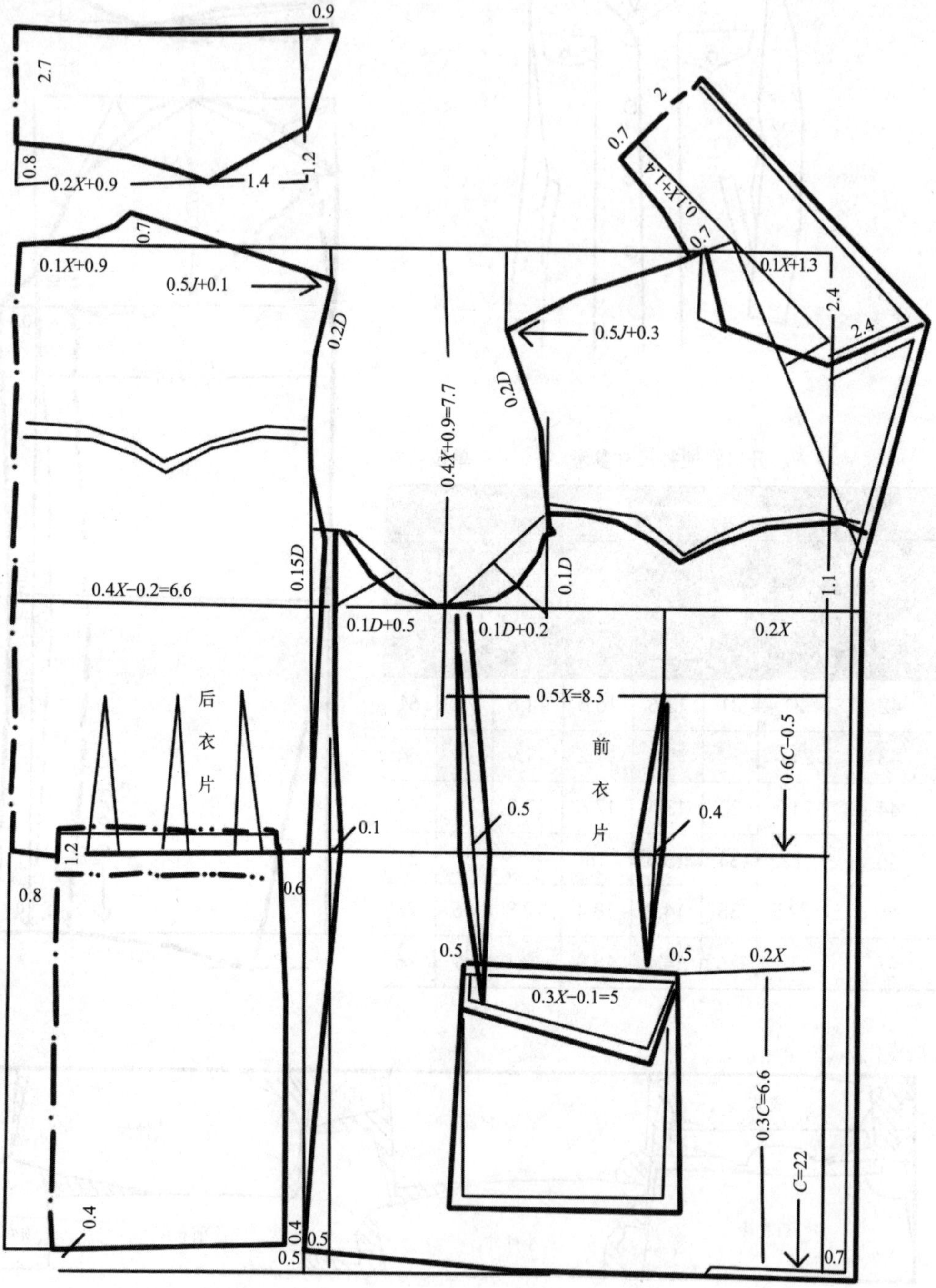

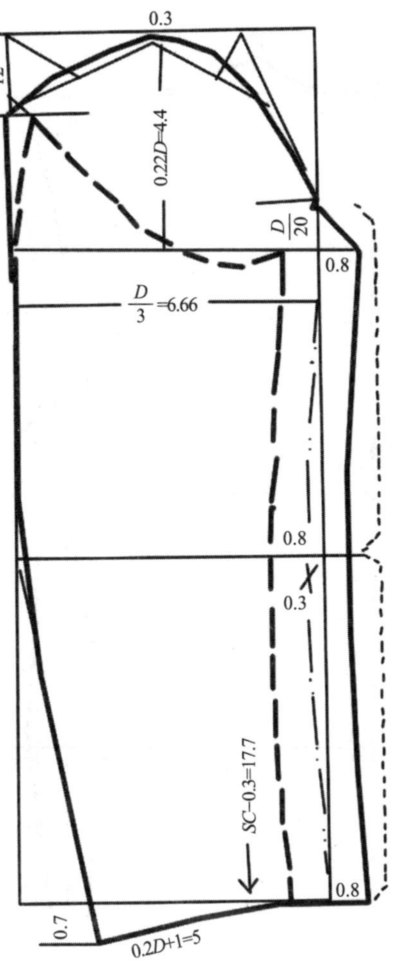

蟹钳领上装尺寸参考　　单位：寸

总长	部位					用料布幅	
	衣长	胸围	肩阔	袖长	领围	23	27
42	21	31	12.6	16.8	11.6	76	64
43	21.4	32	13	17.2	11.9	79	67
44	21.7	33	13.4	17.6	12.2	82	70
45	22	34	13.8	18	12.5	86	73
46	22.5	35	14.2	18.4	12.8	90	76
47	23	36	14.1	18.8	13.1	94	80

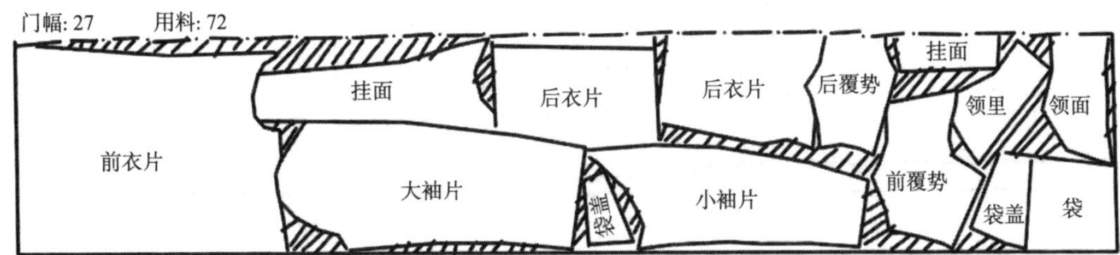

5. 中山装

单位：寸

部位	总长（Z）	衣长（C）	半胸围（X）	肩宽（J）	袖长（SC）	领围（L）	增值（δ）	袖系基数（D）
尺寸	44	22	17	13.8	18.5	12.5	3	20

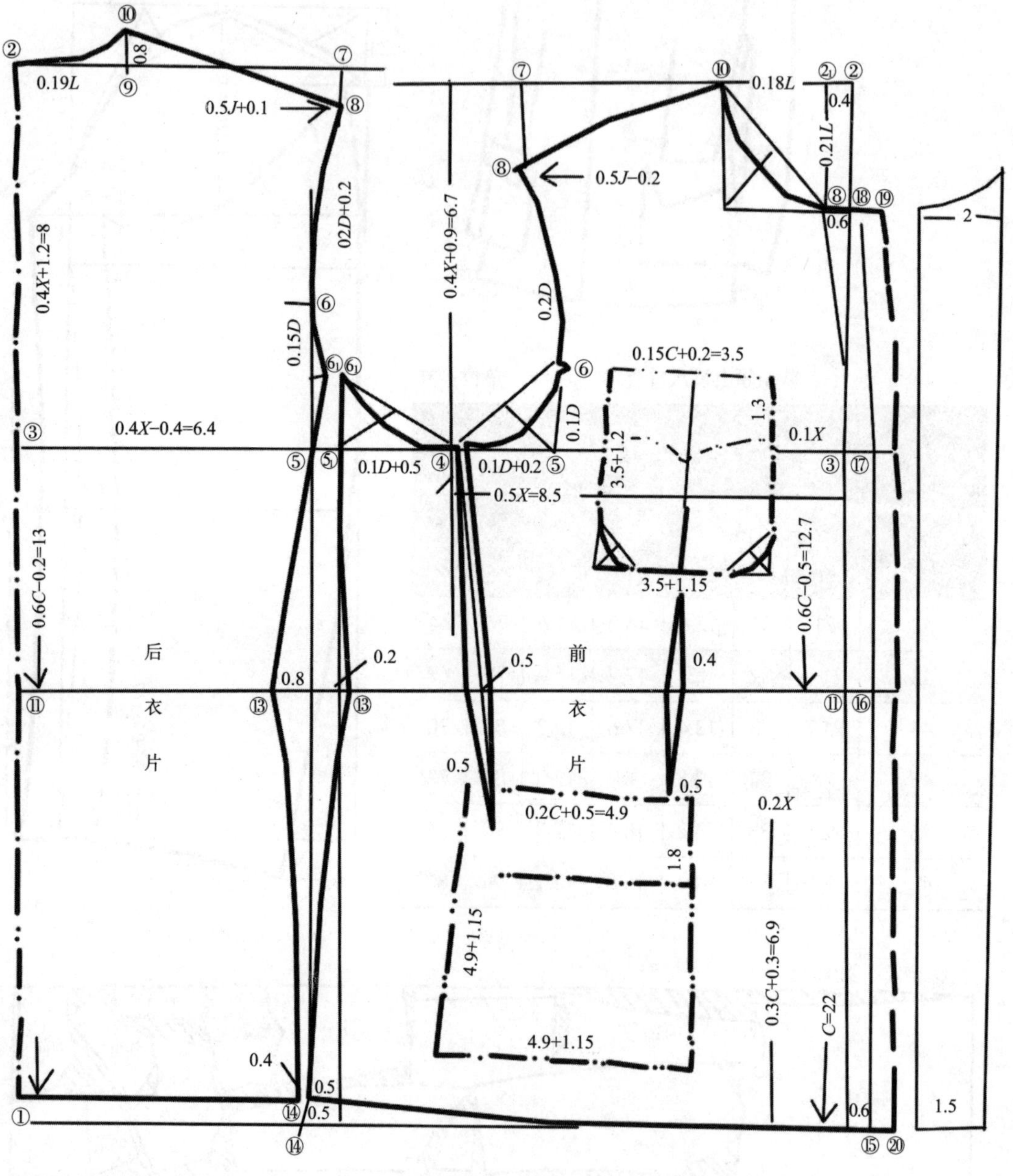

前衣片

①~② $C=22$

②~②$_1$ 0.4

②~③ $0.4X+0.9=7.7$

③~④ $0.5X=8.5$

④~⑤ $0.1D+0.2=2.2$

⑤~⑥ $0.1D=2$

⑥下0.4为前袖标

④~⑤$_1$ $0.1D+0.5=2.5$

⑤$_1$~⑥$_1$ $0.075D=1.5$

②$_1$~⑦ $0.5J-0.2=6.7$

⑥~⑧ $0.2D=4$

②$_1$~⑨ $0.21L=2.6$

②$_1$~⑩ $0.18L=2.25$

②~⑪ $0.6C-0.5=12.7$

⑪~⑬ 吸腰0.2

⑭ 放宽0.5，上翘0.5

①~⑮ 0.6

⑪~⑯ 0.6

③~⑰ 0.6

⑨~⑱ 0.6（左叠门）

⑨~⑲ 1（右叠门）

①~⑳ 0.7（右叠门）

袖子

①~② $SC-0.3=18.2$

②~③ $0.22D=4.4$

②~④ $D/3=6.66$

⑤ 是②④的中点

③~⑥ $0.05D=1$

④~⑥$_1$ 是②④之间的1/4（后袖标）

⑦ 是②⑤的中点

⑤~⑧ $0.015D=0.3$（对肩缝）

⑨ 横斜二线之交点

⑩ 是①⑥的中点，凹0.3

①~⑪ $0.2D+1=5$，低0.7

后衣片

①~② $C-0.2=21.8$

②~③ $0.4X+1.2=8$

③~⑤ $0.4X-0.4=6.4$

⑤~⑥ $0.15D=3$

⑥上0.2为后袖标

⑥$_1$ ⑤⑥的中点

②~⑦ $0.5J+0.1=7$

⑥~⑧ $0.2D+0.2=4.2$

②~⑨ $0.19L=2.375$

⑨~⑩ 0.8

②~⑪ $0.6C-0.2=13$

⑪~⑬ 吸腰0.8

①~⑭ $0.4X-0.8=6$

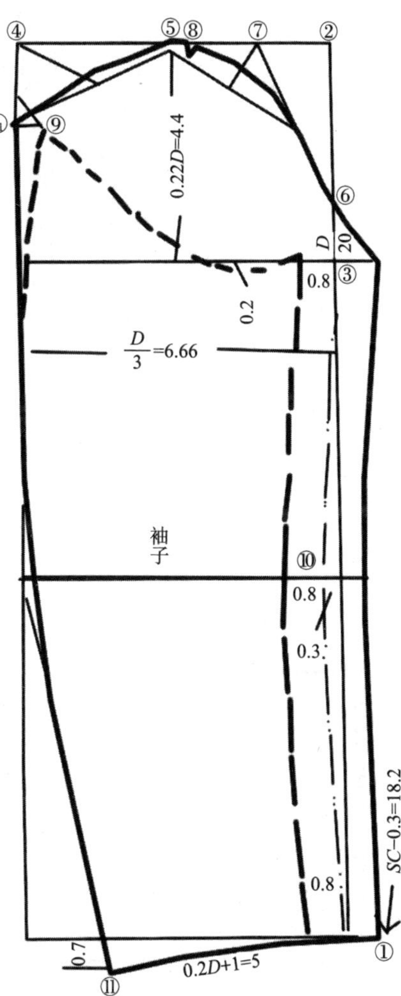

中山装、套装尺寸参考

单位：寸

总长	部位												
	衣长	胸围	肩阔	袖长	领围	腰围	臀围	裤长	裆长	单件用料布幅		二件套用料布幅	
										24	27	24	27
40	20.1	30	12.2	16.5	11.6	21	30	28.5	8.5	65	56	116	103
42	21	31	12.6	17.3	11.9	22	31	29.9	8.8	69	60	125	111
43	21.4	32	13	17.7	12.2	23	32	30.6	8.95	73	63	132	116
44	21.8	33	13.4	18.1	12.5	24	33	31.3	9.1	76	66	138	122
45	22.3	34	13.8	18.5	12.8	25	34	32	9.25	79	69	145	128
46	22.7	35	14.2	18.9	13.1	26	35	32.7	9.4	83	73	152	134
47	23.1	36	14.6	19.3	13.4	27	36	33.4	9.55	86	76	158	140
48	23.6	37	15	19.7	13.7	28	37	34.1	9.7	90	79	166	146

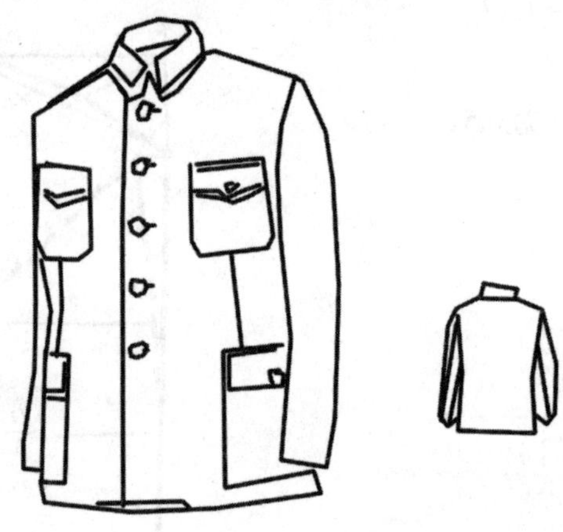

门幅: 43　　用料: 41

后衣片
袋
袋
袋
领面
挂面
袋盖
袋盖
大袖片
前衣片
小袖片

领
2.5
2.6
0.7
0.3
0.5L

0.5
大袋
0.8
0.8
0.8

0.5
小袖

下领
上领
大袖片
挂面
小袋
袋盖
大袋
袋盖
后衣片
小袖片
袋盖
袋盖
前衣片
用料: 69
门幅: 27

6. 青年装、军便装、学生装

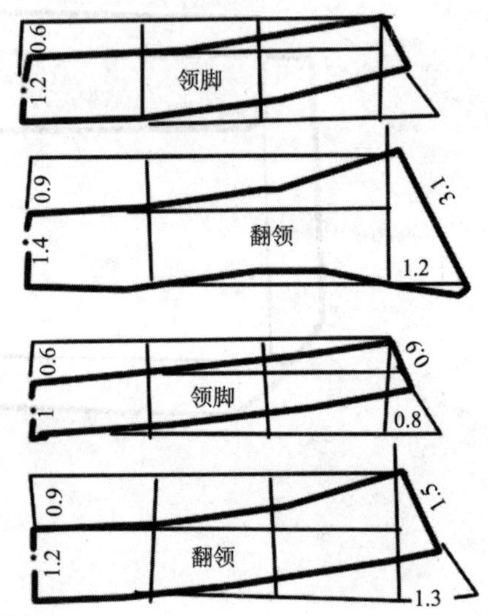

（1）青年装　裁法与中山装基本相同，现将不同部分说明如下（开背缝裁法与中年装相同）。

① 纽洞位置：第五只纽洞位置低0.3寸。若做暗门襟，如青年装式样图上虚线所示。

② 小袋：与第二只纽洞平齐，距离61.1寸，再翘上0.2寸，袋口大为0.15*C*。

③ 大袋：袋口与第五只纽洞平齐，袋与底边起翘平行，袋口比中山装两边各小0.1寸。袋盖宽1.6寸。

（2）军便装　裁法与中山装基本相同，现将不同部分说明如下。

① 纽洞位置与青年装一样。

② 小袋盖与中山装相同，袋口大为0.15*C* + 0.1寸，内装纽扣袢。

③ 大袋盖与青年装相同。

④ 前后片下摆较中山装较大。

（3）学生装　裁法与中山装基本相同，现将不同部分说明如下（开背缝裁法与中年装相同）。

① 纽洞位置与青年装相同。

② 大袋和小袋不同袋盖。

③ 与青年装领角相同。

7. 中年装

单位：寸

部位	总长（Z）	衣长（C）	半胸围（X）	肩宽（J）	袖长（SC）	增值（δ）	袖系基数（D）
尺寸	44	22	17	13.8	18	3	20

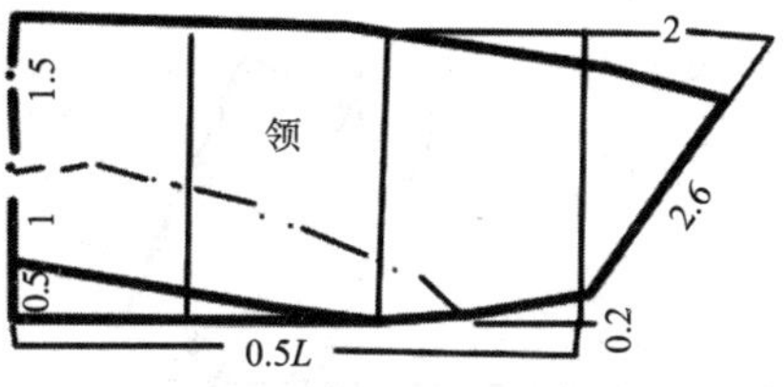

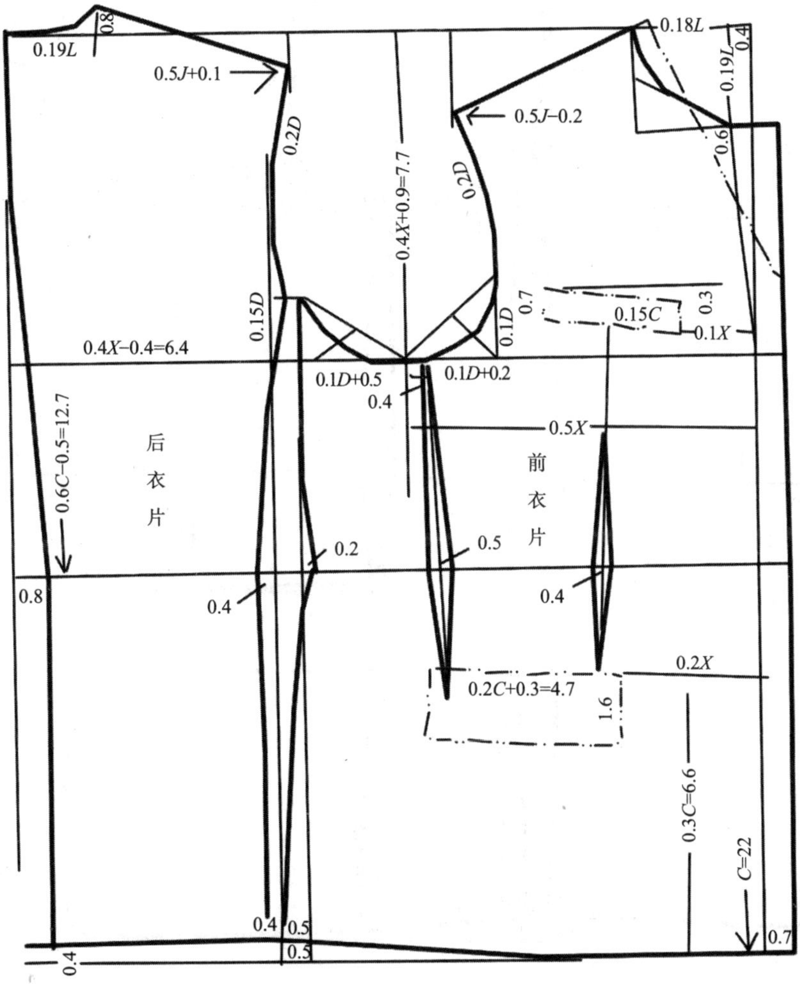

8. 单门西装

单位：寸

部位	总长（Z）	衣长（C）	半胸围（X）	肩宽（J）	袖长（SC）	增值（δ）	袖系基数（D）
尺寸	44	22	16.5	13.8	18	3	19.5

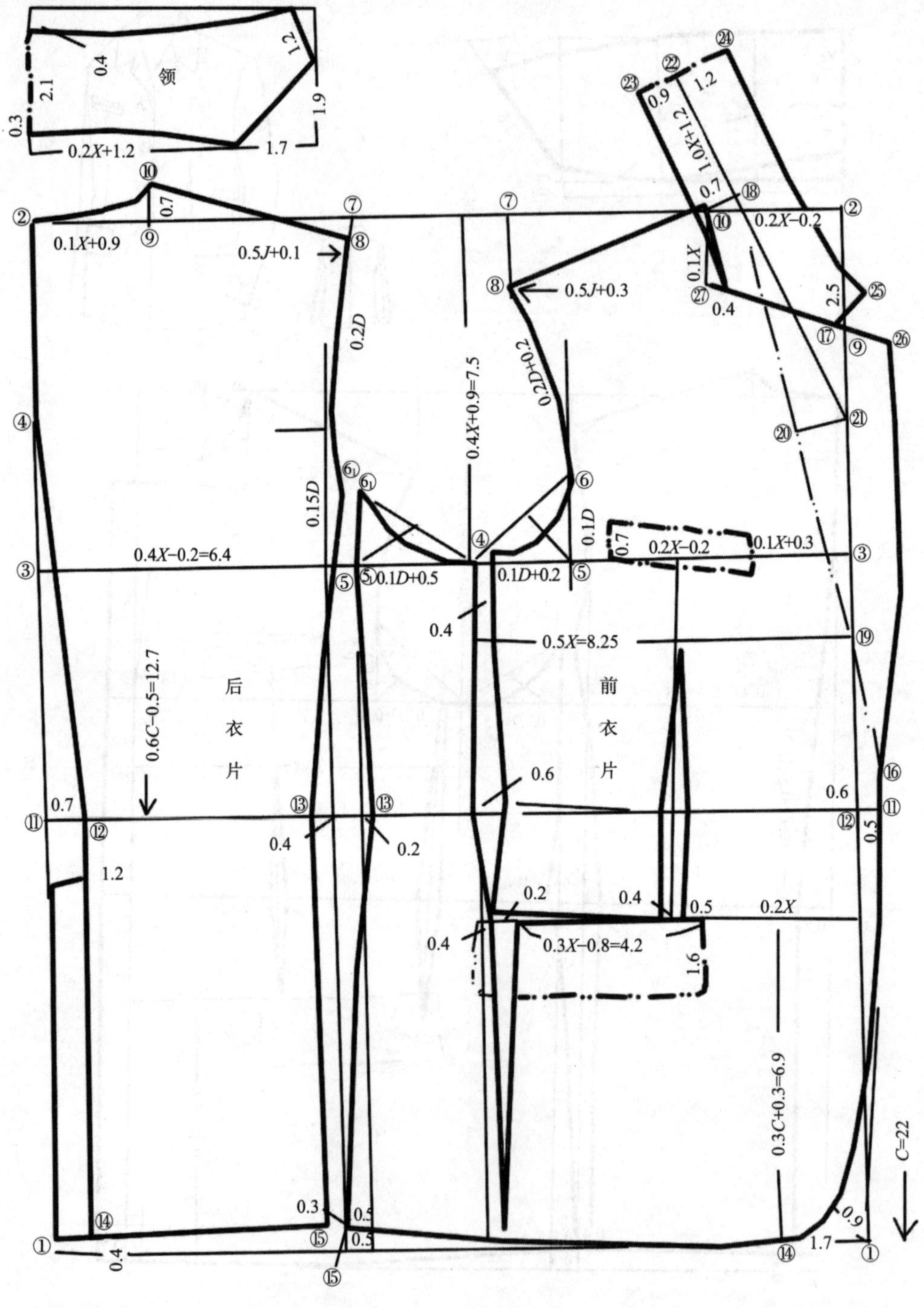

前衣片

①～② $C = 22$

②～③ $0.4X + 0.9 = 7.5$

③～④ $0.5X = 8.25$

④～⑤ $0.1D + 0.2 = 2.15$

⑤～⑥ $0.1D = 1.95$
⑥下0.4为前袖标

④～⑤$_1$ $0.1D + 0.5 = 2.45$

⑤$_1$～⑥$_1$ $0.075D = 1.5$

②～⑦ $0.15J + 0.3 = 7.2$

⑥～⑧ $0.2D + 0.2 = 4.1$

②～⑨ 2.5

②～⑩ $0.2X - 0.2 = 3.1$

⑩～㉗ $0.1X = 1.65$

②～⑪ $0.6C - 0.5 = 12.7$

⑪～⑫ 叠门0.5

⑬ 吸腰0.2

①～⑭ 1.7

⑮ 放宽0.5，上翘0.5

⑫～⑯ 0.6

⑨～⑰ 0.2

⑩～⑱ 0.7

⑲ 驳领线与①线交点

⑳ 是⑲⑱的中点

㉑ 垂直于⑲⑳，向⑱画斜线至㉒

⑱～㉒ $0.1X + 1.2 = 2.85$

㉒～㉓ 0.9

㉒～㉔ 1.2

⑰～㉕ 1.2

⑰～㉖ 1.8

后衣片

①～② $C - 0.4 = 21.6$

②～③ $0.4X + 0.9 = 7.5$

④ 是②③的中点

③～⑤ $0.4X - 0.2 = 6.4$

⑤～⑥ $0.15D = 2.93$
⑥上0.4为后袖标

⑥$_1$ 是⑤⑥的中点

②～⑦ $0.5J + 0.1 = 7$

⑥～⑧ $0.2D = 3.9$

②～⑨ $0.1X + 0.9 = 2.55$

⑨～⑩ 0.7

②～⑪ $0.6C - 0.5 = 12.7$

⑪～⑫ 0.8

⑬ 吸腰0.4

①～⑭ 0.7

⑭～⑮ $0.4X - 1.2 = 5.4$
上翘0.1

袖子

①～② $SC - 0.3 = 17.7$

②～③ $0.24D = 4.7$

②～④ $D/3 - 0.2 = 6.3$

⑤ 是②④的中点

③～⑥ $0.05D = 1$
（前袖标）

④～⑥$_1$ 是④②之间的 $\frac{1}{4}$
（后袖标）

⑦ 是②⑤的中点

⑤～⑧ 0.3（对肩缝）

⑨ 是横斜二线之交点

⑩ 是①⑥$_1$中点凹0.3

①～⑪ $0.2D + 0.8 = 4.7$，
低0.7

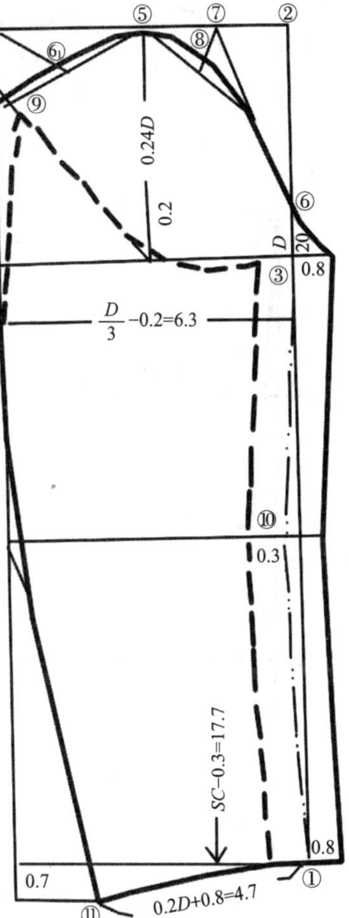

门幅: 27 用料: 42

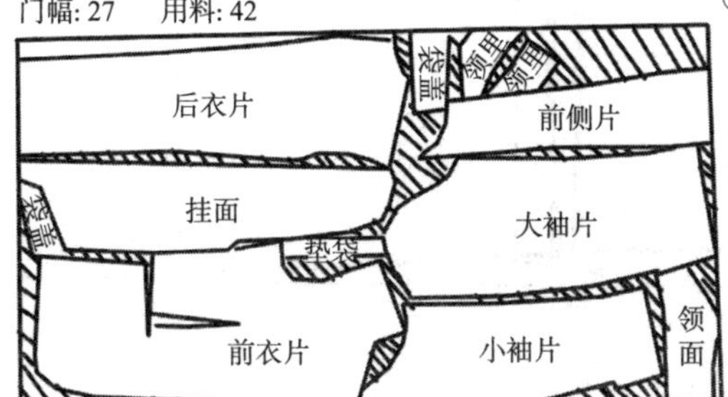

9. 双门西装

单位：寸

部位	总长（Z）	衣长（C）	半胸围（X）	肩宽（J）	袖长（SC）	增值（δ）	袖系基数（D）
尺寸	44	22	16.5	13.8	18	3	19.5

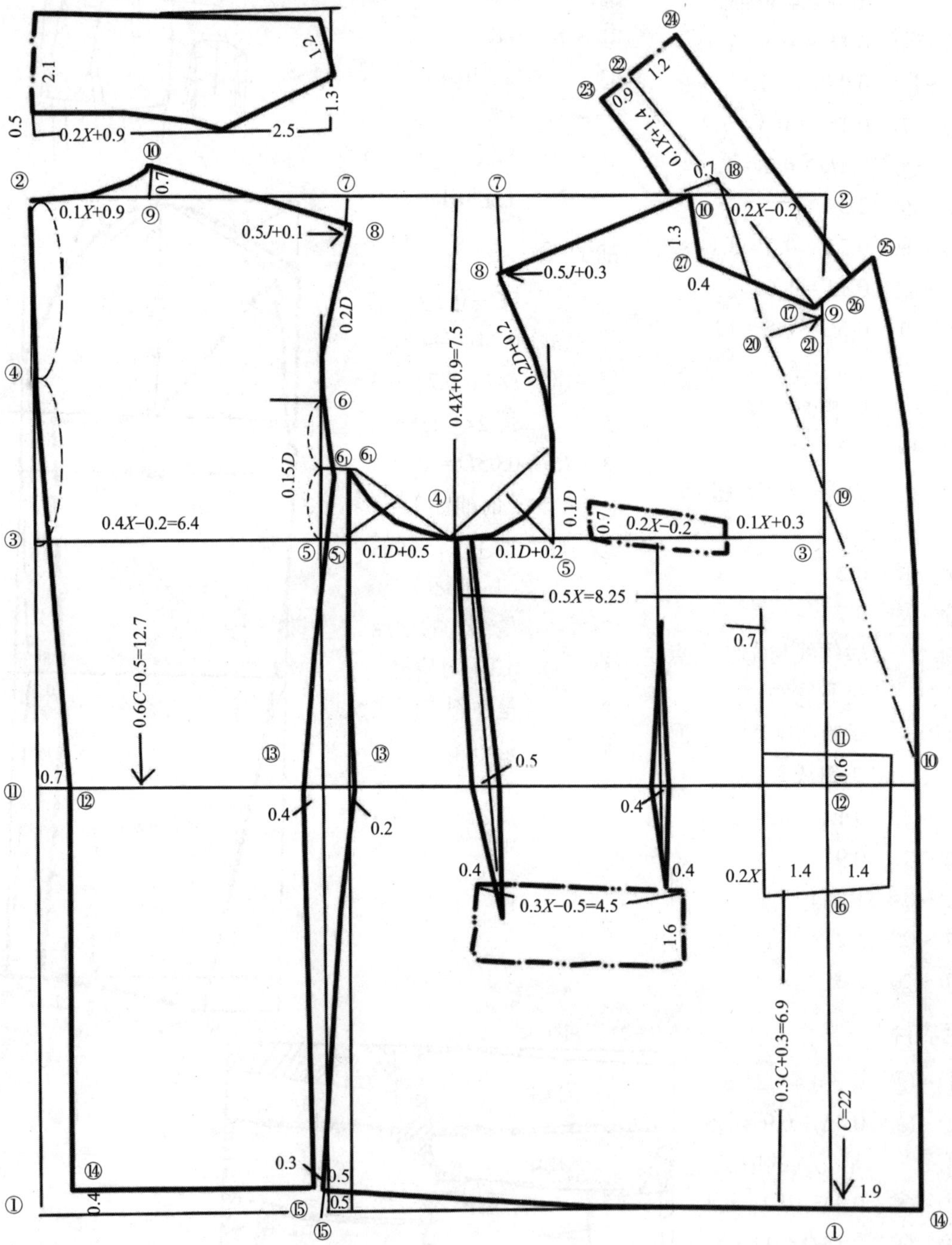

前衣片

①～② $C=22$

②～③ $0.4X+0.9=7.5$

③～④ $0.5X=8.25$

④～⑤ $0.1D+0.2=2.15$

⑤～⑥ $0.1D=1.95$

⑥下0.4为前袖标

④～$⑤_1$ $0.1D+0.5=2.45$

$⑤_1$～$⑥_1$ $0.075D=1.5$

②～⑦ $0.15J+0.3=7.2$

⑥～⑧ $0.2D+0.2=4.1$

②～⑨ 2.7

②～⑩ $0.2X-0.2=3.1$

⑩～㉗ 1.3向前0.4

②～⑪ $0.6C-0.5=12.7$

⑪～⑫ 0.6

⑬ 吸腰0.2

①～⑭ 1.9叠门，

⑮ 放宽0.5，上翘0.5

⑫～⑯ 1.9

⑨～⑰ 0.4

⑩～⑱ 0.7

⑲ 驳领线与①线的交点

⑳ 是⑱⑲的中点

㉑ 垂直于⑲⑳，向⑱画斜线至㉒

⑱～㉒ $0.1X+1.4=3.05$

㉒～㉓ 0.9

㉒～㉔ 1.2

⑰～㉕ 1.8

⑰～㉖ 1.2

后衣片

①～② $C-0.4=21.6$

②～③ $0.4X+0.9=7.5$

④ 是②③的中点

③～⑤ $0.4X-0.2=6.4$

⑤～⑥ $0.15D=2.93$

⑥上0.4为后袖标

$⑥_1$ 是⑤⑥的中点

②～⑦ $0.5J+0.1=7$

⑥～⑧ $0.2D=3.9$

②～⑨ $0.1X+0.9=2.55$

⑨～⑩ 0.7

②～⑪ $0.6C-0.5=12.7$

⑪～⑫ 0.7

⑬ 吸腰0.4

①～⑭ 0.7

⑭～⑮ $0.4X-1.2=5.4$

袖子

同单门西装

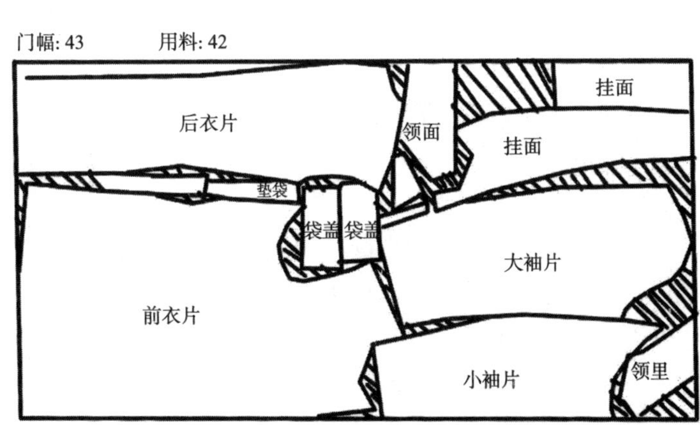

10. 西装背心

单位：寸

部位	总长 (Z)	衣长 (C)	半胸围 (X)	肩宽 (J)	增值 (δ)	袖系基数 (D)
尺寸	45	17.3	15	11	3	18

前衣片

①～② 17.3

②～③ $0.4X+1.2=7.2$

③～④ $0.5X=7.5$

④～⑤ $0.1D+0.8=2.6$

⑤～⑥ $0.1D+0.5=2.3$

②～⑦ $0.5J=5.5$

⑥～⑧ $0.2D=3.6$

③～⑨ 0.5

②～⑩ $0.1X+0.9=2.4$

⑩～⑪ $0.1X=1.5$

②～⑫ $0.3Z-0.7=12.8$

⑫～⑬ 2.5

①～⑭ 1.5

⑬～⑮ $0.5X-0.1=7.4$

⑫～⑯ $0.5X-0.4=7.1$

后衣片

①～② 15.7

②～③ $0.4X+1.6=7.6$

③～④ $0.5X+0.5=8$

④～⑤ $0.1D+0.9=2.7$

⑤～⑥ $0.15D+0.9=3.6$

②～⑦ $0.5J=5.5$

⑥～⑧ $0.2D=3.6$

②～⑨ $0.1X+0.9=2.4$

⑨～⑩ 0.7

⑪ ②～③的中点

②～⑫ $0.3Z-0.3=13.2$

⑫～⑬ 0.8

①～⑭ 0.8

⑭～⑮ $0.5X-0.5=7$

⑬～⑯ $0.5X-0.7=6.8$

11. 双门短大衣

单位：寸

部位	总长（Z）	衣长（C）	半胸围（X）	肩宽（J）	袖长（SC）	增值（δ）	袖系基数（D）
尺寸	45	24	18	14.8	19	4	22

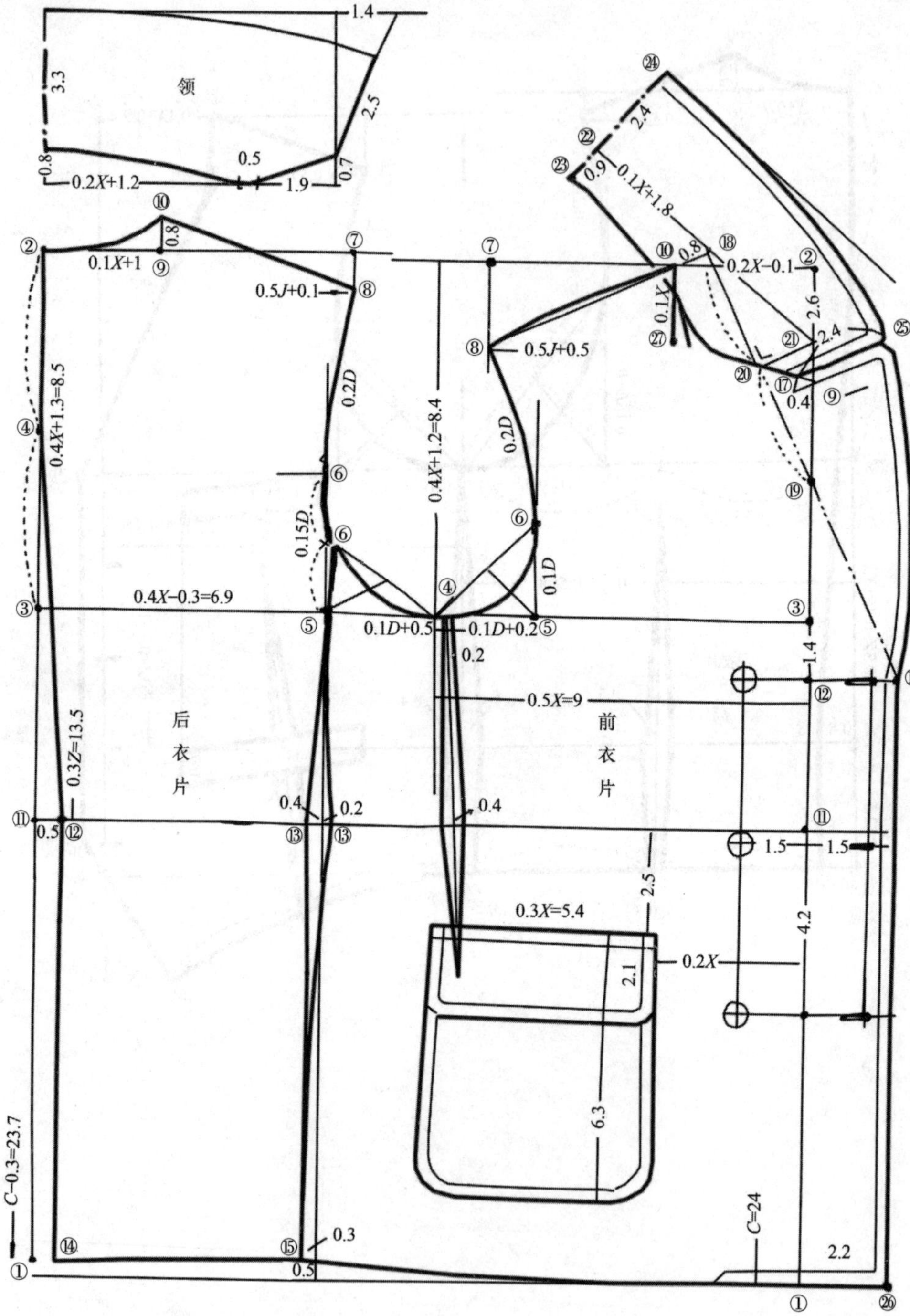

前衣片

①～② $C=24$
②～③ $0.4X+1.2=8.4$
③～④ $0.5X=9$
④～⑤ $0.1D+0.2=2.4$
④～⑤$_{1}$ $0.1D+0.5=2.7$
⑤$_{1}$～⑥$_{1}$ $0.075D=1.65$
⑤～⑥ $0.1D=2.2$
⑥下0.4为前袖标
②～⑦ $0.5J+0.5=7.9$
⑥～⑧ $0.2D=4.4$
②～⑨ 2.6
②～⑩ $0.2X-0.1=3.5$
⑩～㉗ $0.1X=1.8$
②～⑪ $0.3Z-0.1=13.4$
③～⑫ 1.4
⑬ 吸腰0.2
⑮ 放宽0.3，上翘0.5
⑫～⑯ 2.2
⑨～⑰ 0.4
⑩～⑱ 0.8
⑲ 驳领线与①线的交点
⑳ 是⑱⑲的中点
㉑ 垂直于⑱⑲
⑱～㉒ $0.1X+1.8=3.6$
㉒～㉓ 0.9
㉓～㉔ 2.4
⑰～㉕ 2.4
①～㉖ 2.2

后衣片

①～② $C-0.3=23.7$
②～③ $0.4X+1.3=8.5$
④ ②③的中点
③～⑤$_{1}$ $0.4X-0.3=6.9$
⑤$_{1}$～⑥ $0.15D=3.3$
⑥上0.4为后袖标
⑥$_{1}$ 是⑤$_{1}$⑥的中点，向右0.3
②～⑦ $0.5J+0.1=7.5$
⑥～⑧ $0.2D=4.4$
②～⑨ $0.1X+1=2.8$
⑨～⑩ 0.8
②～⑪ $0.3Z=13.5$
⑪～⑫ 0.5
⑬ 吸腰0.4
①～⑭ 0.5
⑭～⑮ $0.4X-1.1=6.1$

袖子

①～② $SC-0.3=18.7$
②～③ $0.24D=5.3$
③～④$_{1}$ $\dfrac{D}{3}-0.2=7.1$
⑤ 是②④的中点
③～⑥$_{1}$ $0.05D=1.1$
④～⑥ 是②④之间的$\dfrac{1}{4}$
⑦ 是②⑤的中点
⑤～⑧ 0.3（对肩缝）
⑨ 是横斜二线的交点
⑩ ①⑥$_{1}$的中点凹0.4
①～⑪ $0.2D+1=5.4$
低0.7

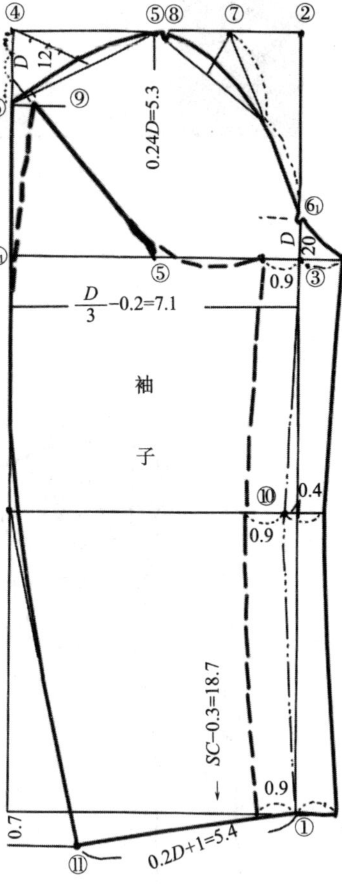

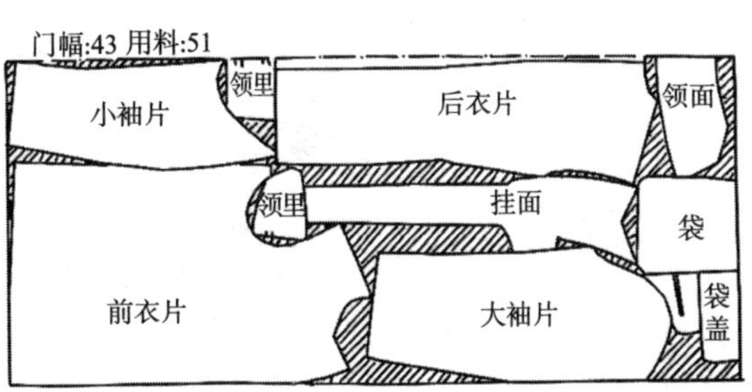

12. 单门大衣

单位：寸

部位	总长（Z）	衣长（C）	半胸围（X）	肩宽（J）	袖长（SC）	增值（δ）	袖系基数（D）
尺寸	45	31	18	14.8	19	4	22

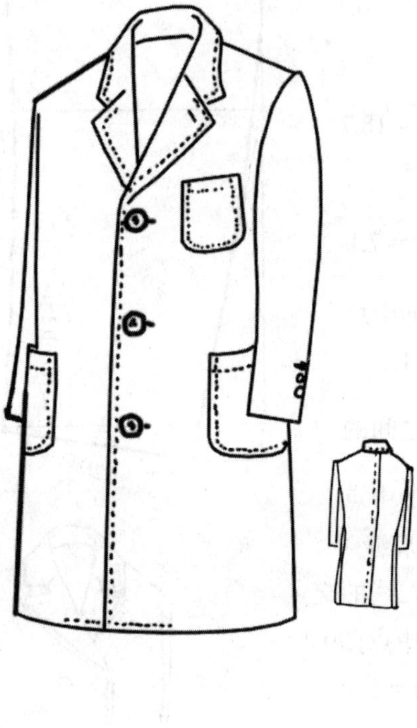

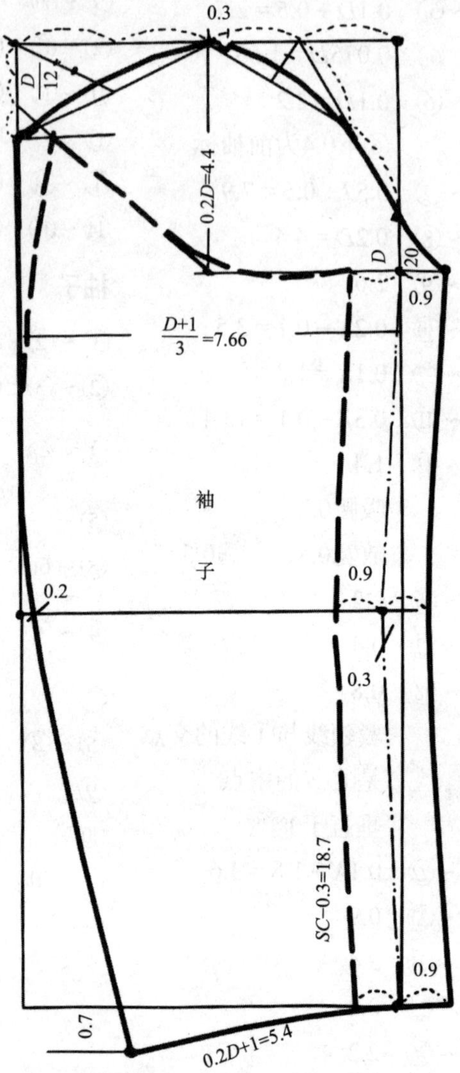

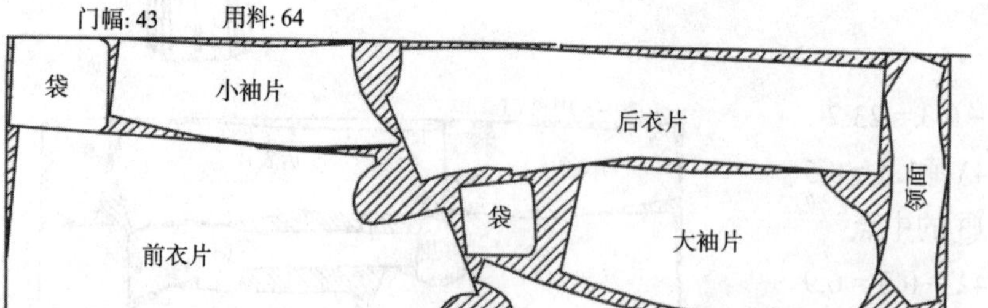

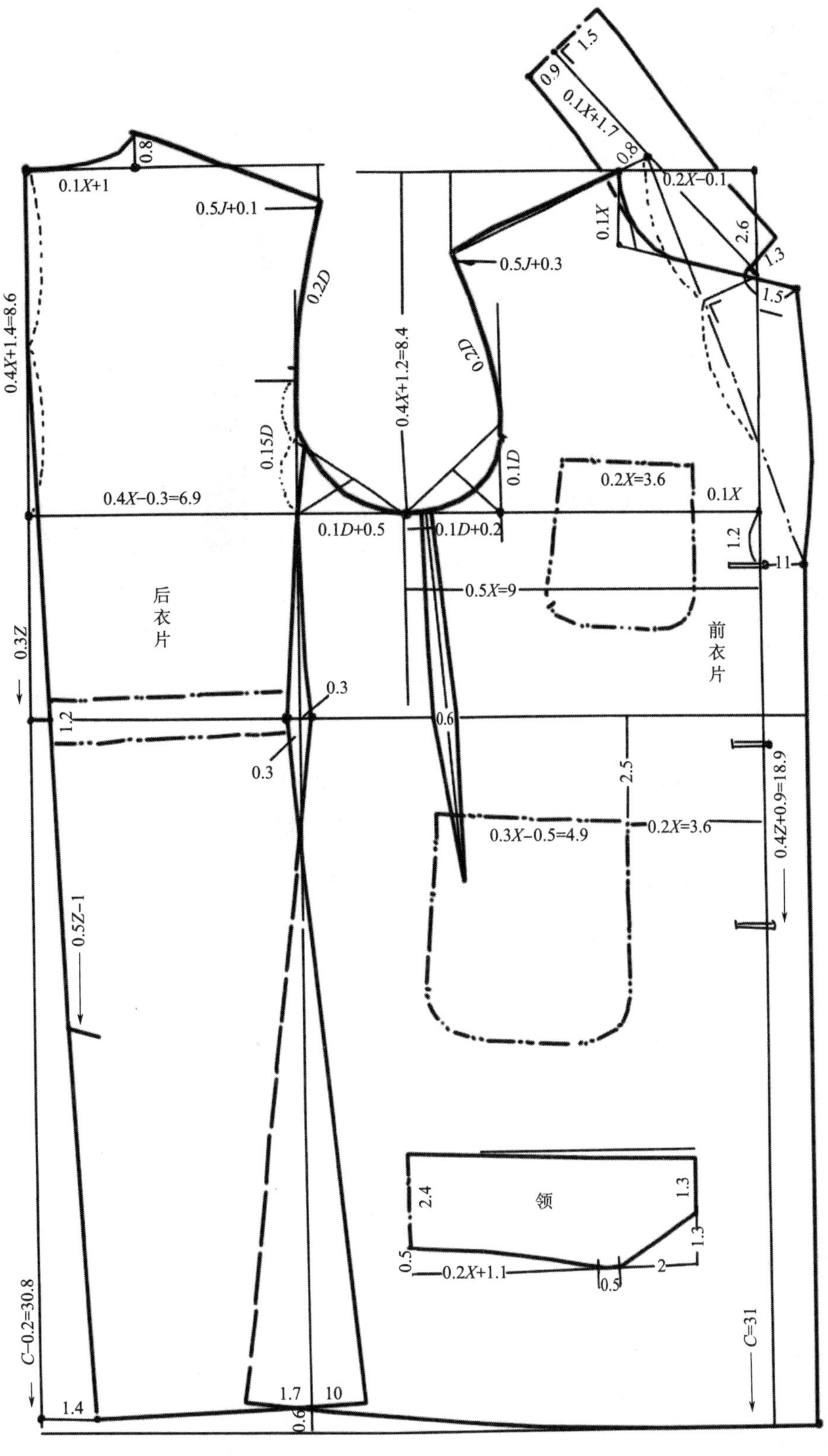

1.5
0.9
0.1X+1.7
0.8
0.8
0.1X+1
0.5J+0.1
0.2X−0.1
0.1X
2.6
1.3
0.5J+0.3
1.5
0.2D
0.4X+1.4=8.6
0.4X+1.2=8.4
0.2D
0.15D
0.1D
0.2X=3.6
0.4X−0.3=6.9
0.1X
0.1D+0.5
0.1D+0.2
1.2
11
0.5X=9
后衣片
前衣片
0.3Z
0.3
1.2
0.3
0.6
2.5
0.4Z+0.9=18.9
0.3X−0.5=4.9
0.2X=3.6
0.5Z−1
2.4
领
1.3
1.3
0.5
0.2X+1.1
0.5
2
C−0.2=30.8
C=31
1.4
1.7
10
0.6

13. 长袖衬衫

单位：寸

部位	总长（Z）	衣长（C）	半胸围（X）	肩宽（J）	袖长（SC）	领围（L）	增值（δ）	袖系基数（D）
尺寸	45	22	17	13.6	17.5	12	3	20

前衣片

①～②　$C-1=21$

②～③　$\frac{D}{3}+0.2=6.86$

③～④　$0.5X-0.3=8.2$

④～⑤　$0.1D-0.1=2.1$

⑤～⑥　$0.1D+0.3=2.3$

②～⑦　$0.5J-0.5=6.3$

⑥～⑧　$0.15D=3$

②～⑨　$\frac{L}{6}-0.1=1.9$

②～⑩　$\frac{L}{6}=2$

⑪　在④的直下上翘0.3

后衣片

①～②　$C-2=20$

②～③　$\frac{D}{3}-0.5=6.16$

③～④　$0.5X+0.3=8.8$

④～⑤　$0.1D-0.1=1.9$

⑤～⑥　$0.15D-0.4=2.6$

②～⑦　$0.5J+0.6=7.4$

⑥～⑧　$0.15D=3$

①～⑪　$0.5X+0.3=8.8$

肩覆势

①～②　$0.5J=6.8$

①～③　$0.1D-0.3=1.7$

③～④　$0.1L+0.1=1.3$

④～⑤　$0.2L+0.1=2.5$

②～⑥　$0.1D=2$，向外0.15

袖子、袖口

①～②　$SC-1.9=15.6$

②～③　$\frac{D}{8}=2.5$

③～④　$\frac{D}{3}+0.5=7.1$

①～⑤　$0.2D+0.8=4.8$

⑤～⑥　$0.2D$

⑦　是⑤⑥的中点

⑦～⑧　3.6（开衩）

②～⑨　是③④的$\frac{1}{4}$

⑩　是②⑨的中点

④～⑪　是③④的$\frac{1}{4}$

⑤～⑬　1.9

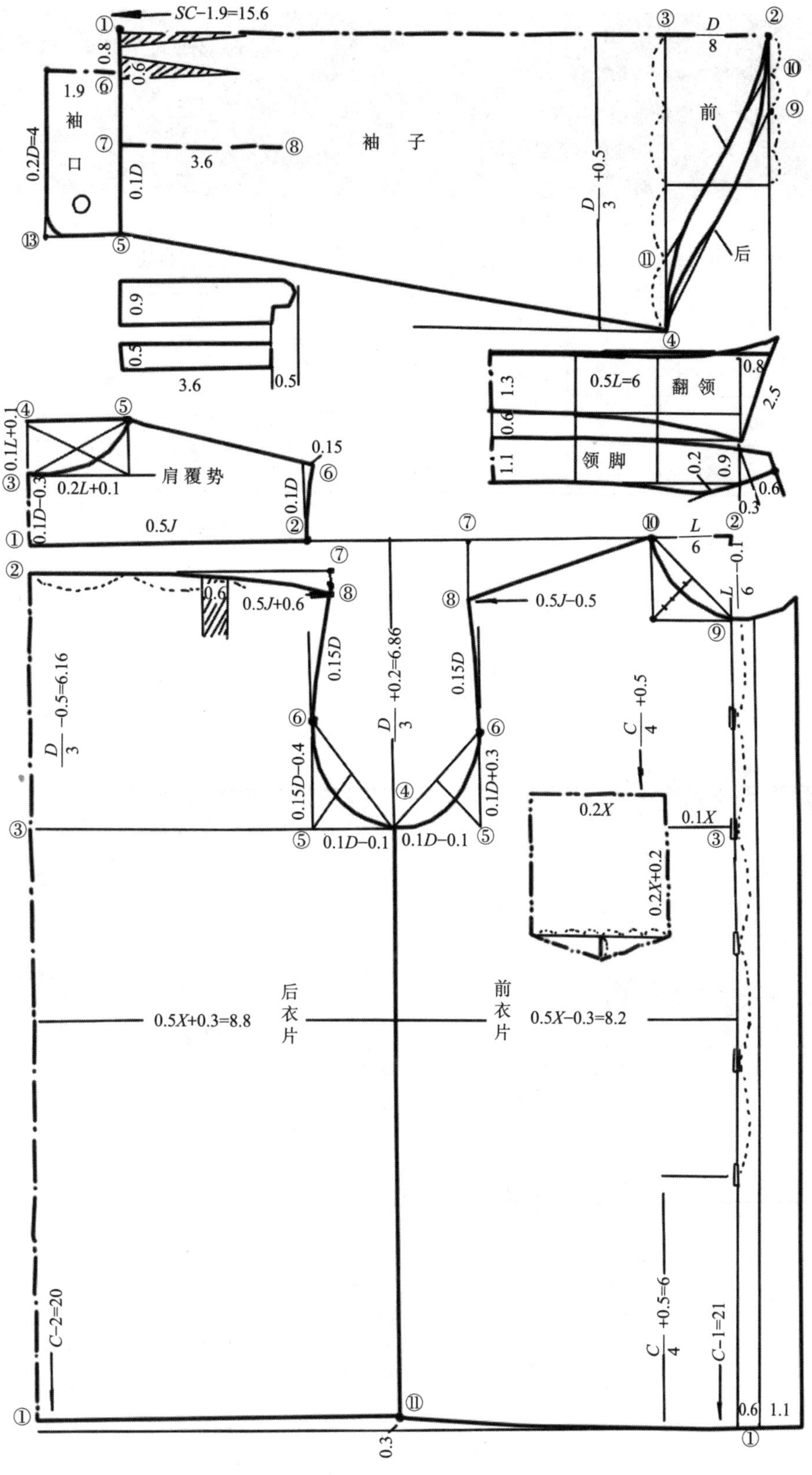

SC−1.9=15.6

袖子

袖口

0.2D=4

1.9

0.8

0.6

3.6

0.1D

D/8

D/3 +0.5

前

后

0.9

0.5

3.6

0.5

0.5L=6

翻领

领脚

1.3

0.6

1.1

0.8

2.5

0.2

0.9

0.3

0.6

肩覆势

0.1L+0.1

0.2L+0.1

0.1D−0.3

0.15

0.1D

0.5J

L/6

L/6 −0.1

0.5J+0.6

0.5J−0.5

0.6

0.15D

D/3 −0.5=6.16

D/3 +0.2=6.86

C/4 +0.5

0.15D−0.4

0.1D+0.3

0.1D−0.1

0.2X

0.1X

0.2X+0.2

后衣片

前衣片

0.5X+0.3=8.8

0.5X−0.3=8.2

C−2=20

C/4 +0.5=6

C−1=21

0.6

1.1

0.3

男长袖衬衫尺寸参考　　单位：寸

总长	部位						
	衣长	胸围	肩宽	袖长	领围	用料 布幅	
						24	27
42	20.5	31	12.6	16.3	10.9	61	53
43	20.9	32	13	16.7	11.2	64	56
44	21.4	33	13.4	17.1	11.5	67	58.5
45	21.8	34	13.8	17.5	11.8	7	81
46	22.2	35	14.2	17.9	12.1	73	64
47	22.7	36	14.6	18.3	12.4	76	67

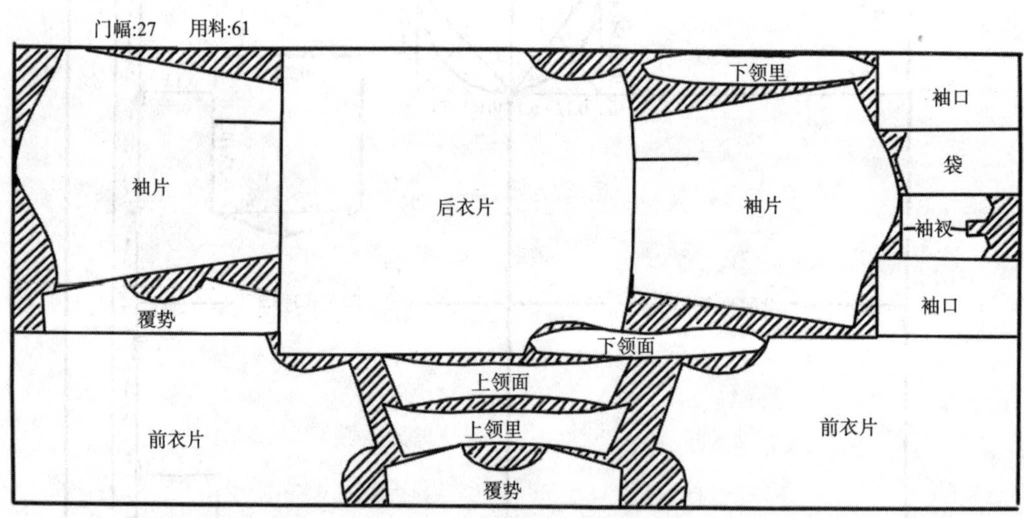

14. 短西裤

单位：寸

部位	总长（Z）	半腰围（Y）	半臀围（T）	裤长（KC）	立裆（d）	袖系基数（D）
尺寸	44	11.5	16	13	8.3	8.8

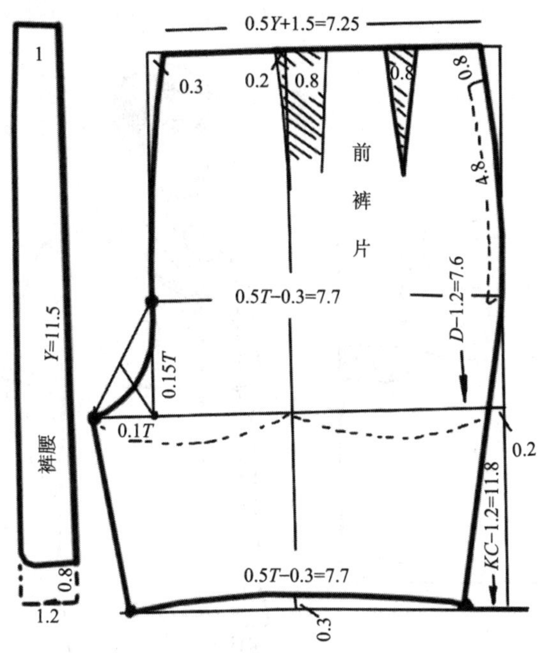

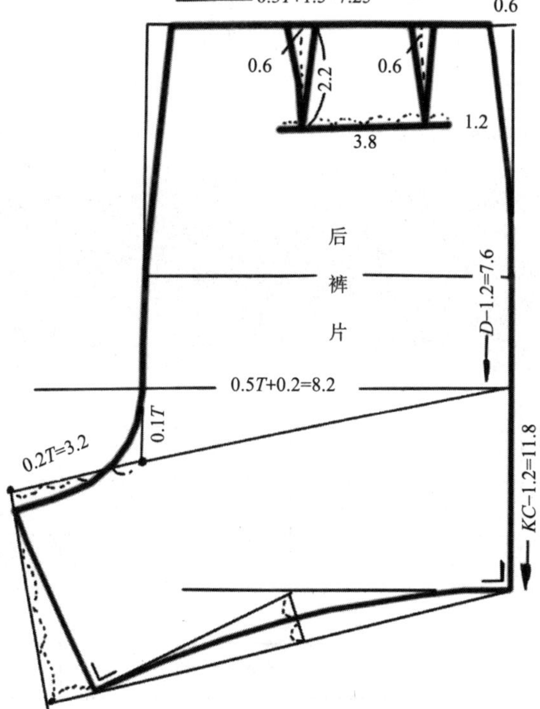

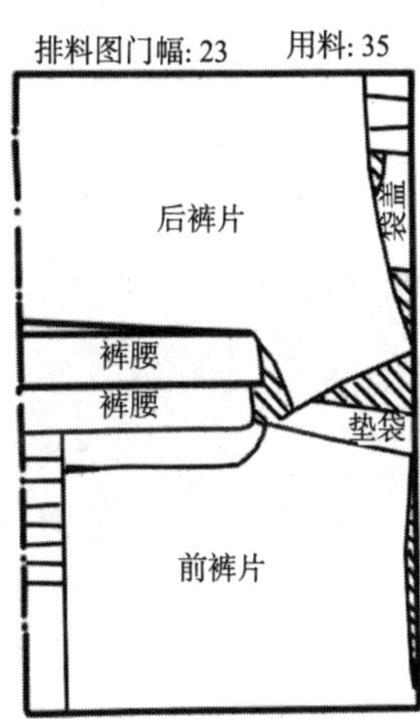

15. 夏威夷衫（又名香港衫）

单位：寸

部位	总长（Z）	衣长（C）	半胸围（X）	肩宽（J）	袖长（SC）	领围（L）	增值（δ）	袖系基数（D）
尺寸	45	22	16.5	13.6	6.8	12	3	19.5

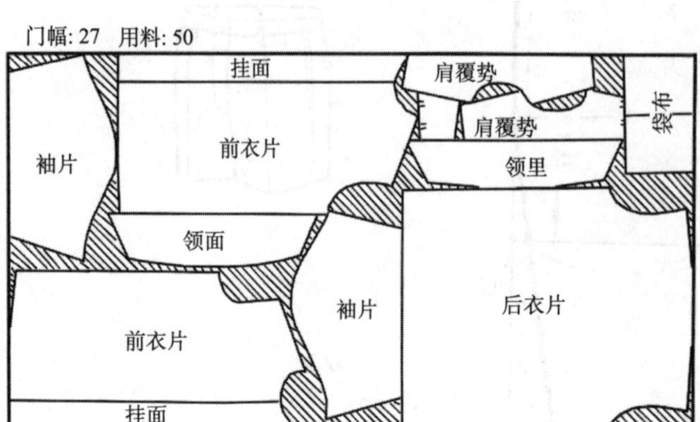

夏威夷衫尺寸参考

单位：寸

总长	部位						
	衣长	胸围	肩宽	袖长	领围	用料 布幅 24	用料 布幅 27
42	20.5	31	12.6	6.3	10.9	54	48
43	20.9	32	13	6.45	11.2	57	50
44	21.4	33	13.4	6.6	11.5	59	52
45	21.8	34	13.8	6.75	11.8	61.5	55
46	22.2	35	14.2	6.9	12.1	64	57
47	22.7	36	14.6	7.05	12.4	57	60

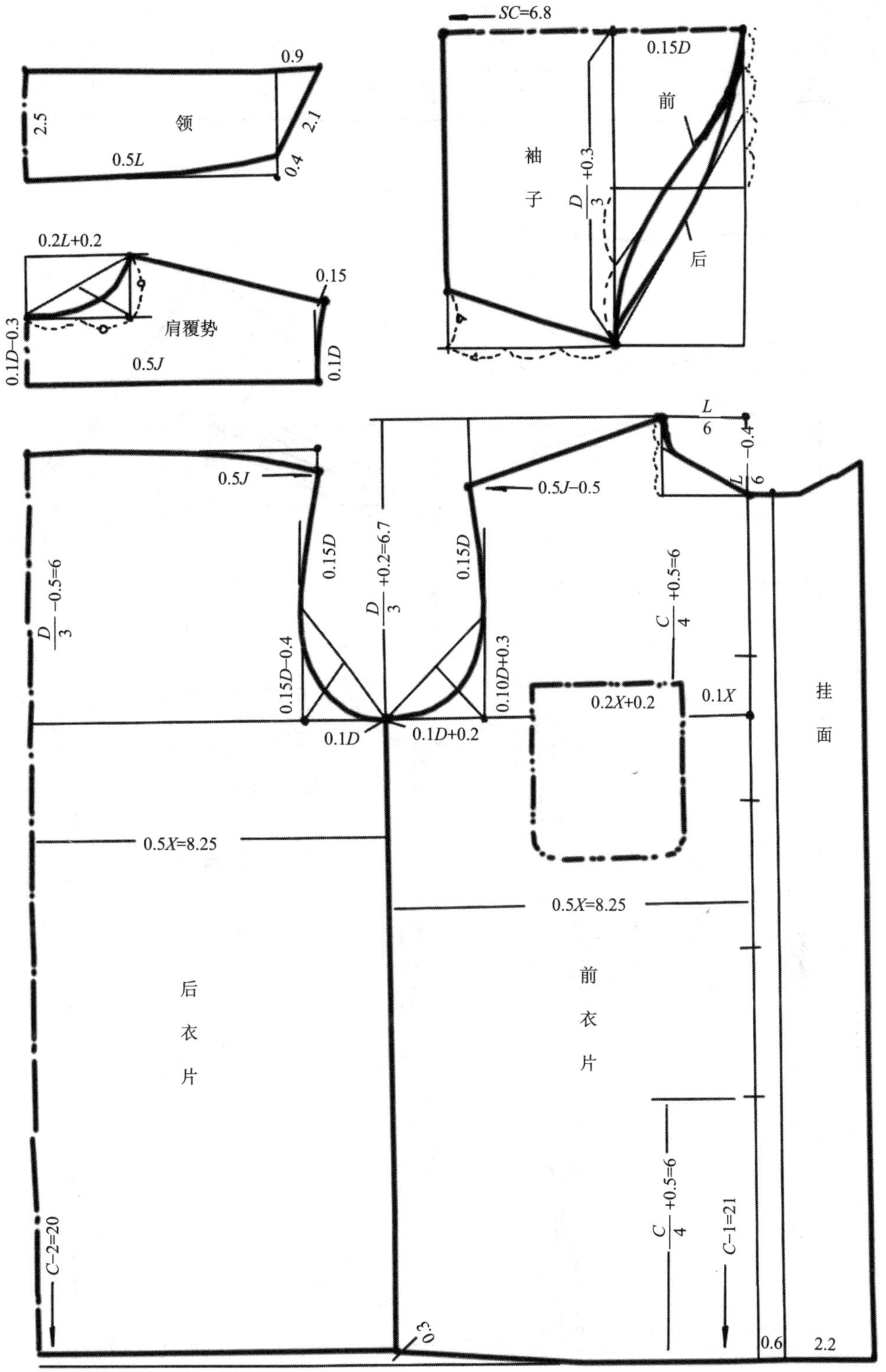

领
0.9
2.5
2.1
0.5L
0.4

0.2L+0.2
0.15
肩覆势
0.1D−0.3
0.5J
0.1D

SC=6.8
0.15D
前
袖子
$\frac{D}{3}$+0.3
后

$\frac{L}{6}$
−0.4
$\frac{L}{6}$
0.5J
0.5J−0.5
0.15D
$\frac{D}{3}$+0.2=6.7
0.15D
$\frac{D}{3}$−0.5=6
$\frac{C}{4}$+0.5=6
0.15D−0.4
0.10D+0.3
0.2X+0.2
0.1X
挂面
0.1D
0.1D+0.2
0.5X=8.25
0.5X=8.25
后衣片
前衣片
$\frac{C}{4}$+0.5=6
C−1=21
C−2=20
0.3
0.6
2.2

16. 猎装

单位：寸

部位	总长（Z）	衣长（C）	半胸围（X）	肩宽（J）	袖长（SC）	增值（δ）	袖系基数（D）
尺寸	45	22	16.5	13.8	18	3	19.5

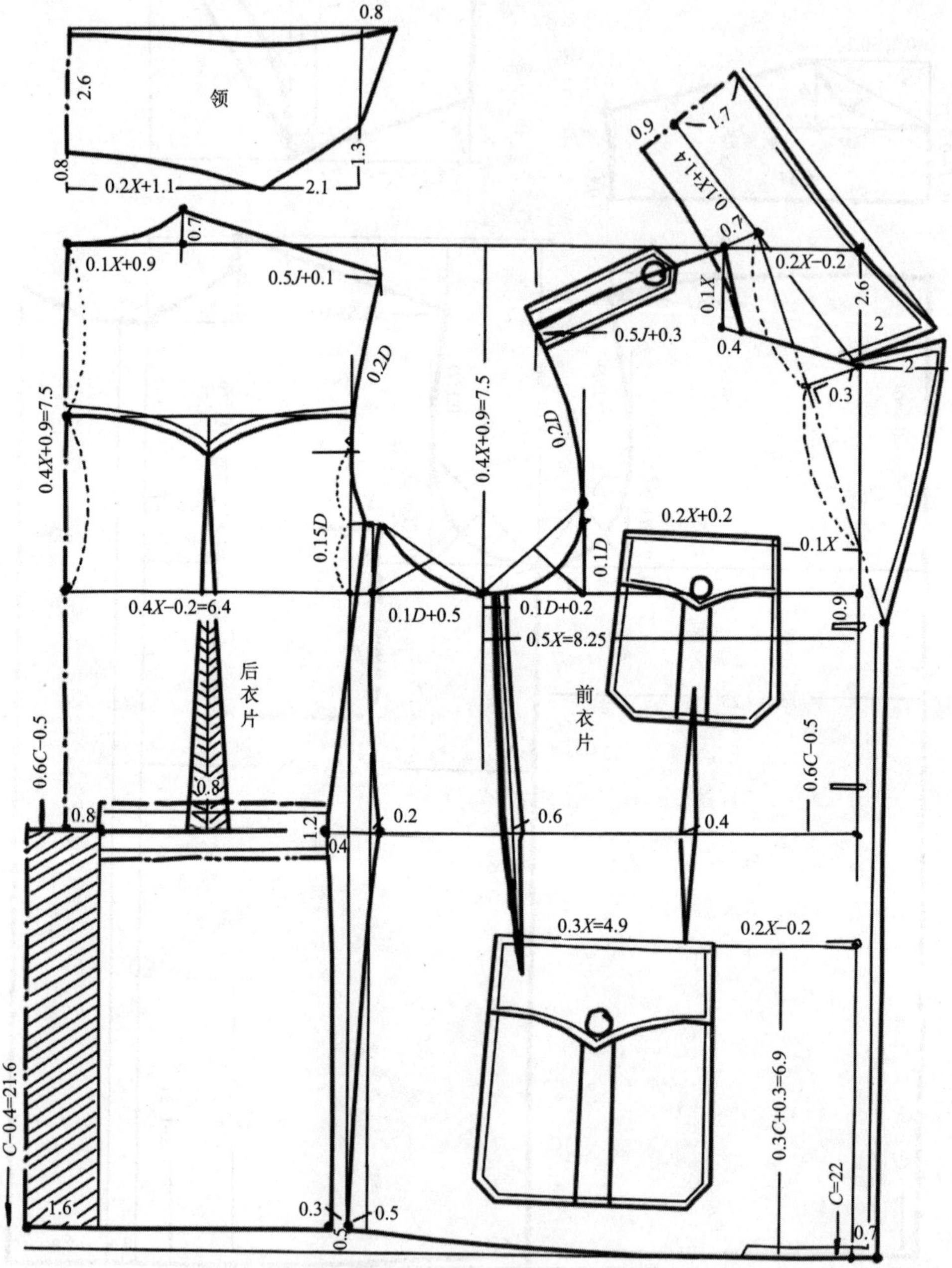

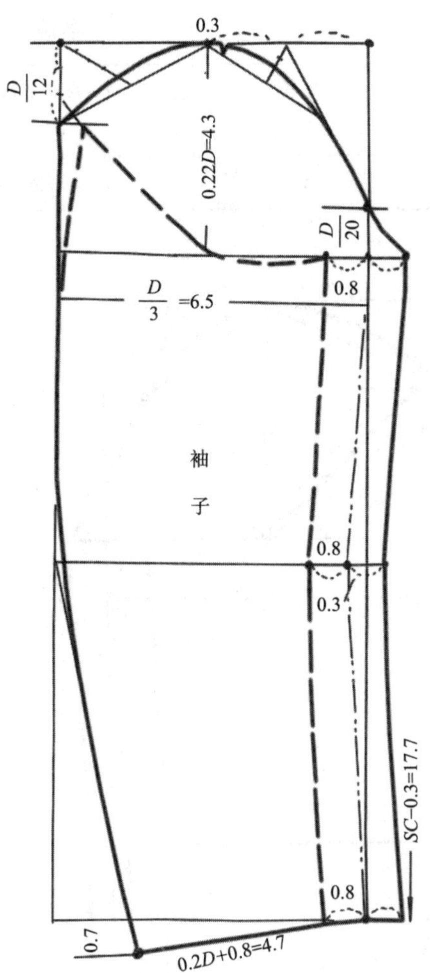
0.3
$\frac{D}{12}$
0.22D=4.3
$\frac{D}{20}$
0.8
$\frac{D}{3}$ =6.5
袖
子
0.8
0.3
SC−0.3=17.7
0.8
0.7
0.2D+0.8=4.7

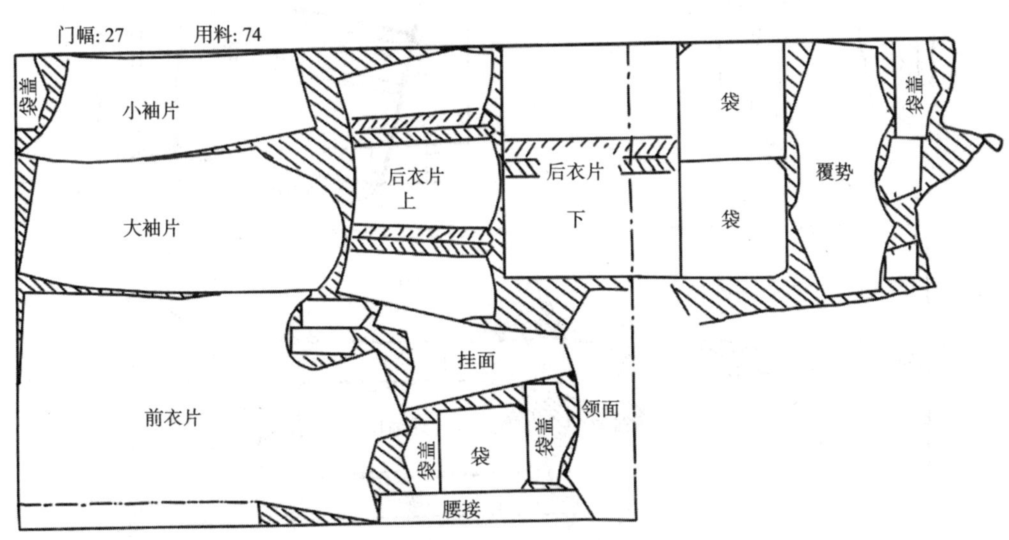
门幅: 27
用料: 74
袋盖
小袖片
大袖片
后衣片
上
后衣片
下
袋
袋
覆势
袋盖
挂面
领面
前衣片
袋盖
袋
袋盖
腰接

17. 风大衣

单位：寸

部位	总长（Z）	衣长（C）	半胸围（X）	肩宽（J）	袖长（SC）	增值（δ）	袖系基数（D）
尺寸	45	31	18	14.6	19	4	22

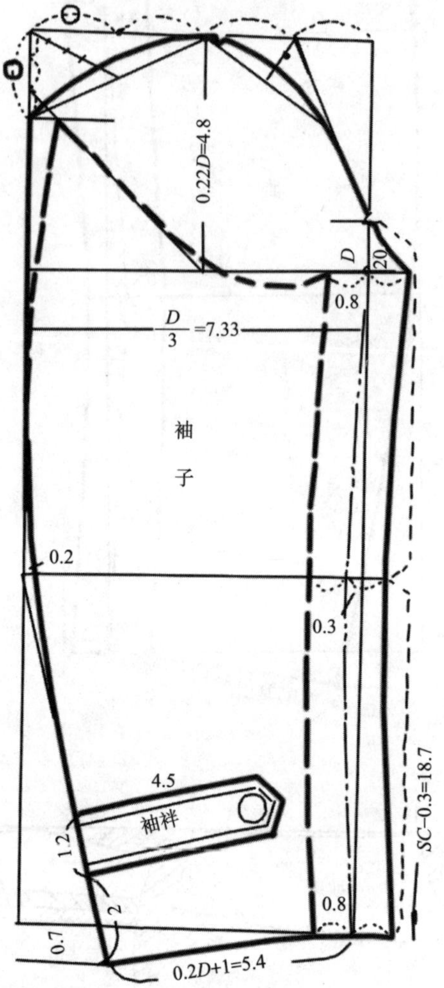

0.22D=4.8
D
20
0.8
$\frac{D}{3}$=7.33
袖子
0.2
0.3
4.5
袖袢
1.2
2
0.8
0.7
0.2D+1=5.4
SC−0.3=18.7

门幅: 27　用料: 65×2

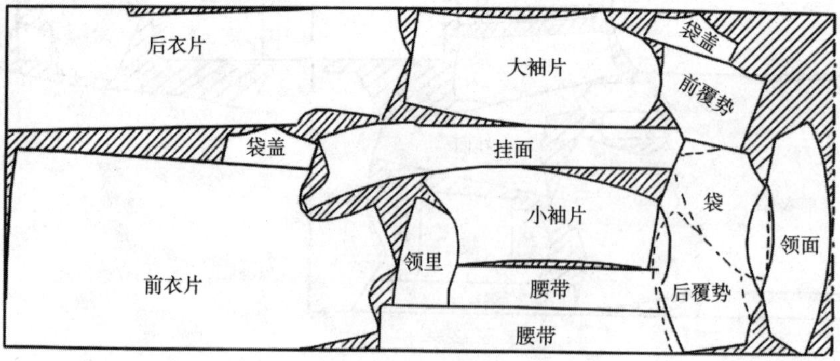

后衣片
大袖片
袋盖
前覆势
袋盖
挂面
小袖片
袋
领面
领里
前衣片
腰带
后覆势
腰带

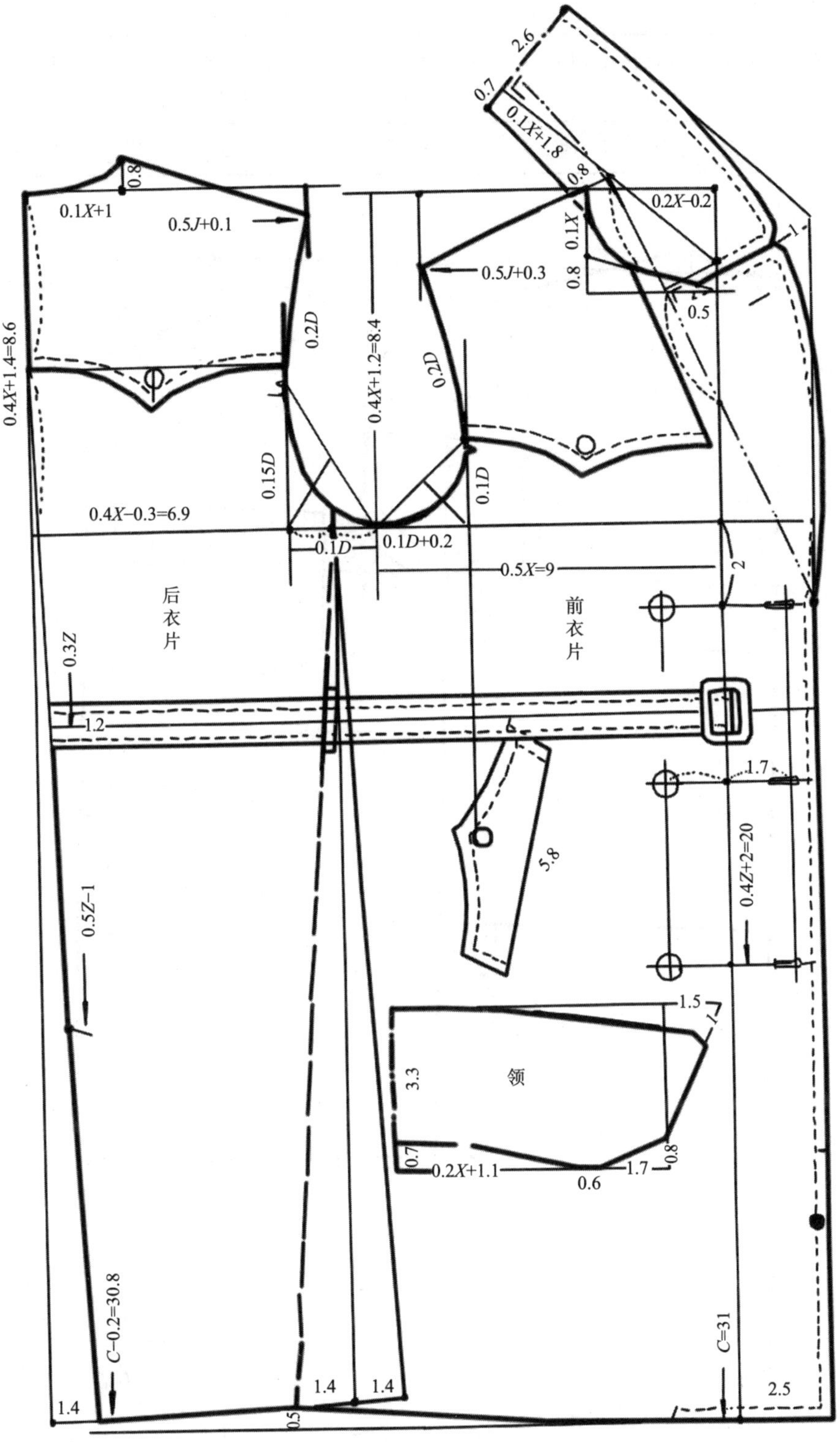

2.6
0.7
0.1X+1.8
0.8
0.2X−0.2
1
0.1X
0.8
0.8
0.5
0.1X+1
0.5J+0.1
0.5J+0.3
0.4X+1.4=8.6
0.2D
0.4X+1.2=8.4
0.2D
0.15D
0.1D
0.4X−0.3=6.9
0.1D
0.1D+0.2
0.5X=9
2
后
衣
片
前
衣
片
0.3Z
1.2
1.7
5.8
0.4Z+2=20
0.5Z−1
1.5
3.3
领
0.7
0.2X+1.1
0.6
1.7
0.8
C−0.2=30.8
C=31
1.4
1.4
1.4
0.5
2.5

18. 睡衣、睡裤　　　　**单位：寸**

部位	总长（Z）	衣长（C）	半胸围（X）	肩宽（J）	袖长（SC）	领围（L）	增值（δ）	袖系基数（D）	裤长（KC）	半臀围（T）	立裆（d）
尺寸	45	22	16.5	14	17.5	12	3	19.5	31.5	16	9.3

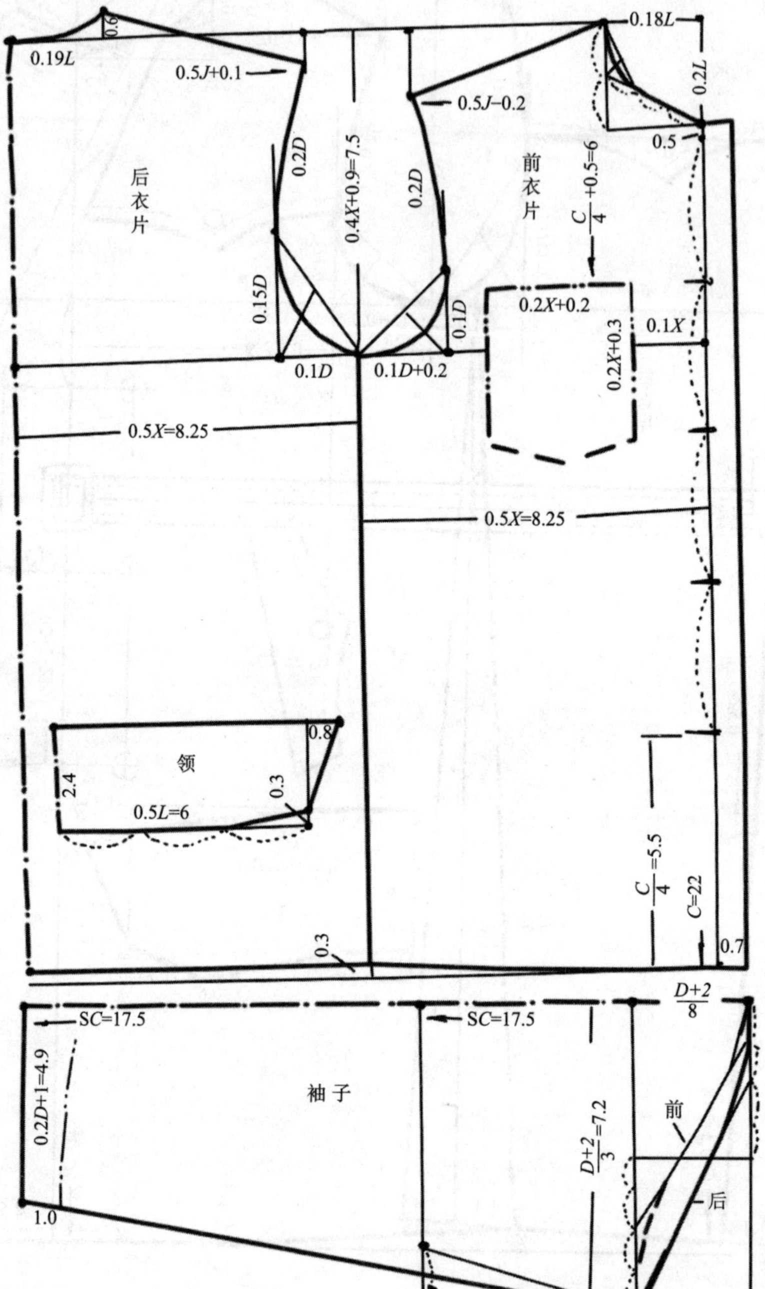

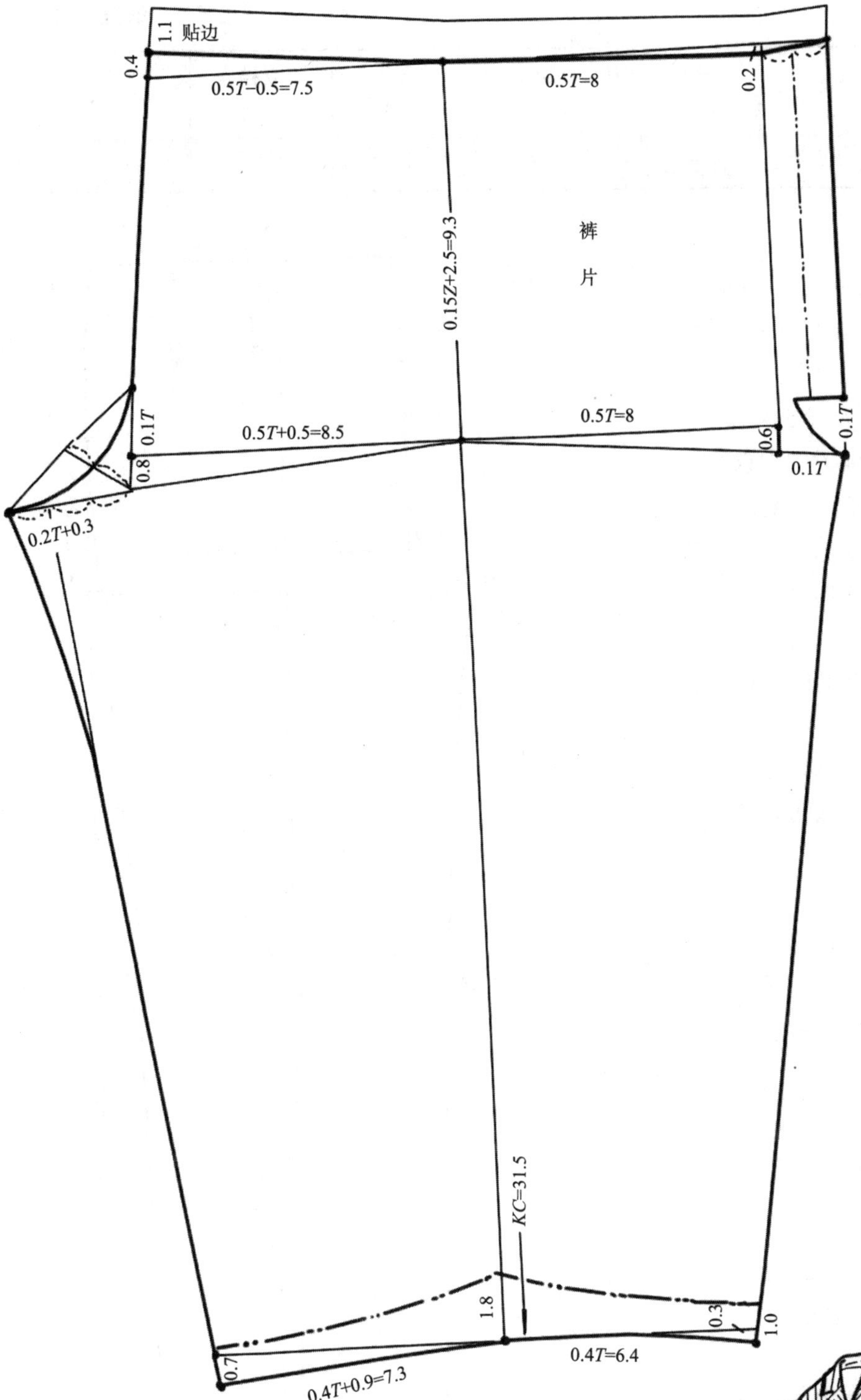

1.1 贴边

0.4

0.5T−0.5=7.5

0.5T=8

0.2

0.15Z+2.5=9.3

裤片

0.1T

0.5T+0.5=8.5

0.5T=8

0.6

0.1T

0.8

0.1T

0.2T+0.3

KC=31.5

1.8

0.3

1.0

0.7

0.4T=6.4

0.4T+0.9=7.3

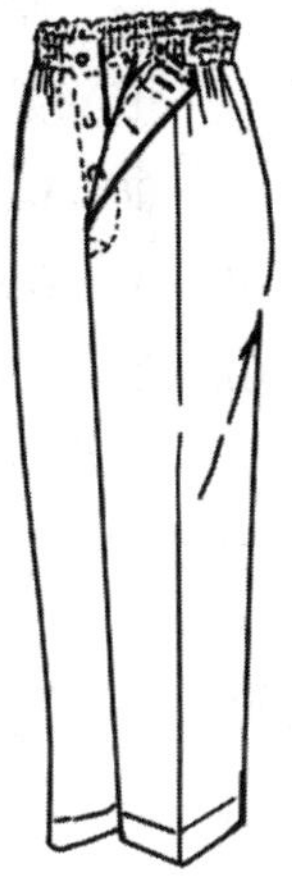

19. 男西裤

单位：寸

部位	总长（Z）	裤长（KC）	半腰围（Y）	半臀围（T）	立裆（d）	腰口（K）
尺寸	43	31	11.5	16	9	7.3

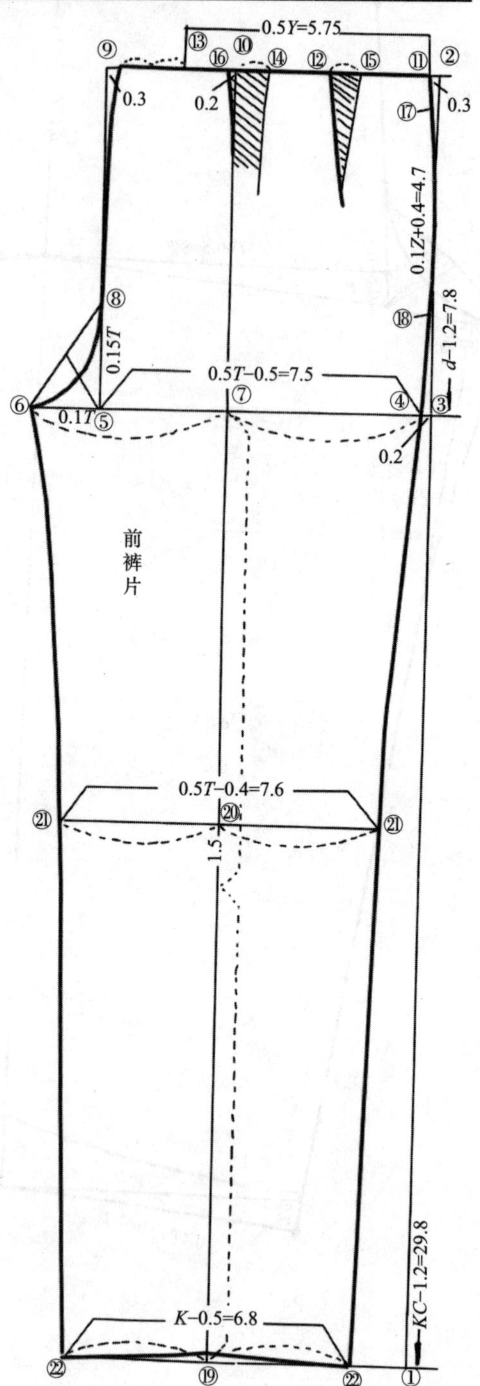

前裤片

①～② $KC-1.2=29.8$

②～③ $d-1.2=7.8$

③～④ 0.2

④～⑤ $0.5T-0.5=7.5$

⑦ 是④⑥的中点

⑤～⑧ $0.15T=2.4$

⑨ 是⑤的直上，向内0.3

⑩ 是⑦的直上

②～⑪ 0.3

⑫ 是⑩⑪的中点

⑪～⑬ $0.5Y=5.75$

⑩～⑭ 是⑨⑬间的1/2

⑫～⑮ 是⑨⑬间的1/2

⑩～⑯ 0.2

⑪～⑰ 0.8

⑰～⑱ $0.1Z+0.4=4.7$

⑲ 是⑦的直下，高上0.2

⑳ 是⑦⑲的中点，高1.5

⑳～㉑ $\frac{T}{4}-0.2=3.8$

⑲～㉒ $0.5K-0.25=3.4$

后裤片

①～② $KC-1.2=29.8$

②～③ $d-1.2=7.8$

③～④ 0.7

④～⑤ $0.5T+0.5=8.5$

⑤～⑥ $0.2T+0.3=3.5$，低0.1

⑦ 是③⑥的中点

⑧ 是⑦的直上

⑧～⑨ 0.9

⑨～⑩　0.7

②～⑪　$0.5Y+0.2=5.95$

②～⑫　2.2

⑫～⑬　1.3

⑬～⑭　$0.1Z-0.3=4$，与②⑩平行

⑬～⑮　后袋大的$\frac{1}{6}$

⑭～⑯　后袋大的$\frac{1}{6}$

⑮～⑰　垂直于②⑩

⑯～⑱　垂直于②⑩，省大为⑩⑪的$\frac{1}{2}$

⑲　是⑦的直下，低下0.2

⑳　是⑦⑲的中点，高1.5

⑳～㉑　$\frac{T}{4}+0.4=4.4$

⑲～㉒　$0.5K+0.25=3.9$

注：裤腰的前端宽为1.2寸，后端宽为1寸，右腰放出里襟叠门0.8寸。27寸门幅的排料可参考女西裤。

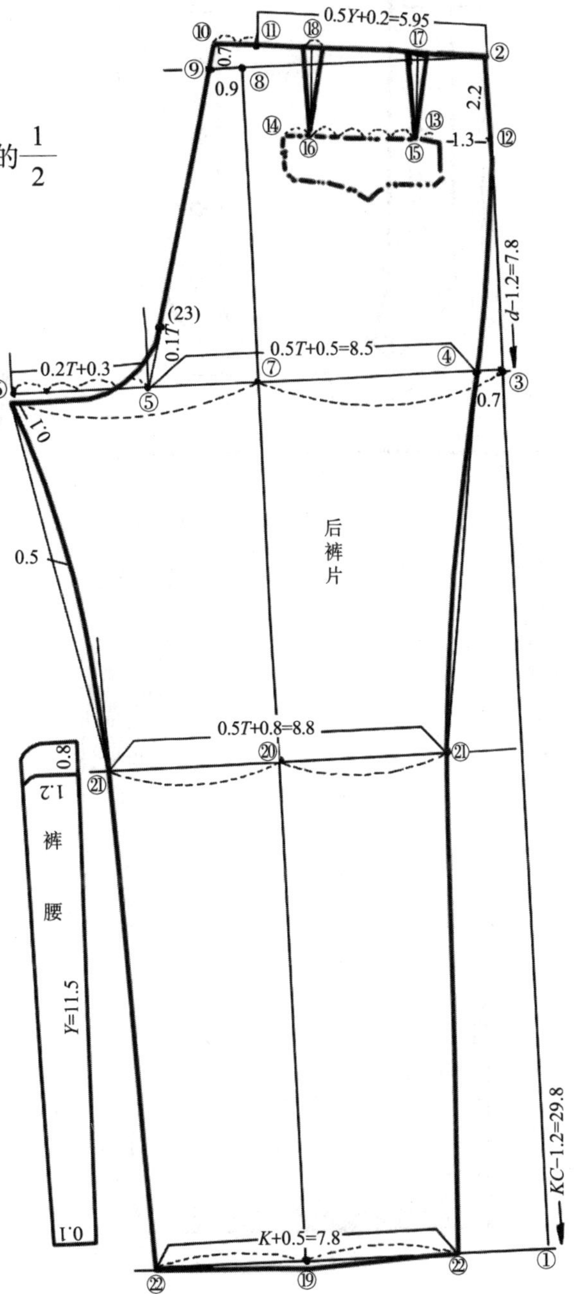

20. 宽松睡裤

单位：寸

部位	总长（Z）	裤长（KC）	半腰围（Y）	半臀围（T）	立裆（d）	脚口（K）
尺寸	44	31	15	18	9.5	8.1

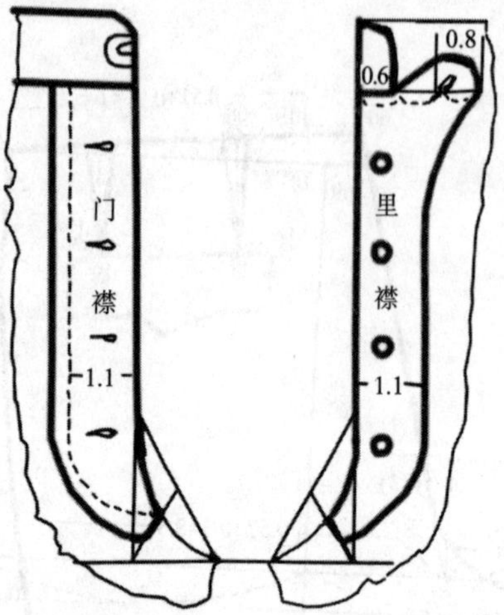

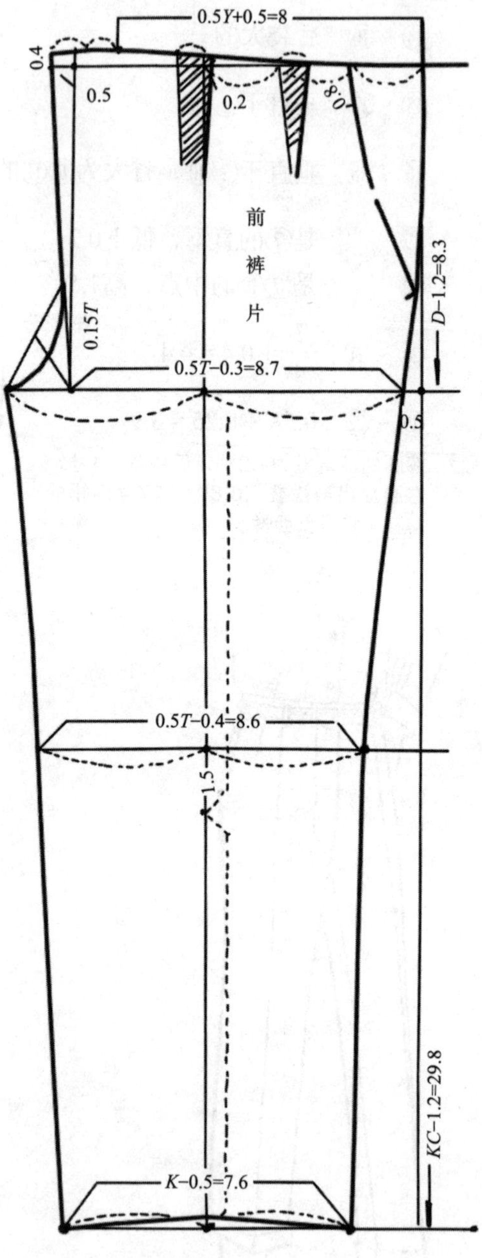

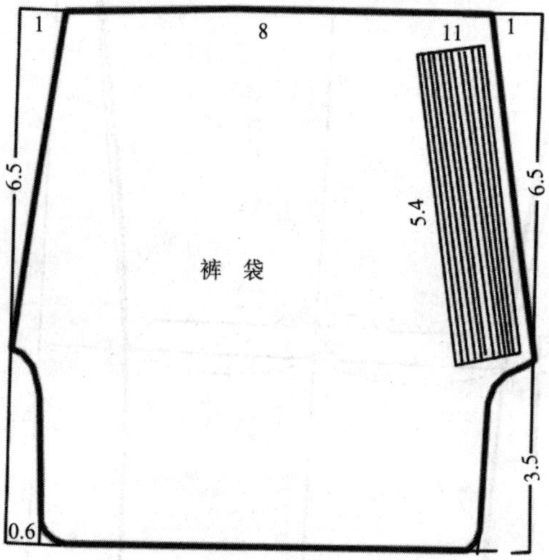

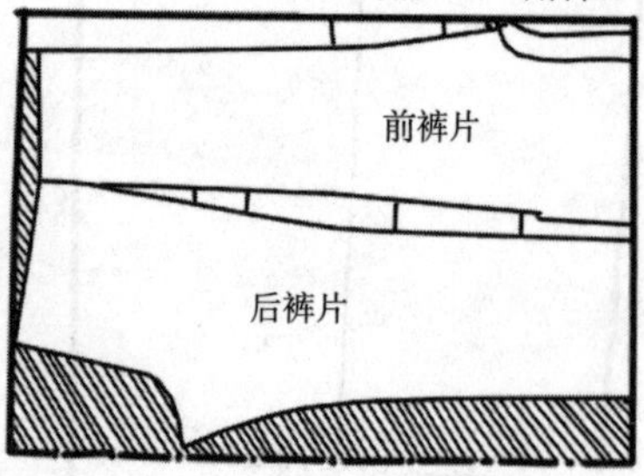

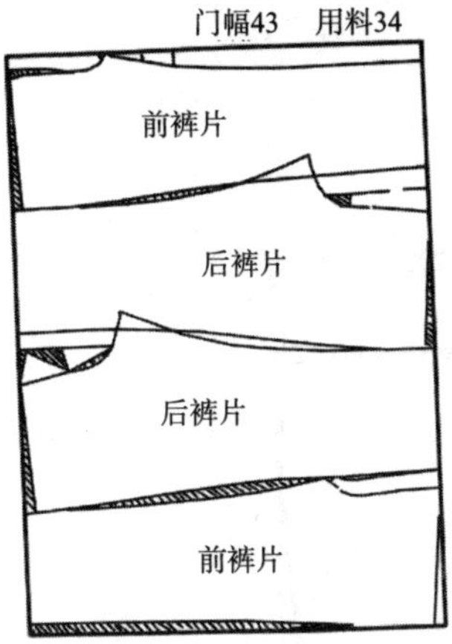

门幅43　用料34

前裤片

后裤片

后裤片

前裤片

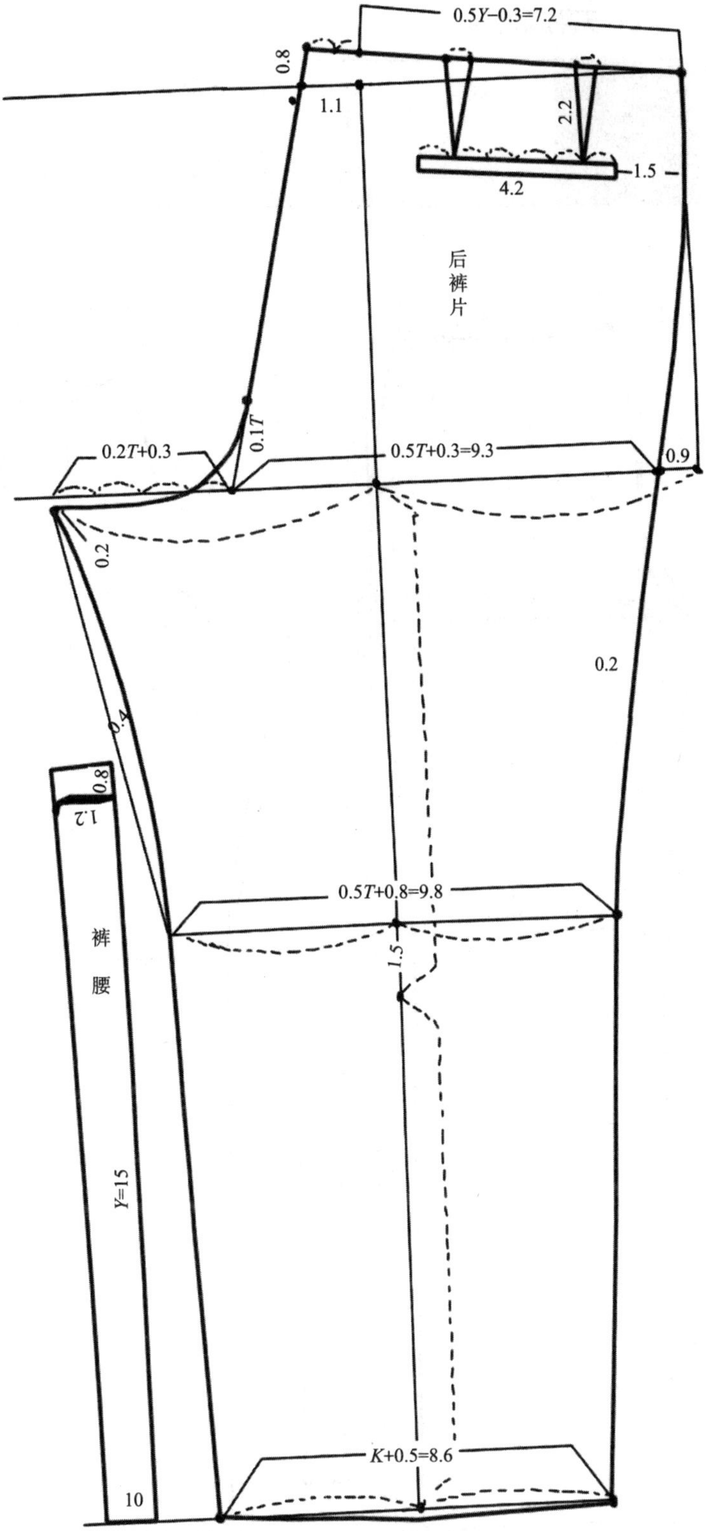

$0.5Y-0.3=7.2$

0.8

1.1

2.2

1.5

4.2

后裤片

$0.1T$

$0.2T+0.3$

$0.5T+0.3=9.3$

0.9

0.2

0.2

0.4

0.8

1.2

裤腰

$0.5T+0.8=9.8$

1.5

$Y=15$

10

$K+0.5=8.6$

21. 无裥直筒裤

单位：寸

部位	总长（Z）	裤长（KC）	半腰围（Y）	半臀围（T）	立裆（d）	脚口（K）
尺寸	45	32	11.5	15	8	7.3

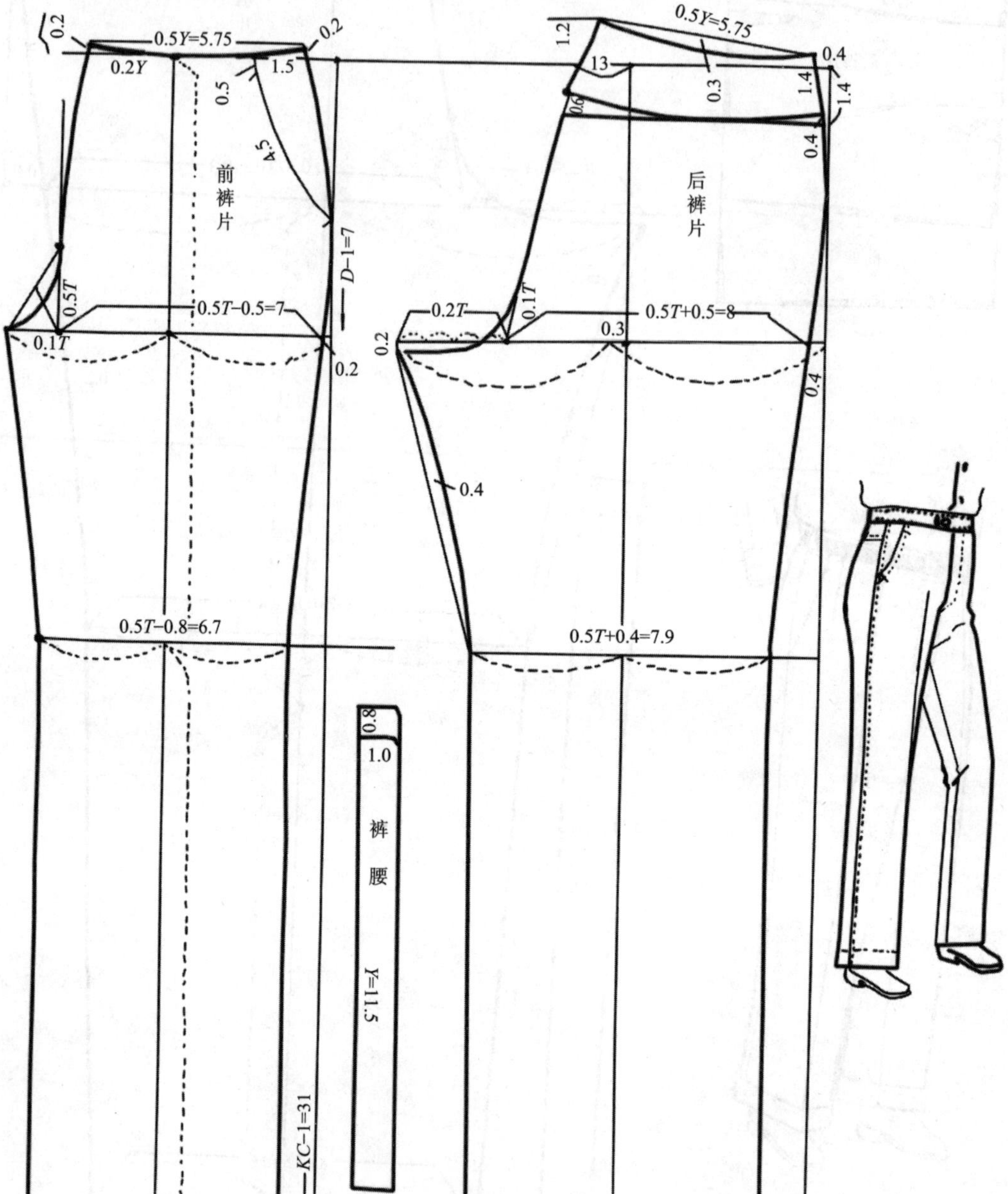

22. 双裆男衬裤

单位：寸

部位	总长（Z）	半臀围（T）	裤长（KC）
尺寸	44	16	11.8

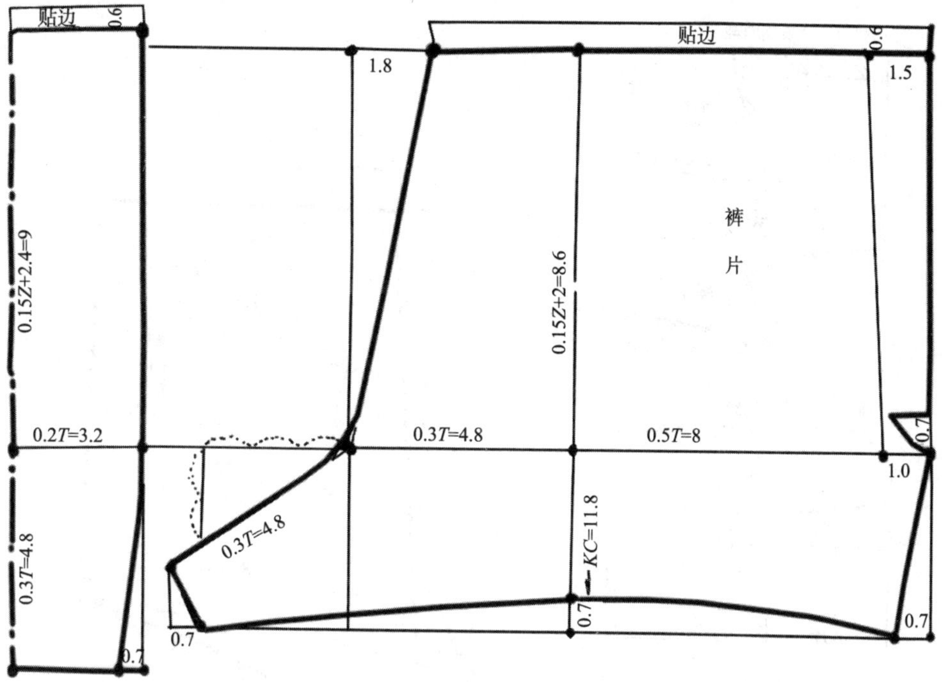

排料图门幅: 27　用料: 42(二条)

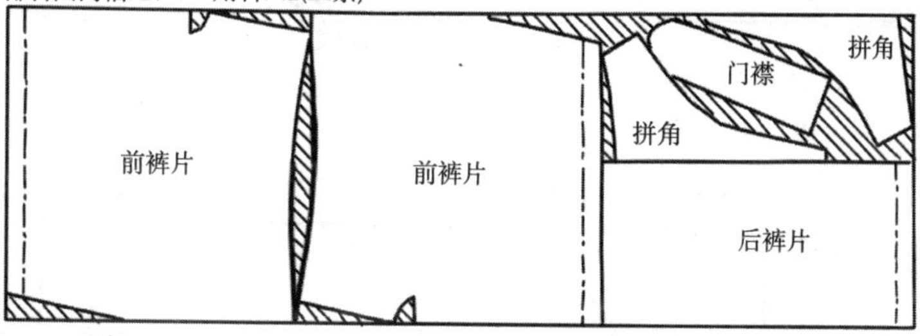

排料图门幅: 21　用料: 28

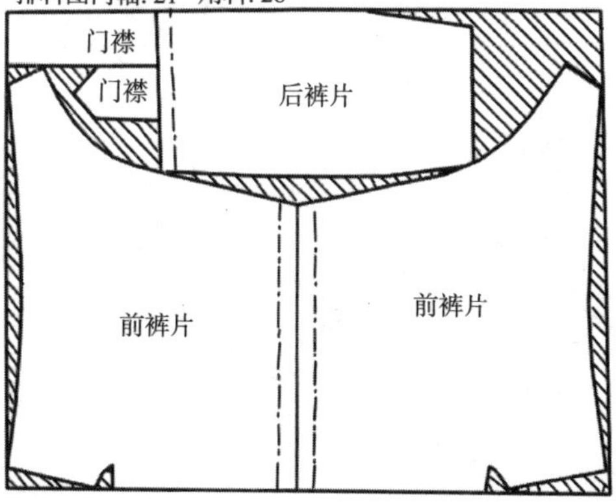

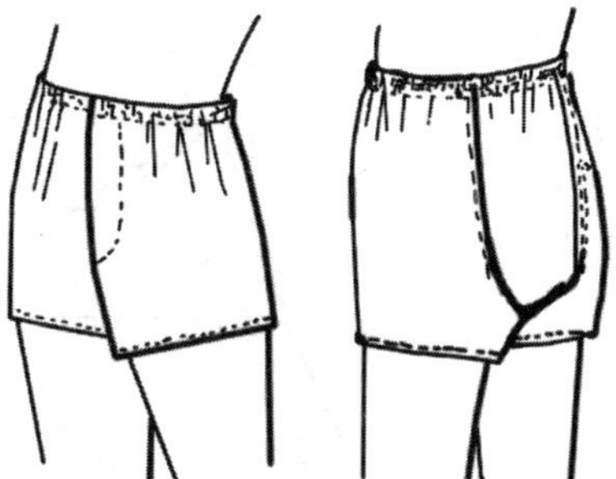

23. 运动裤、田径裤

单位：寸

部位	总长（Z）	裤长（KC）	半臀围（T）
尺寸	44	8.6	15

门幅27 三条用料48

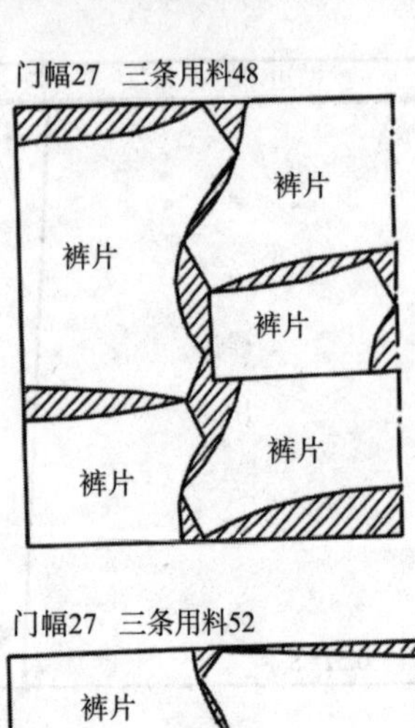

门幅27 三条用料52

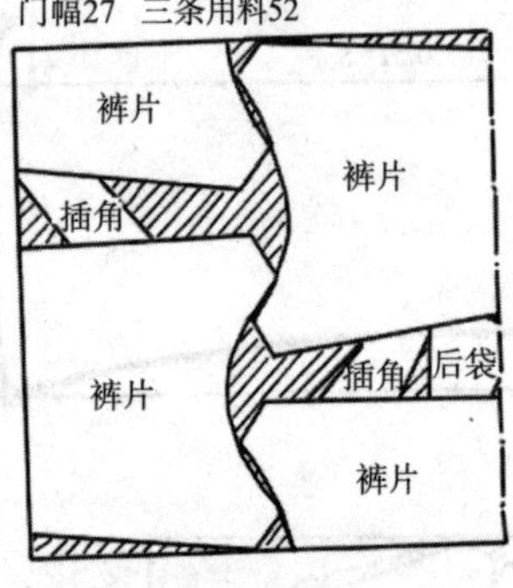

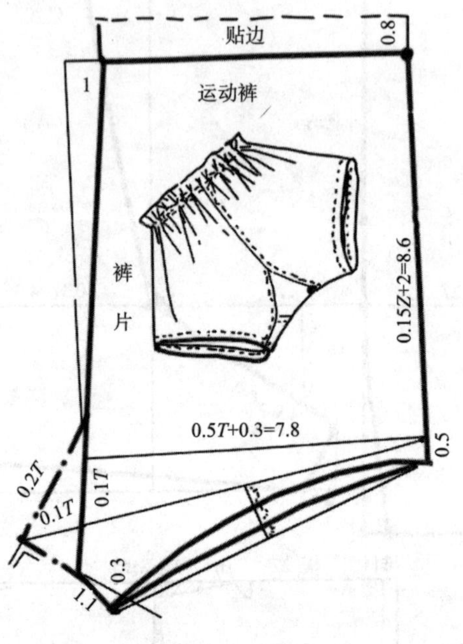

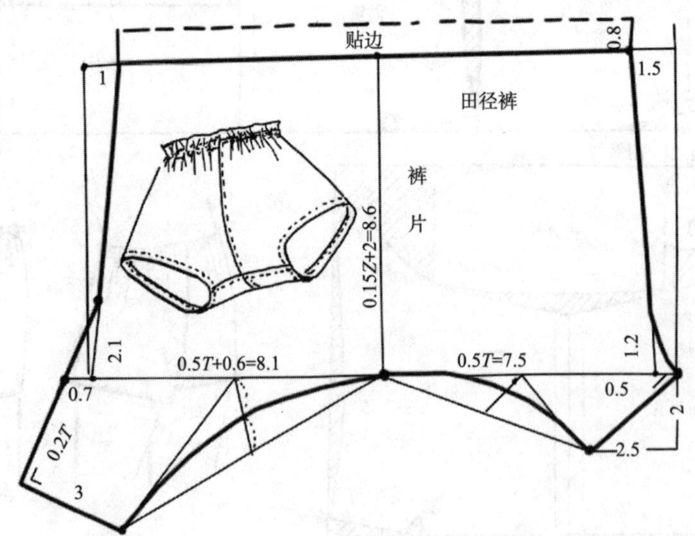

24. 平脚裤

单位：寸

部位	总长（Z）	半臀围（T）	裤长（KC）
尺寸	44	16	10.1

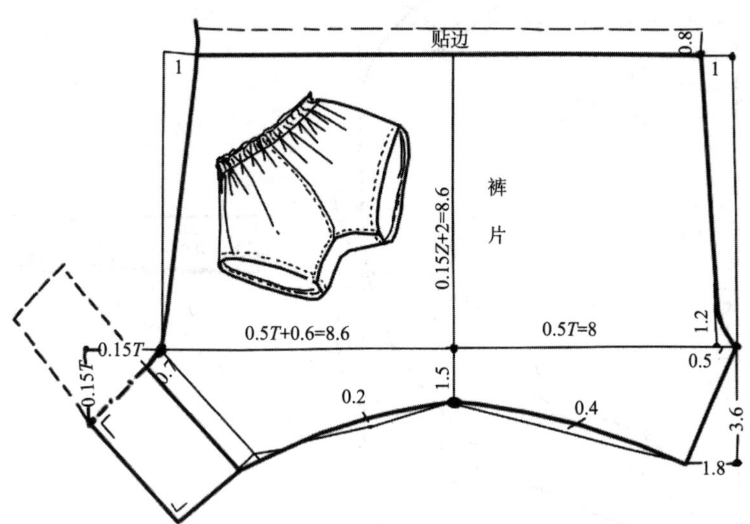

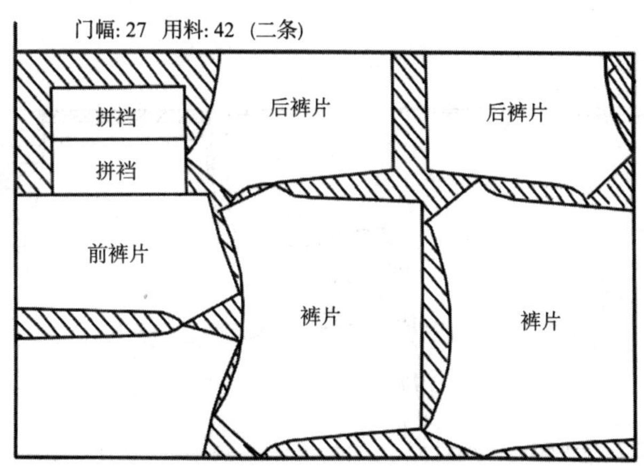

25. 中式棉袄

单位：寸

部位	总长（Z）	衣长（C）	半胸围（X）	袖长（SC）	领围（L）
尺寸	42	22	17	24	12.6

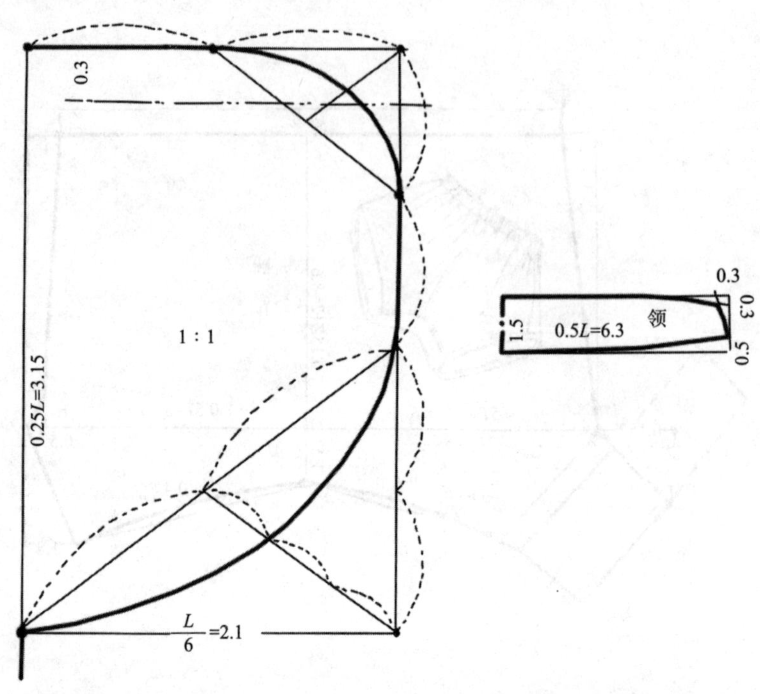

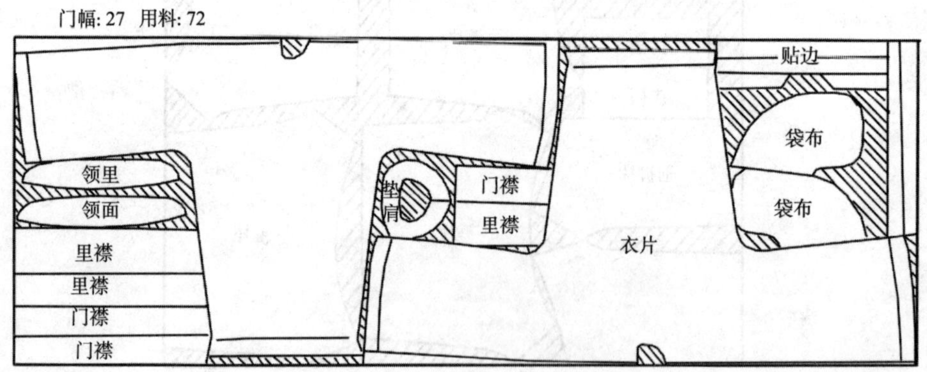

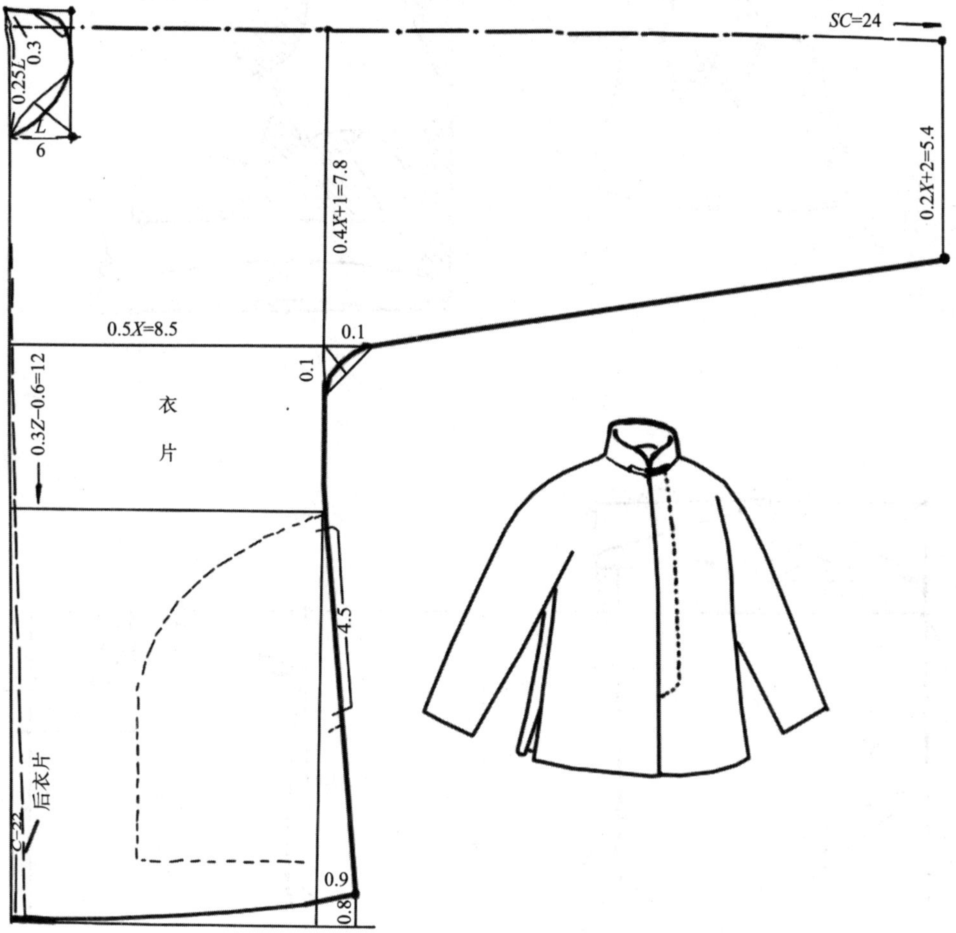

26. 节约领

单位：寸

部位	总长（Z）	半胸围（X）	肩宽（J）	领围（L）	增值（δ）	袖系基数（D）
尺寸	45	14.5	13.8	11.5	2	16.5

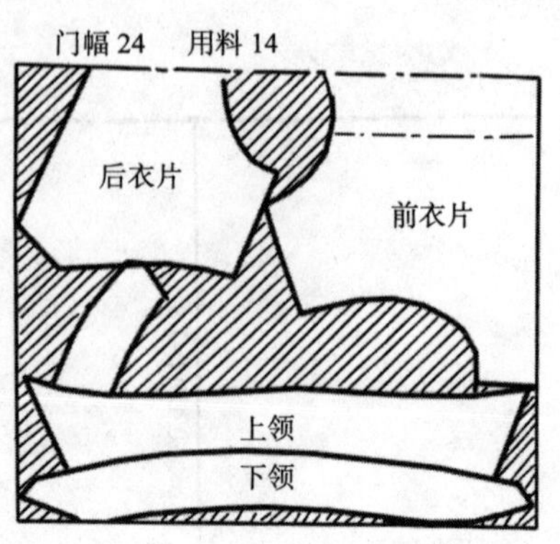

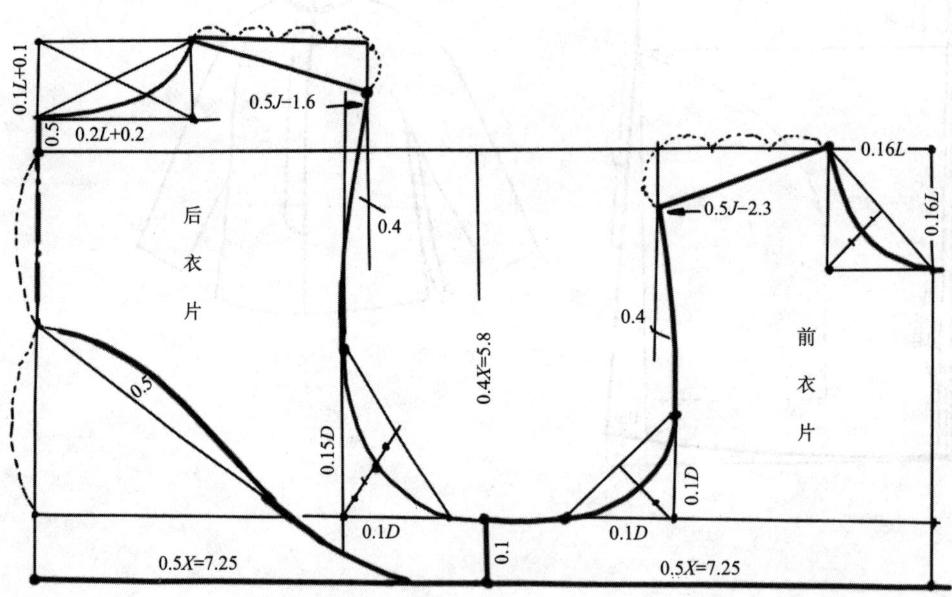

（二）女式服装

女子体型的特征是全身的脂肪层较厚，整个身体表面没有显著的肌肉块面，肩斜窄，背圆凸。青年女性胸部隆起，臀部丰满，整个身子有圆顺的线条美。这些在设计女式服装时需要考虑进去。

女性胸部隆起，背部圆凸，增加了肩的斜度，所以后衣片的袖孔深较基型加深0.2寸，但前衣片的袖孔深度除了因肩斜需加深0.2寸外，还需考虑胸部的隆起，再增加0.4寸。

女性服装的结构大多借助于省缝或多块的分割组合。实例中所列的女衬衫、连衣裙、各式外衣、大衣，因为其增值不同，所以袖孔的深度也就随之不同。例如，女衬衫和连衣裙的前袖孔深是$0.4X+1.2$寸；各式外衣的前袖孔深是$0.4X+1.5$寸；风大衣的前袖孔深是$0.4X+1.8$寸。如果用δ来表示，这些服装的前袖孔深度就可统一地写成$0.4X+0.3\delta+0.6$寸，而后袖孔的深度就可统一写成$0.4X+0.3\delta+0.2$寸（见实例图），这对记忆是十分有利的。

无背缝的女西装，前后的袖孔深都是$0.4X+1.1$寸（如三粒扣女西装）；有背缝的西装，后袖孔深仍是$0.4X+0.9$寸。对胸部较高的女同志，可以加缝领省，前袖孔深为$0.4X+1.2$寸（如二粒扣女西装）。

背心的裁法一般与女上衣相同，$\delta=3$寸；后袖孔深是$0.4X+0.9$寸，前袖孔深是$0.4X+1.3$寸。

滑雪衫为了方便缝制，可不收胸省，只需把前袖孔的深度和袖孔的深度增加0.3寸就行了，这主要是为了弥补胸部凸面。

本章所列的算式，是根据我国大多数女性体型设计的，如遇特殊体型时，可以酌情增减，以适应特殊体型的需要。

例如，穿着者的两肩较平（或领口较大）时，对前后袖孔的深度可以减少0.1～0.3寸，其他尺寸不变。

中西式棉衣罩衫$\delta=4$寸，但它的袖孔就比一般服装浅0.2寸。这是因为棉衣肩部被棉絮填充，使两肩较平的关系。

女服装的前片④～⑤之间，之所以采用$0.1D+0.1$寸，主要是因为直胸省的关系。如果不收直胸省，像女西装和滑雪衫那样，仍为$0.1D+0.2$寸。

后衣片的总肩宽，凡有肩省的一般为（$0.5J+0.4$）～0.5寸；没有肩省的是$0.5J+0.1$寸；如果背部断开，则为$0.5J$寸（如短袖女套衫）。

肩宽的⑧⑩，前衣片应比后衣片窄0.2寸左右。如果将省缝和撇门斜线计算在内，前衣片的肩宽为（$0.5J+0.4$）～0.6寸；若遇前衣片断开或横省时，则为（$0.5J-0.2$）～0.4寸。西装的前衣片因包含撇门，所以用$0.5J$。

前腰节是女式服装的主要部位，对吸腰身的服装来说，尤为重要。一般是指从人体上测量。为了简化测量，本书中的腰节一般根据人体总长的3/10来计算。一般衣长接近人体总长的一半时，也可用0.6*C*来计算（已包括胸部隆起的因素）。穿在外层的风大衣，需加长0.4寸。

领口一般与男式服装相同，但驳领式的横开领，较男式服装窄0.1寸（因女性的颈比男性细些）。

中西式领口，因为是关合式的，横开领要小0.1寸。

本章的袖子有衬衫袖、西装袖、时装袖、独幅收省袖和套袖等多种。衬衫袖又分低袖山和高袖山两种。低袖山适宜老年人穿着，因为袖山低，袖肥大，便于活动；高袖山，青年人穿比较适宜，因为袖山高，袖肥小，有线条美和立体感。

女式服装外衣袖子与男式相似，但外袖较大，使后袖缝向内偏转，这是女式服装的传统习惯。外衣袖子的后袖山高度是0.1*D*，比男式袖略斜，穿在身上挺括美观。

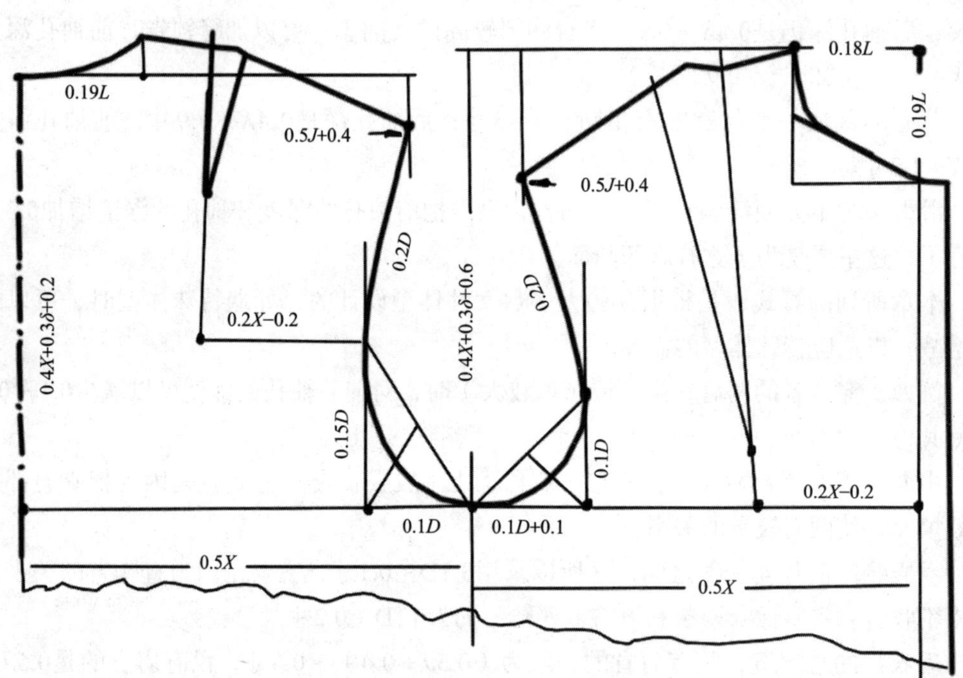

1. 节约领

单位：寸

部位	半胸围 (X)	肩宽 (J)	领围 (L)	增值 (δ)	袖系基数 (D)
尺寸	13	11.6	10.5	2	15

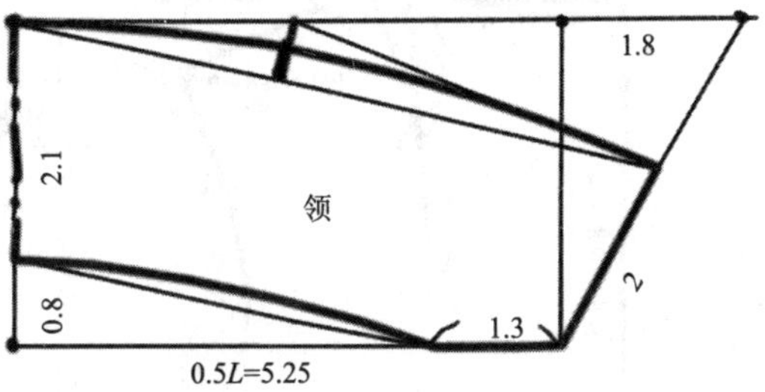

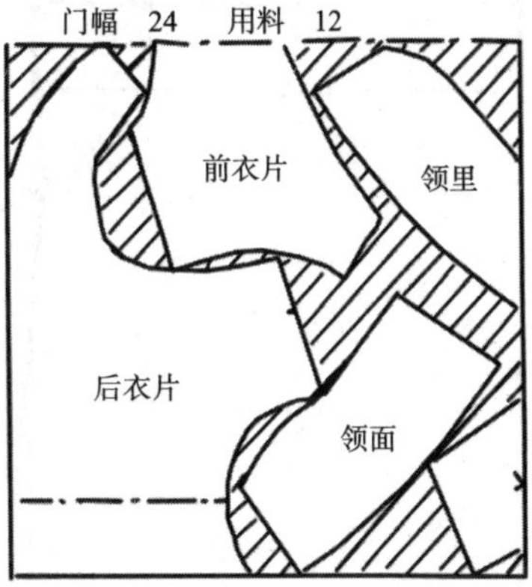

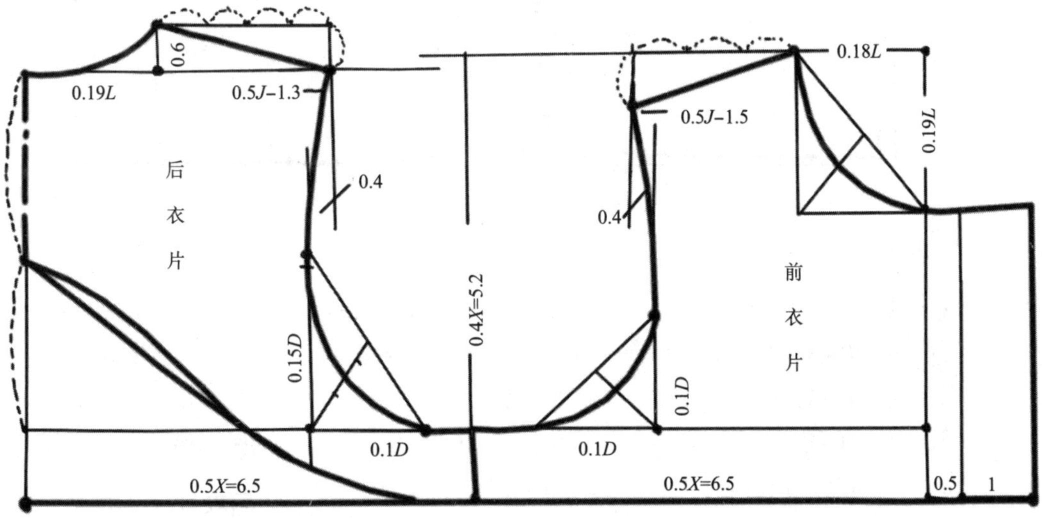

2. 长袖女衬衫

单位：寸

部位	总长（Z）	衣长（C）	半胸围（X）	肩宽（J）	袖长（SC）	领围（L）	增值（δ）	袖系基数（D）
尺寸	40	18.5	14	11.8	15.5	10	2	16

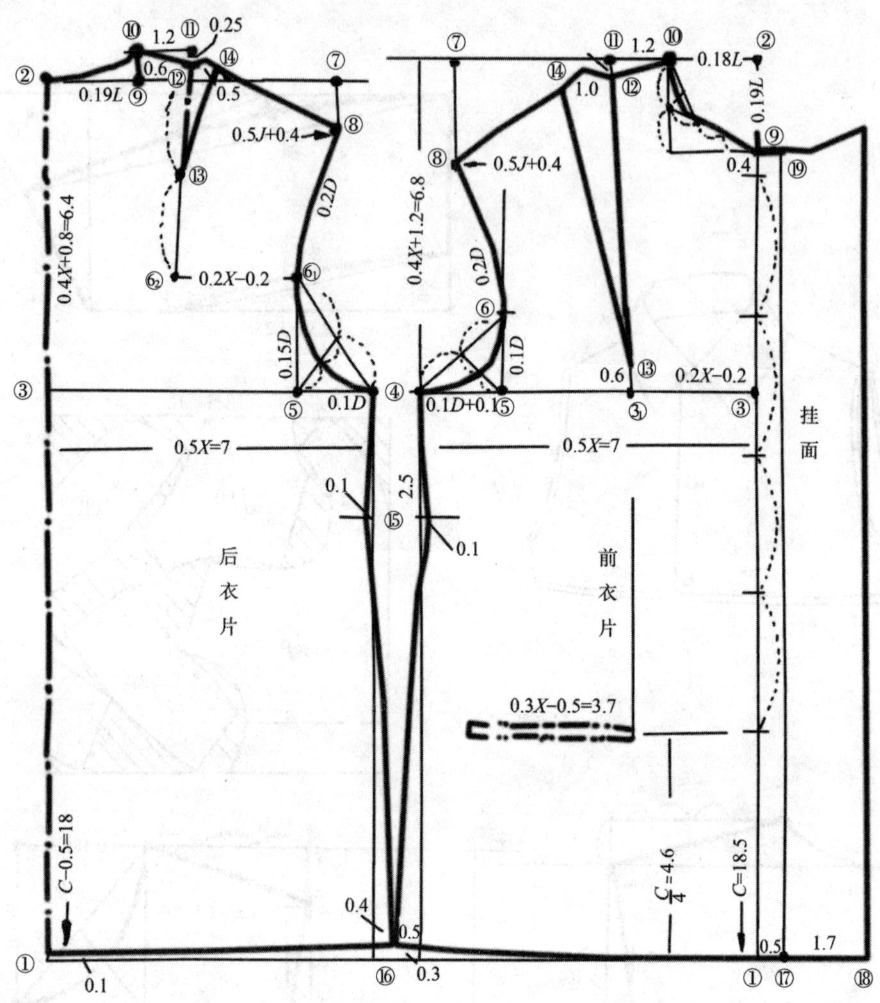

前衣片

①～② $C=18.5$

②～③ $0.4X+1.2=6.8$

③～③₁ $0.2X-0.2=2.6$

③～④ $0.5X=7$

④～⑤ $0.1D+0.1=1.7$

⑤～⑥ $0.1D=1.6$（前袖标）

②～⑦ $0.5J+0.4=6.3$

⑥～⑧ $0.2D=3.2$

②～⑨ $0.19L=1.9$

②～⑩ $0.18L=1.8$

⑩～⑪ 1.2

⑪～⑫ 0.4

③₁～⑬ 0.6

⑫～⑭ 1

④～⑮ 2.5

⑮ 吸腰0.1

①～⑯ 放宽0.5，上翘0.3

①～⑰ 0.5

⑰～⑱ 1.7

后衣片

①～② $C-0.5=18$

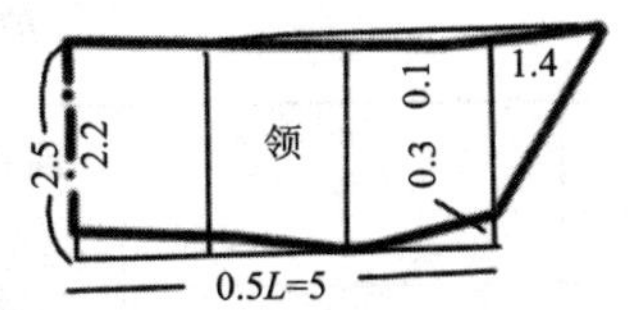

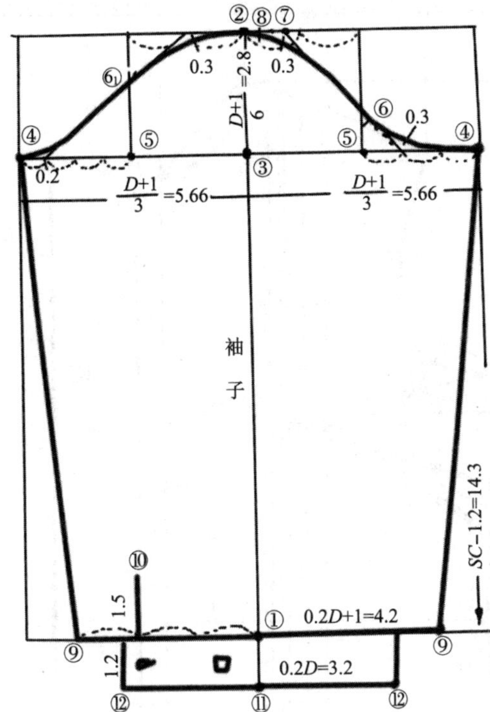

②～③　$0.4X+0.8=6.4$

③～④　$0.5X=7$

④～⑤　$0.1D=1.6$

⑤～⑥$_1$　$0.15D=2.4$（后袖标）

⑥$_1$～⑥$_2$　$0.2X-0.2=2.6$

②～⑦　$0.5J+0.4=6.3$

⑥$_1$～⑧　$0.2D=3.2$

②～⑨　$0.19L=1.9$

⑨～⑩　0.6

⑩～⑪　1.2

⑪～⑫　0.25

⑬　是⑥$_2$⑫的中点

⑫～⑭　0.5

④～⑮　2.5吸腰0.1

⑯　放宽0.4上翘0.2

袖子

①～②　$SC-1.2=14.3$

②～③　$\frac{D+1}{6}=2.8$

③～④　$\frac{D+1}{3}=5.67$

⑤　是③④的中点

⑥　前袖标

⑥$_1$　后袖标

②～⑦　是③⑤之间的$\frac{3}{8}$

②～⑧　是②⑦之间的$\frac{1}{3}$（对肩缝）

①～⑨　$0.2D+1=4.2$

⑩　开衩长1.5

袖口边

①～⑪　1.2

⑪～⑫　$0.2D=3.2$

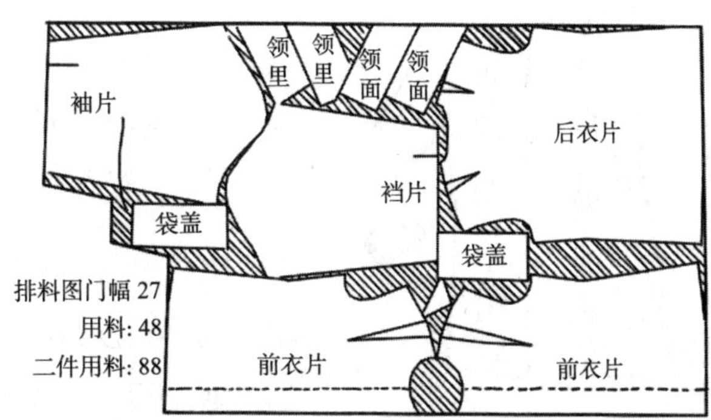

3. 中袖横省女衬衫

单位：寸

部位	总长（Z）	衣长（C）	半胸围（X）	肩宽（J）	袖长（SC）	领围（L）	增值（δ）	袖系基数（D）
尺寸	40	18.5	14	11.8	14.5	10	2	16

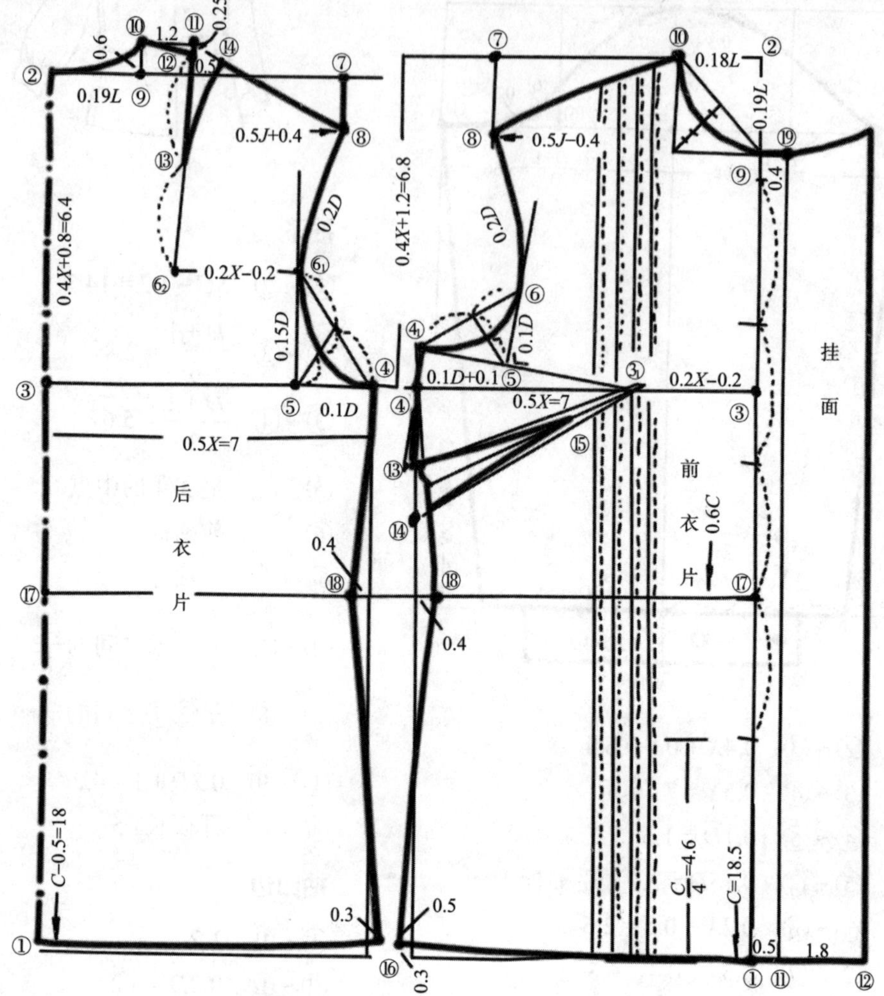

前衣片

①～② $C=18.5$

②～③ $0.4X+1.2=6.8$

③～③₁ $0.2X-0.2=2.6$

③～④ $0.5X=7$

④～④₁ 是③₁④之间的$\frac{1}{5}$

④₁～⑤ $0.1D+0.1=1.7$

⑤～⑥ $0.1D=1.6$（前袖标）

②～⑦ $0.5J-0.4=5.5$

⑥～⑧ $0.2D=3.2$

②～⑨ $0.19L=1.9$

②～⑩ $0.18L=1.8$

①～⑪ 0.5（叠门）

⑪～⑫ 1.8（挂面）

④₁～⑬ 2.5

④～⑭ 2.5

③₁～⑮ 1.5

①～⑯ 放宽0.5，上翘0.3

②～⑰ $0.6C=11.1$

⑱ 吸腰0.4

后衣片

①～② $C-0.5=18$

②～③ $0.4X+0.8=6.4$

③～④ $0.5X=7$

④～⑤ $0.1D=1.6$

⑤～$⑥_1$ $0.15D=2.4$（后袖标）

$⑥_1$～$⑥_2$ $0.2X-0.2=2.6$

②～⑦ $0.5J+0.4=6.3$

$⑥_1$～⑧ $0.2D=3.2$

②～⑨ $0.19L=1.9$

⑨～⑩ 0.6

⑩～⑪ 1.2

⑪～⑫ 0.25

⑬ 是$⑥_2$⑫的中点

⑫～⑭ 0.5

⑯ 放宽0.3，上翘0.2

②～⑰ $0.6C-0.4=10.7$

⑱ 吸腰0.4

袖子

①～② $SC=14.5$

②～③ $0.2D=3.2$

③～④ $\frac{D}{3}=5.33$

④～⑤ 是③④之间的$\frac{1}{3}$

②～$⑤_1$ 是③④之间的$\frac{3}{8}$

④～$⑤_2$ 是③④之间的$\frac{1}{8}$

⑥ 前袖标，位于斜线的$\frac{1}{5}$

$⑥_1$ 后袖标

⑦ 是①③的中点

②～⑧ 是③④之间的$\frac{1}{16}$

⑦～⑨ 0.6

⑩ 是④⑦二线的交点

①～⑪ $0.2D=3.2$

⑨～⑫ 垂直于⑩⑪

①～⑬ $0.2D+0.8=4$

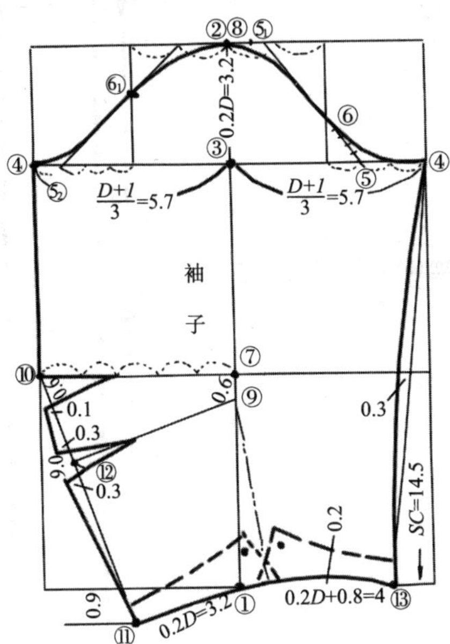

注：塔克辑线另加。

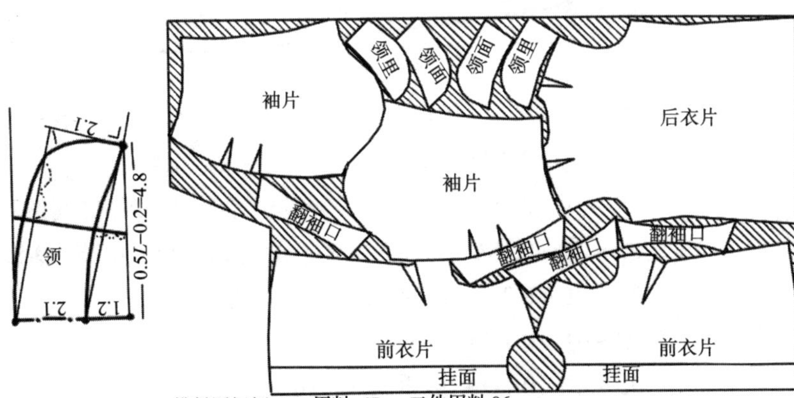

排料图门幅: 27 用料: 47 二件用料:86

4. 老年妇女长袖衬衫

单位：寸

部位	总长（Z）	衣长（C）	半胸围（X）	肩宽（J）	袖长（SC）	领围（L）	增值（δ）	袖系基数（D）	半臀围（T）	乳胸宽（R）	乳高（RG）	胸宽（i）
尺寸	40	19.3	16.5	13.4	14.7	11.8	3	19.5	17.5	14.4	10.6	11.6

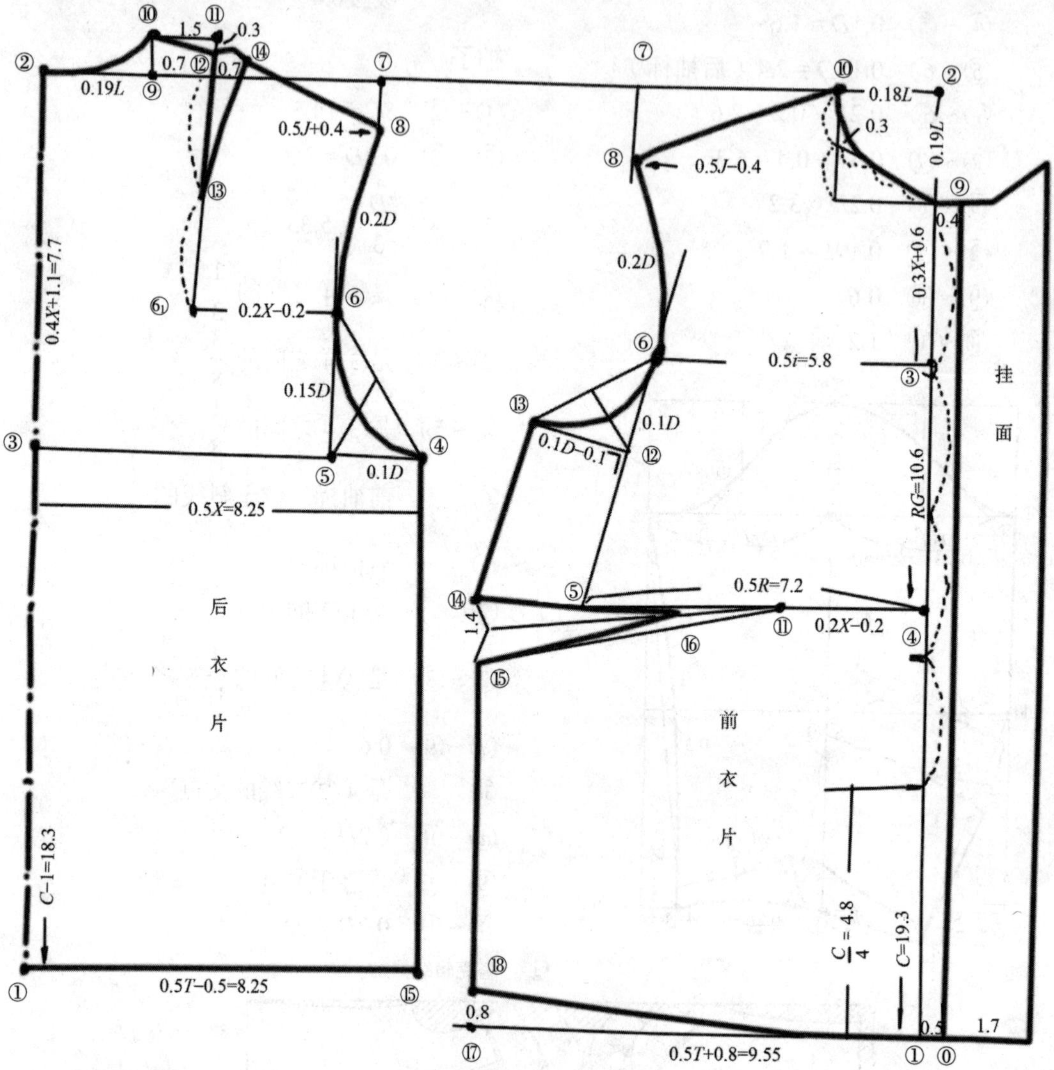

后衣片

前衣片

挂面

前衣片

①～②　$C=19.3$

②～③　$0.3X+0.6=5.55$

②～④　$RG=10.6$

④～⑤　$0.5R=7.2$

③～⑥　$0.5i=5.8$

②～⑦　$0.5J-0.4=6.3$

⑥～⑧　$0.2D=3.9$

②～⑨　$0.19L=2.24$

②～⑩　$0.18L=2.12$

④～⑪　$0.2X-0.2=3.1$

⑥～⑫　$0.1D=1.95$

⑫～⑬　$0.1D+0.1$垂直于⑤⑥

④～⑭　$0.5T+0.8=9.55$

⑭～⑮　1.4

⑮～⑯　是⑪⑮之间的2/3

①～⑰　$0.5T+0.8=9.55$

⑦～⑱　0.8

后衣片

①~② $C-1=18.3$

②~③ $0.4X+1.1=7.7$

③~④ $0.5X=8.25$

④~⑤ $0.1D=1.95$

⑤~⑥ $0.15D=2.9$

⑥~⑥$_1$ $0.2X-0.2=3.1$

②~⑦ $0.5J+0.4=7.1$

⑥~⑧ $0.2D=3.9$

②~⑨ $0.19L=2.24$

⑨~⑩ 0.7

⑩~⑪ 1.5

⑪~⑫ 0.3

⑬ 是⑥$_1$⑫的中点

⑫~⑭ 0.7

①~⑮ $0.5T-0.5=8.25$

④~⑮ 是前衣片的⑬⑱-1.4

袖子

①~② $SC-1.2=13.5$

②~③ $\dfrac{D+1}{6}=3.4$

③~④ $\dfrac{D+1}{3}=6.8$

⑤ 是③④的中点

②~⑥ 是③④之间的$\dfrac{1}{4}$

⑦ 是④⑤的中点

⑥~⑦ 前袖山

⑧ 是④⑦的中点

⑥~⑧ 后袖山

①~⑨ $0.2D+1=4.9$

⑩ 后袖衩1.5

袖口

①~⑪ 1.2

⑪~⑫ $0.2D=3.9$

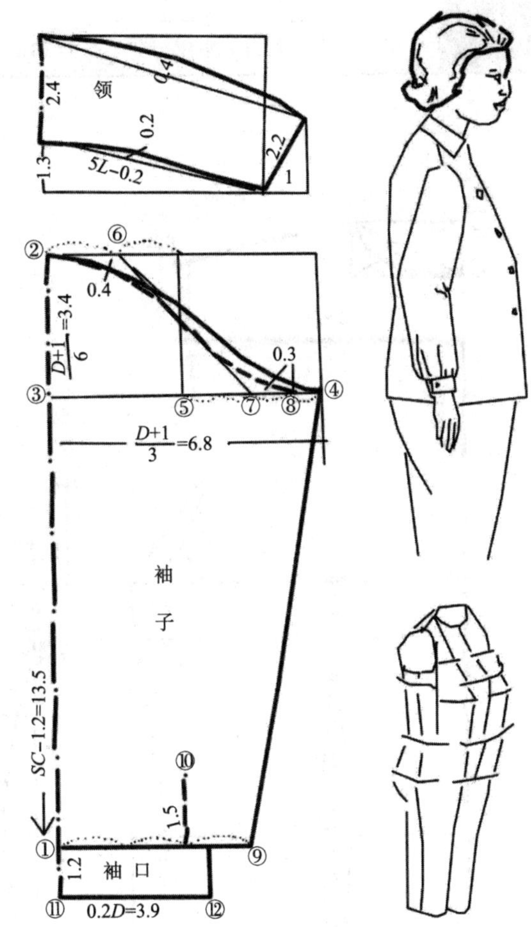

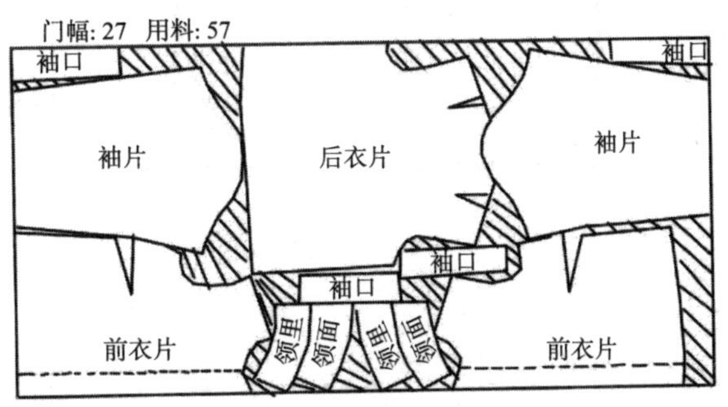

5. 男式领吸腰女衬衫

单位：寸

部位	总长（Z）	衣长（C）	半胸围（X）	肩宽（J）	袖长（SC）	领围（L）	增值（δ）	袖系基数（D）
尺寸	40	18.5	14	11.6	15.5	10.5	2	16

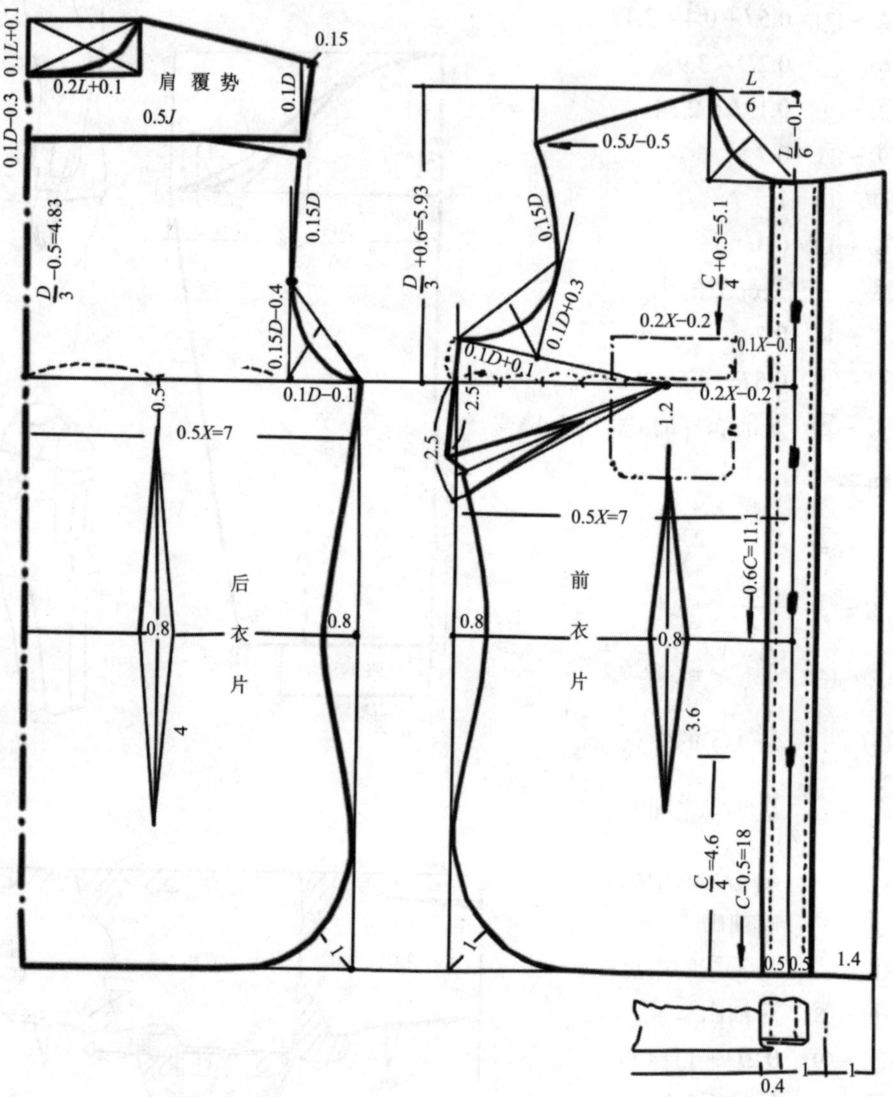

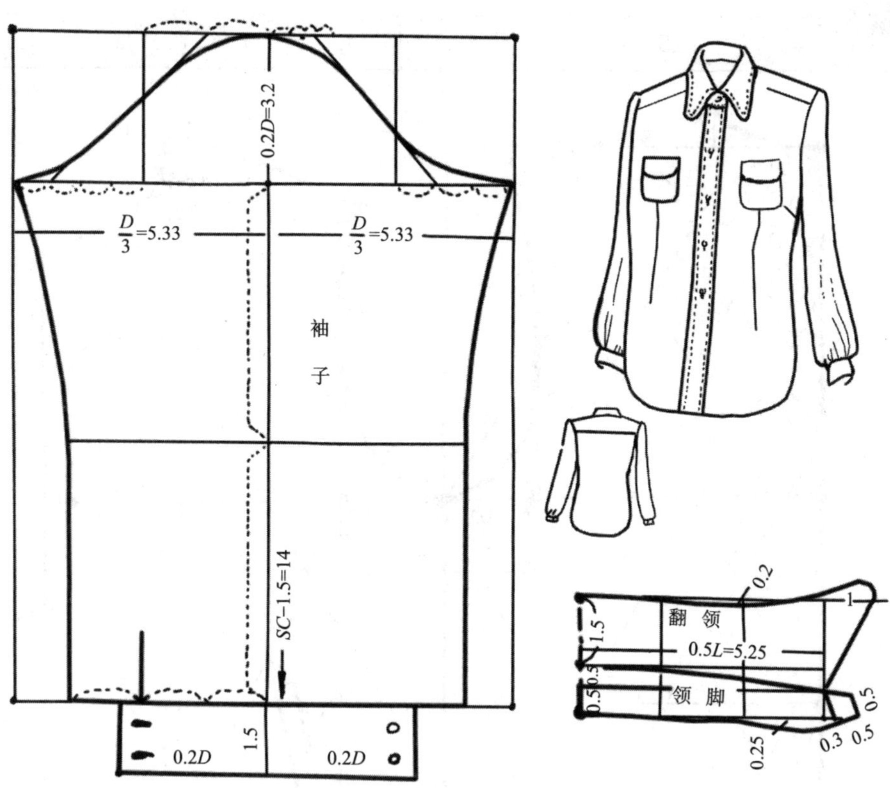
0.2D=3.2
D/3=5.33
D/3=5.33
袖
子
SC−1.5=14
1.5
0.2D
0.2D
0.2
1
翻 领
1.5
0.5L=5.25
0.5
领 脚
0.5
0.5
0.25
0.3
0.5

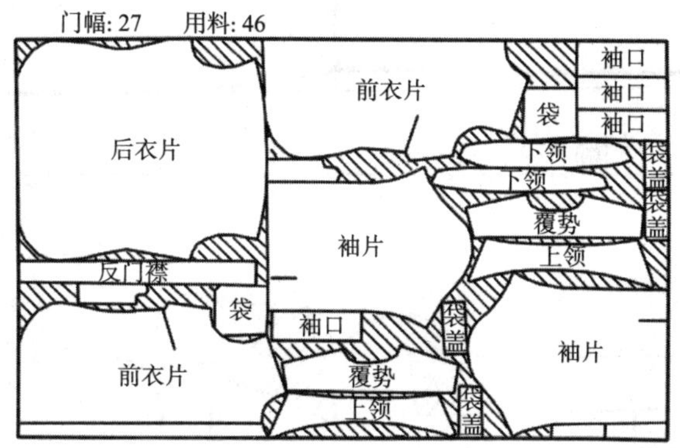
门幅: 27 用料: 46
后衣片
前衣片
袖口
袖口
袖口
袋
下领
下领
袋盖
袋盖
袖片
覆势
上领
反门襟
袋
袖口
袋盖
袖片
前衣片
覆势
上领
袋盖

6. 滑雪衫

单位：寸

部位	总长（Z）	衣长（C）	半胸围（X）	肩宽（J）	袖长（SC）	领围（L）	增值（δ）	袖系基数（D）
尺寸	40	18.5	15.5	12.8	16	11.5	3	18.5

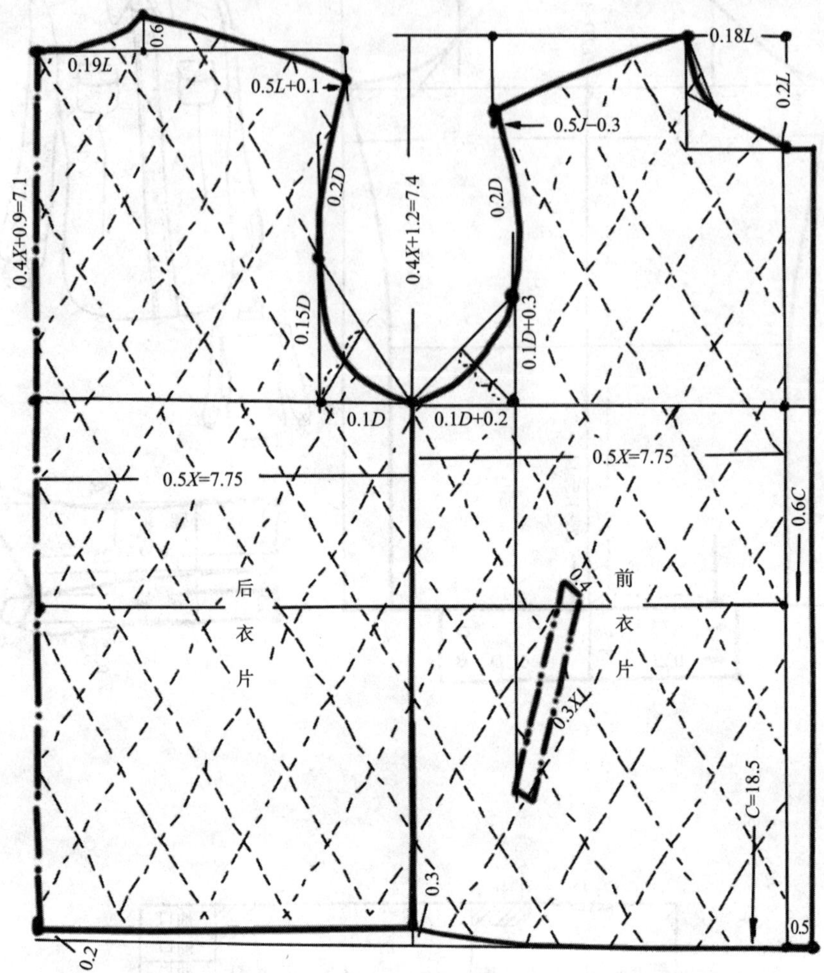

门幅: 42　　用料: 36

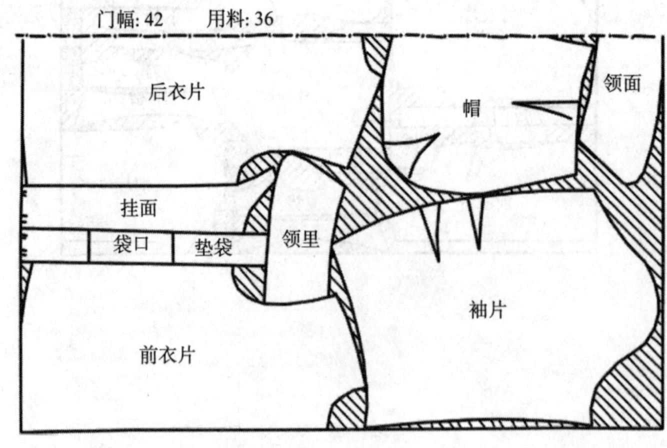

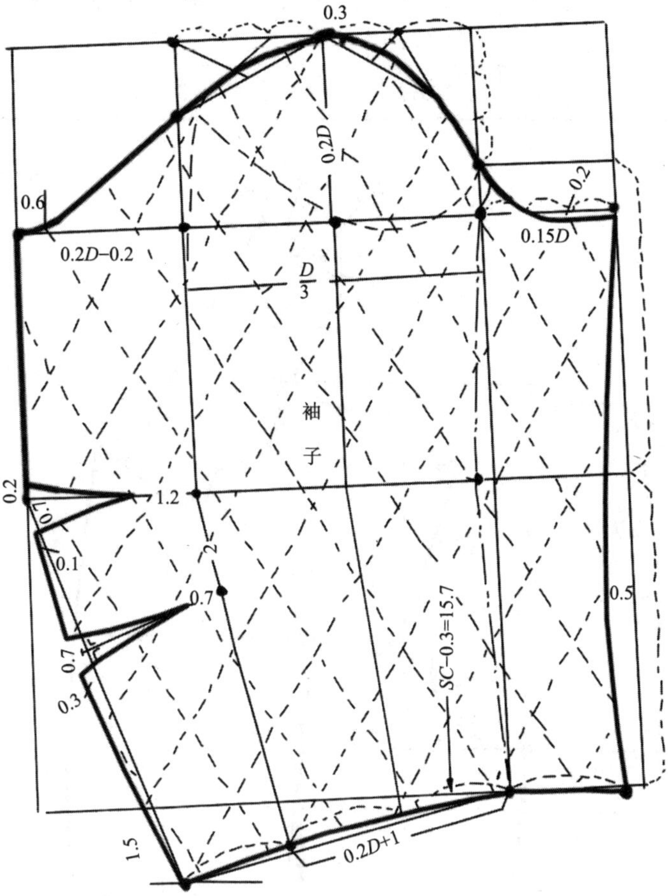

0.3
0.2D
0.2
0.6
0.2D−0.2
0.15D
$\frac{D}{3}$
袖
子
0.2
1.2
0.7
2
0.1
0.7
0.5
$SC-0.3=15.7$
0.7
0.3
1.5
0.2D+1

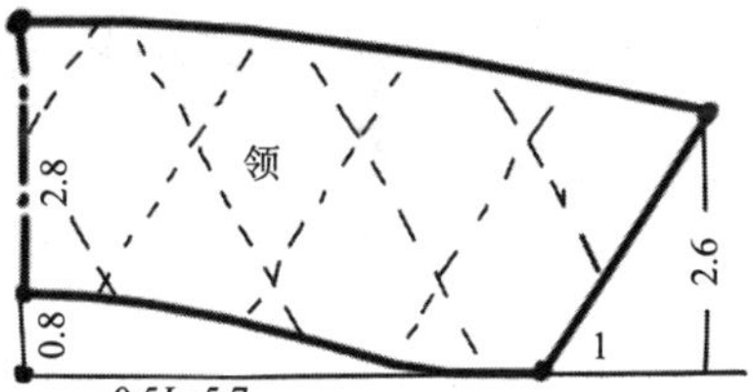

领
2.8
0.8
2.6
1
0.5L=5.7

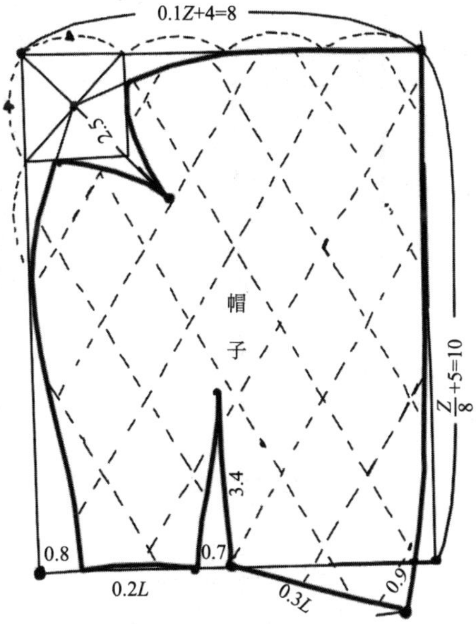

0.1Z+4=8
2.5
帽
子
3.4
$\frac{Z}{8}+5=10$
0.8
0.7
0.2L
0.3L
0.9

7. 双排纽开口女上衣

单位：寸

部位	总长 （Z）	衣长 （C）	半胸围 （X）	肩宽 （J）	袖长 （SC）	增值 （δ）	袖系基数 （D）
尺寸	40	20	15	12.6	16	3	18

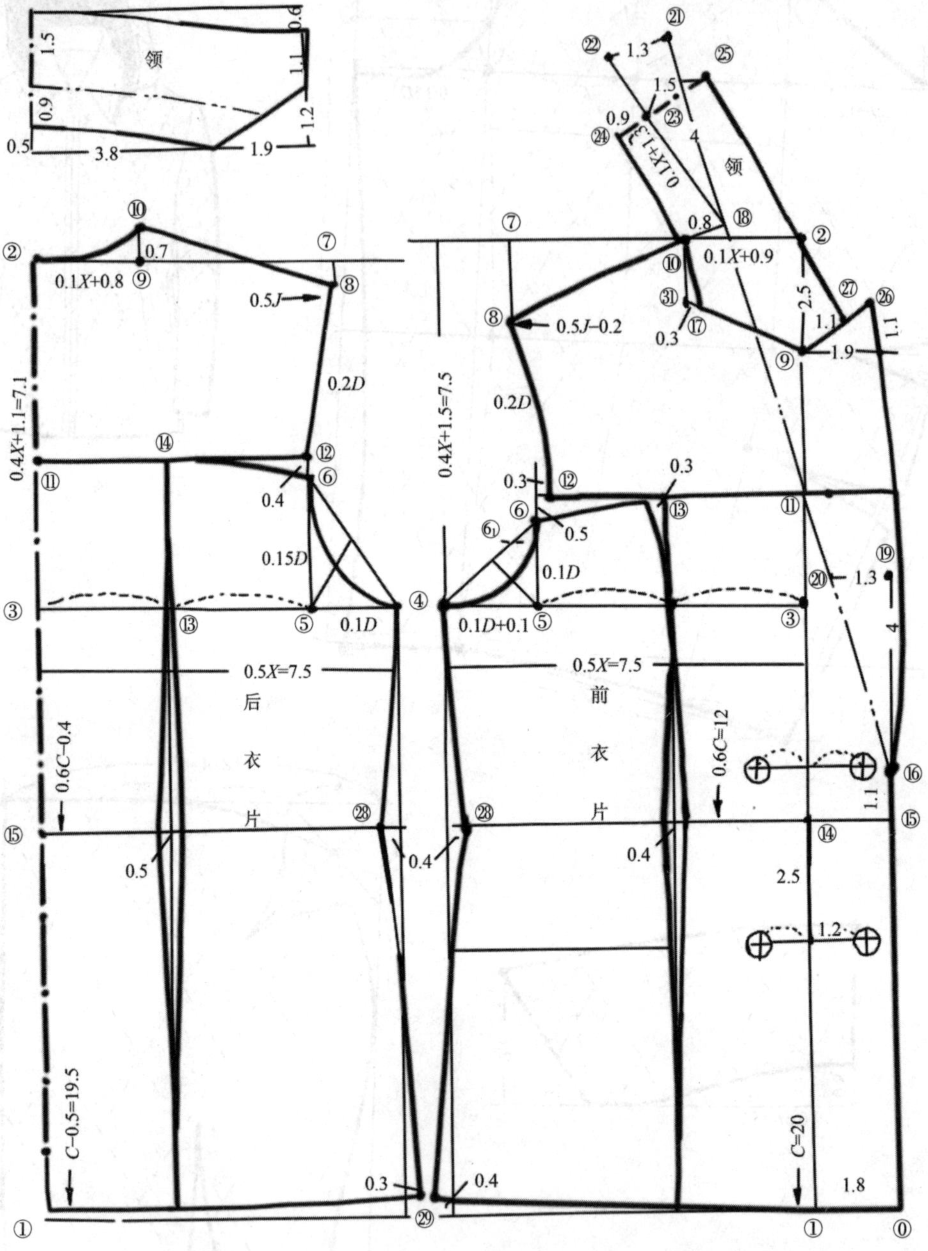

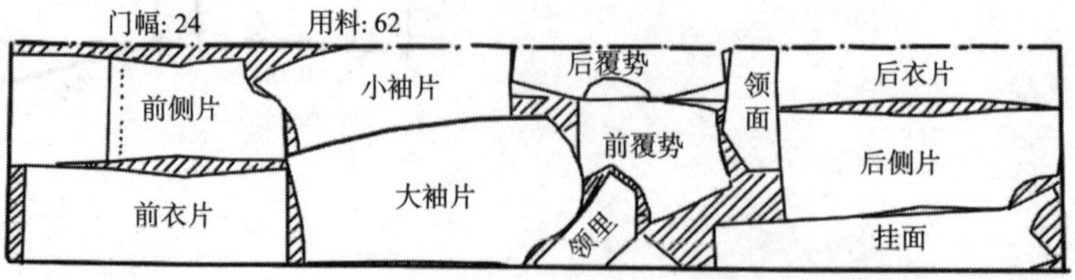

门幅: 24　　用料: 62

前衣片

- ①~② $C=20$
- ②~③ $0.4X+1.5=7.5$
- ③~④ $0.5X=7.5$
- ④~⑤ $0.1D+0.1=1.9$
- ⑤~⑥ $0.1D=1.8$
- ⑥~⑥$_1$ 0.4（前袖标）
- ②~⑦ $0.5J-0.2=6.1$
- ⑥~⑫ 0.5进0.3
- ⑧~⑫ $0.2D=3.6$
- ②~⑨ 2.5
- ②~⑩ $0.1X+0.9=2.4$
- ⑩~㉛ $0.1X-0.3=1.2$
- ③~⑪ $0.1D+0.5=2.3$
- ⑬ 是⑥⑪的中点
- ②~⑭ $0.6C=12$
- ⑭~⑮ 1.8（叠门）
- ⑮~⑯ 1.1（纽位）
- ㉛~⑰ 0.3
- ⑩~⑱ 0.8
- ⑯~⑲ 4
- ⑳ 垂直于⑯⑲
- ⑱~㉑ 与⑯⑲同长
- ㉑~㉒ 与⑲⑳同长
- ⑱~㉓ $0.1X+1.3=2.8$
- ㉓~㉔ 0.9
- ㉓~㉕ 1.5
- ⑨~㉖ 1.9
- ㉘ 吸腰0.4
- ㉙ 放出0.4，上翘0.4

后衣片

- ①~② $C-0.5=19.5$
- ②~③ $0.4X+1.1=7.1$
- ③~④ $0.5X=7.5$
- ④~⑤ $0.1D=1.8$
- ⑤~⑥ $0.15D=2.7$（后袖标）
- ②~⑦ $0.5J=6.3$
- ⑥~⑫ 0.4
- ⑧~⑫ $0.2D=3.6$
- ②~⑨ $0.1X+0.8=2.3$
- ⑨~⑩ 0.7
- ③~⑪ $0.15D+0.4=3.1$
- ⑬ 是③⑤的中点
- ⑭ 是⑬直上
- ②~⑮ $0.6C-0.4=11.6$
- ⑮~㉘ $0.5X-0.4=7.1$
- ①~㉙ $0.5X+0.3=7.8$
  上翘0.3

袖子

- ①~② $SC-0.3=15.7$
- ②~③ $0.22D=3.96$
- ②~④ $\dfrac{D}{3}=6$
- ⑤ 是②④的中点
- ③~⑥$_1$ $0.05D=0.9$（前袖标）
- ④~⑥$_2$ $0.1D=1.8$（后袖标）
- ⑦ 是②⑤的中点
- ⑤~⑧ 0.3（对肩缝）
- ⑨ 横斜二线的交点
- ⑩ 是①⑥$_1$的中点，凹0.3
- ⑪ 是④⑩二线的交点
- ①~⑫ $0.2D+0.8=4.4$

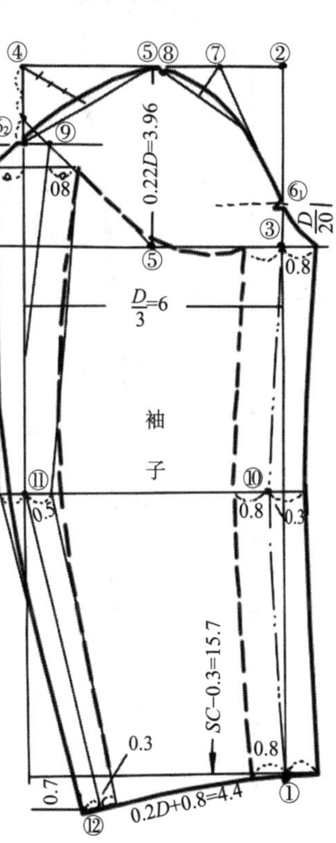

注：女式袖子的后袖缝编向内袖；图中的粗线是大袖，断线是小袖。

8. 蟹钳领开口女上衣

单位：寸

部位	总长 （*Z*）	衣长 （*C*）	半胸围 （*X*）	肩宽 （*J*）	袖长 （*SC*）	增值 （*δ*）	袖系基数 （*D*）
尺寸	40	20	15	12.6	16	3	18

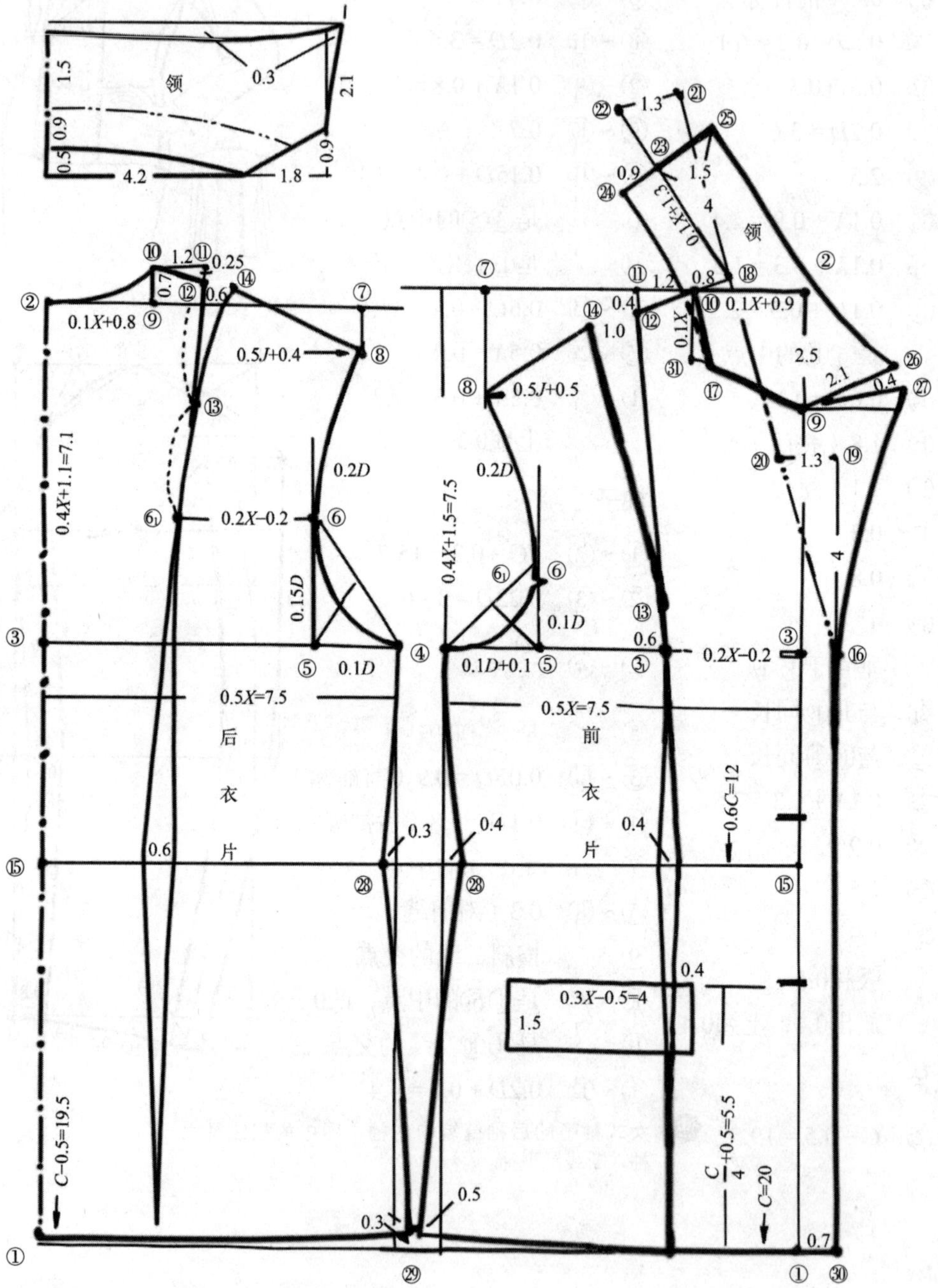

前衣片

①～② $C = 20$
②～③ $0.4X + 1.5 = 7.5$
③～$③_1$ $0.2X - 0.2 = 2.8$
③～④ $0.5X = 7.5$
④～⑤ $0.1D + 0.1 = 1.9$
⑤～⑥ $0.1D = 1.8$
⑥～$⑥_1$ 0.4（前袖标）
②～⑦ $0.5J + 0.5 = 6.8$
⑥～⑧ $0.2D = 3.6$
②～⑨ 2.5
②～⑩ $0.1X + 0.9 = 2.4$
⑩～㉛ $0.1X = 1.5$
⑩～⑪ 1.2
⑪～⑫ 0.4
$③_1$～⑬ 0.9
⑫～⑭ 1
②～⑮ $0.6C = 12$
③～⑯ 0.7
㉛～⑰ 0.4
⑩～⑱ 0.8
⑯～⑲ 4
⑳ 垂直于⑯⑲
⑱～㉑ 与⑯⑲同长
⑱～㉒ 与⑯⑳同长
⑱～㉓ $0.1X + 1.3 = 2.8$
㉓～㉔ 0.9
㉓～㉕ 1.5
⑨～㉖ 2.1
㉖～㉗ 0.4
㉘ 吸腰0.4
㉙ 放宽0.5，上翘0.3
①～㉚ 0.7

后衣片

①～② $C - 0.5 = 19.5$
②～③ $0.4X + 1.1 = 7.1$
③～④ $0.5X = 7.5$
④～⑤ $0.1D = 1.8$
⑤～⑥ $0.15D = 2.7$（后袖标）
②～⑦ $0.5J + 0.4 = 6.7$
⑥～⑧ $0.2D = 3.6$
②～⑨ $0.1X + 0.8 = 2.3$
⑨～⑩ 0.7
⑩～⑪ 1.2
⑪～⑫ 0.25
⑬ 是$⑥_1$⑫的中点
⑫～⑭ 0.6
②～⑮ $0.6C - 0.4 = 11.6$
㉘ 吸腰0.3
㉙ 放出0.3，上翘0.2

袖子

同双排纽开口女上衣。

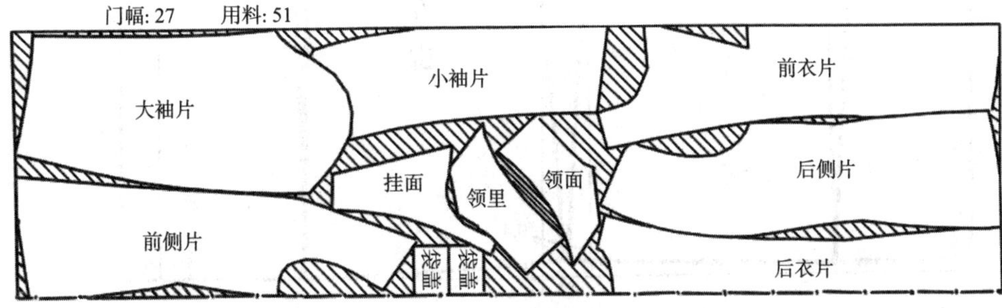

9. 大圆领开口女上衣

单位：寸

部位	总长（Z）	衣长（C）	半胸围（X）	肩宽（J）	袖长（SC）	增值（δ）	袖系基数（D）
尺寸	40	20	15	12.6	16	3	18

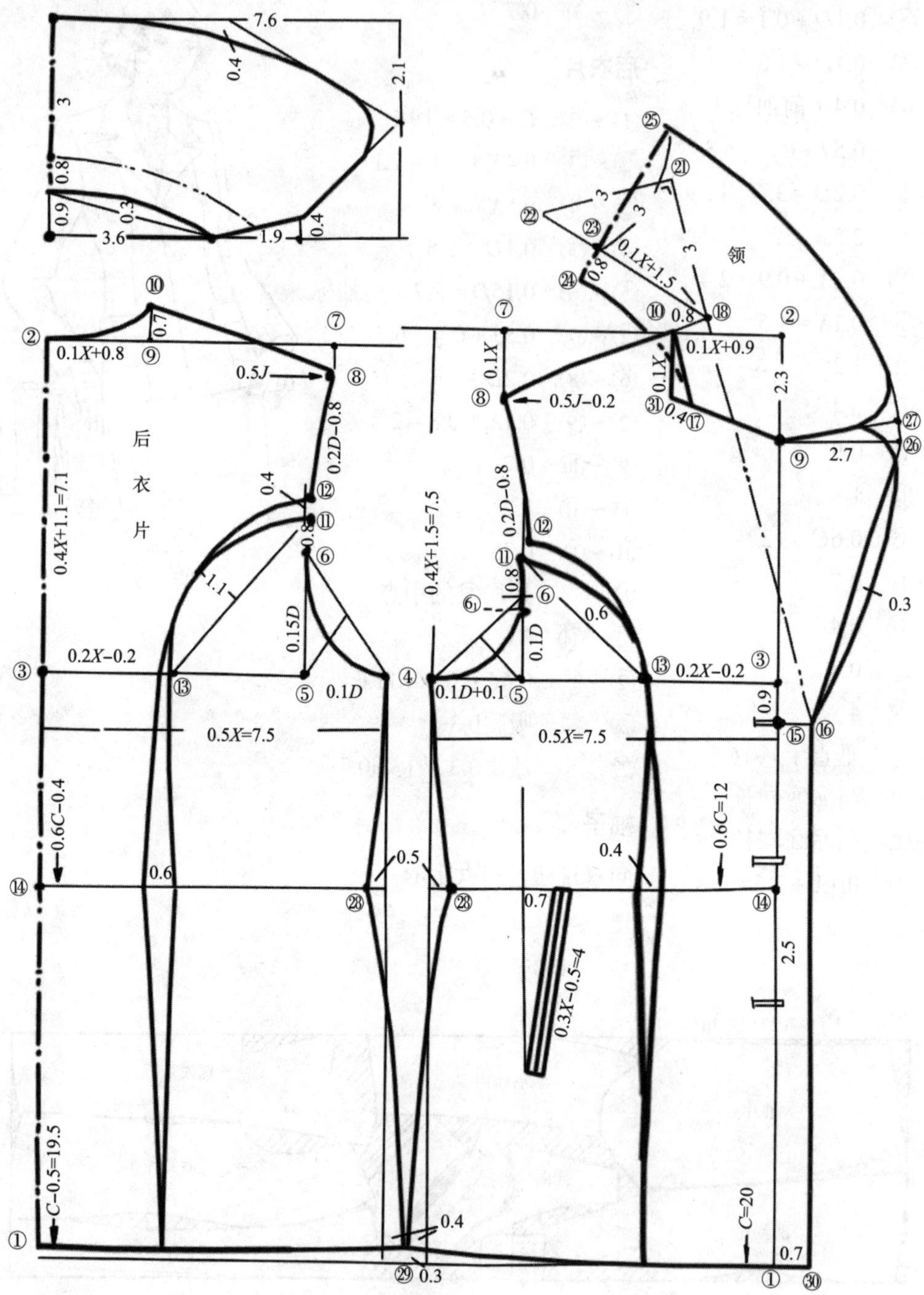

前衣片

①～② $C=20$
②～③ $0.4X+1.5=7.5$
③～④ $0.5X=7.5$
④～⑤ $0.1D+0.1=1.9$
⑤～⑥ $0.1D=1.8$
⑥～$⑥_1$ 0.4（前袖标）
②～⑦ $0.5J-0.2=6.1$
⑦～⑧ $0.1X=1.5$
②～⑨ 2.3
②～⑩ $0.1X+0.9=2.4$
⑩～㉛ $0.1X=1.5$
⑥～⑪ 0.8
⑧～⑫ $0.2D-0.8=2.8$
⑬ 是③⑤的中点
②～⑭ $0.6C=12$
③～⑮ 0.9
⑮～⑯ 0.7
㉛～⑰ 0.4
⑩～⑱ 0.8
⑱～㉑ 3
㉑～㉒ 3
⑱～㉓ $0.1X+1.5=3$
㉓～㉔ 0.8
㉓～㉕ 3
⑨～㉖ 2.7
㉖～㉗ 0.4
㉘ 吸腰0.4
㉙ 放宽0.4，上翘0.3
①～㉚ 0.7

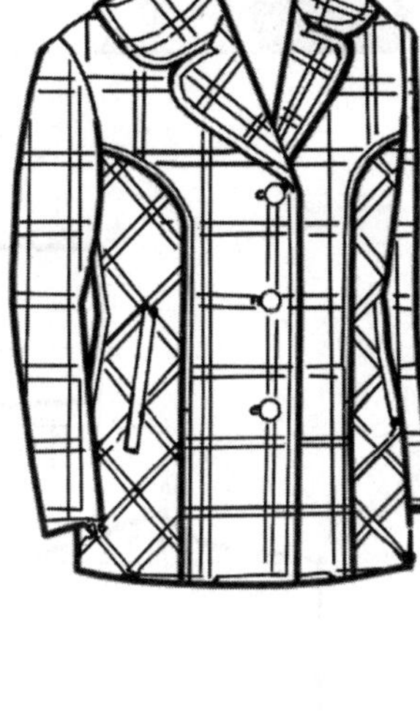

后衣片

①～② $C-0.5=19.5$
②～③ $0.4X+1.1=7.1$
③～④ $0.5X=7.5$
④～⑤ $0.1D=1.8$
⑤～⑥ $0.15D=2.7$（后袖标）
②～⑦ $0.5J=6.3$
②～⑨ $0.1X+0.8=2.3$
⑨～⑩ 0.7
⑥～⑪ 0.8
⑪～⑫ 0.4
⑧～⑫ $0.2D-0.8=2.8$
⑬ 是③⑤的中点
②～⑭ $0.6C-0.4=11.6$
㉘ 吸腰0.5
㉙ 放宽0.4

袖子

同双排纽开口女上衣。

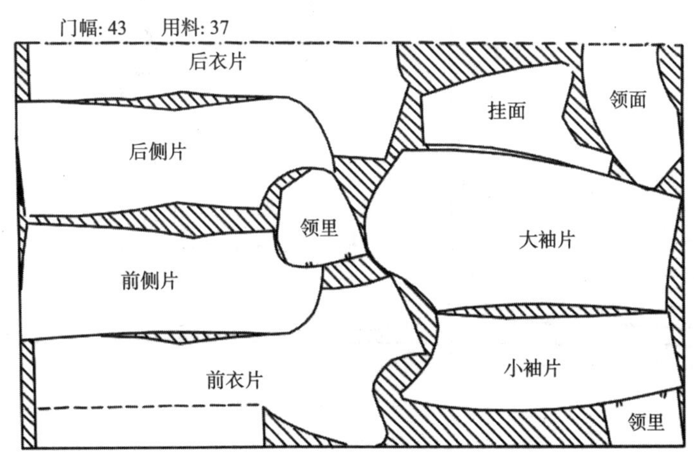

10. 二粒扣女西装

单位：寸

部位	总长（Z）	衣长（C）	半胸围（X）	肩宽（J）	袖长（SC）	增值（δ）	袖系基数（D）
尺寸	40	20	15	12.6	16	3	18

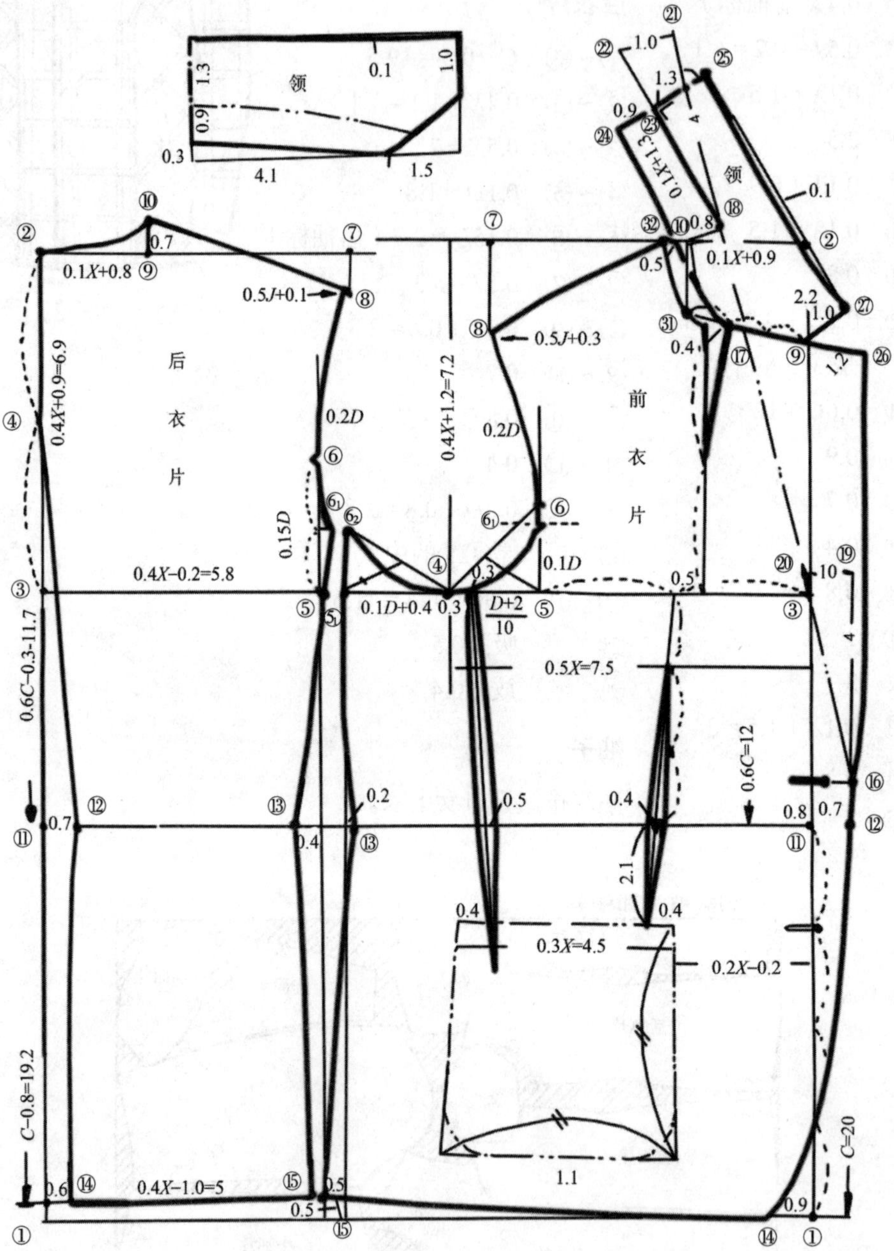

前衣片

①～②	$C=20$
②～③	$0.4X+1.2=7.2$
③～④	$0.5X=7.5$
④～⑤	$0.1D+0.2=2$
⑤～⑥	$0.1D=1.8$
⑥～⑥$_1$	0.4（前袖标）
④～⑤$_1$	$0.1D+0.4=2.2$
⑤$_1$～⑥$_2$	$0.075D=1.35$
②～⑦	$0.5J+0.3=6.6$
⑥～⑧	$0.2D=3.6$
②～⑨	2.2
②～⑩	$0.1X+0.9=2.4$
⑩～㉛	$0.1X=1.5$
⑩～㉜	0.5
②～⑪	$0.6C=12$
⑪～⑫	0.7
⑬	吸腰0.2
①～⑭	0.9
⑮	放宽0.5
⑫～⑯	0.8（纽位）
⑨～⑰	是⑨㉛的$\frac{2}{3}$
⑩～⑱	0.8
⑯～⑲	4
⑳	垂直于⑯⑲
⑱～㉑	与⑯⑲同长
⑱～㉒	与⑯⑳同长
⑱～㉓	$0.1X+1.3=2.8$
㉓～㉔	0.9
㉓～㉕	1.3
⑨～㉖	1.2
⑨～㉗	1

后衣片

①～②	$C-0.8=19.2$
②～③	$0.4X+0.9=6.9$
④	是②③的中点
③～⑤	$0.4X-0.2=5.8$
⑤～⑥	$0.15D=2.7$（后袖标）
⑥$_1$	是⑤⑥的中点，向外0.3
②～⑦	$0.15J+0.1=6.4$
⑤～⑧	$0.2D=3.6$
②～⑨	$0.1X+0.8=2.3$
⑨～⑩	0.7
②～⑪	$0.6C-0.3=11.7$
⑪～⑫	0.7
⑬	吸腰0.4
①～⑭	0.6
⑭～⑮	$0.4X-1=5$

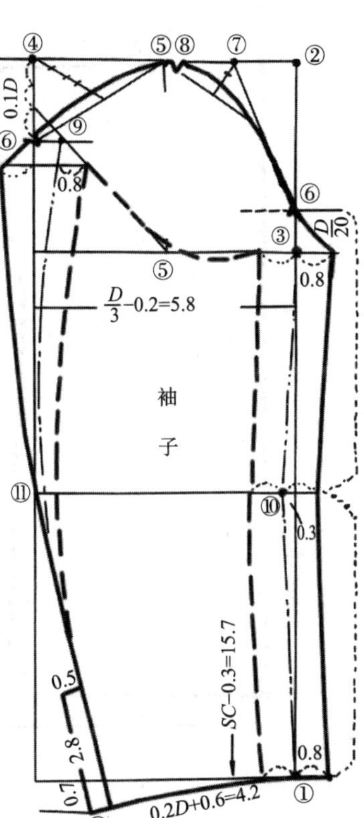

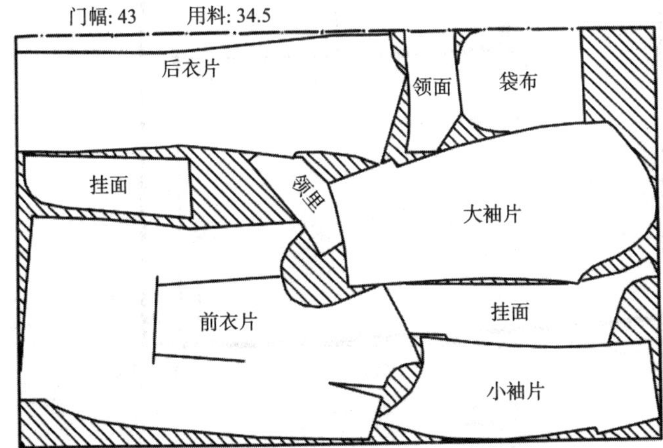

11. 三粒扣女西装

单位：寸

部位	总长（Z）	衣长（C）	半胸围（X）	肩宽（J）	袖长（SC）	增值（δ）	袖系基数（D）
尺寸	40	20	15	12.6	16	3	18

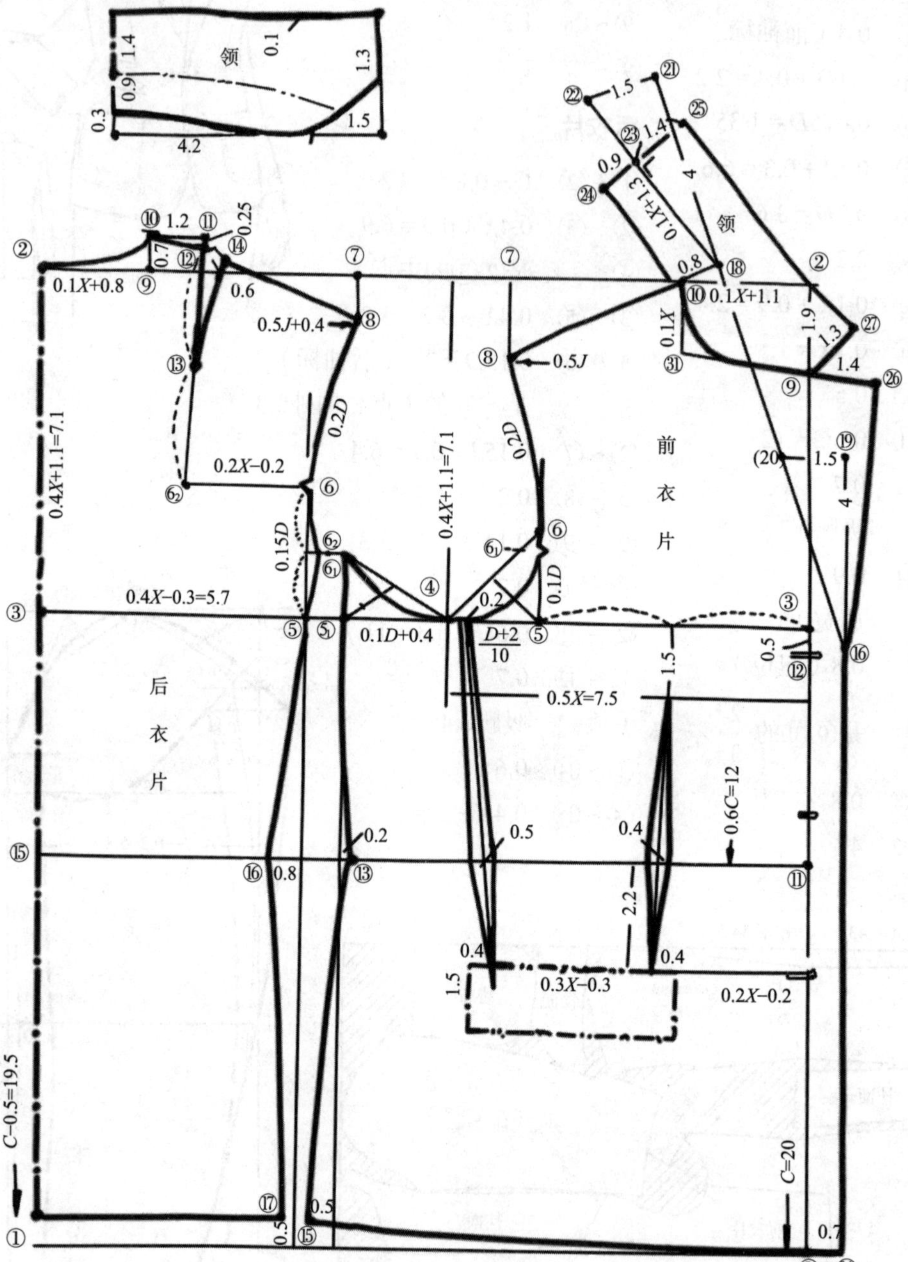

前衣片

①～②　$C=20$

②～③　$0.4X+1.1=7.1$

③～④　$0.5X=7.5$

④～⑤　$0.1D+0.2=2$

⑤～⑥　$0.1D=1.8$

⑥～⑥$_1$　0.4（前袖标）

④～⑤$_1$　$0.1D+0.4=2.2$

⑤$_1$～⑥$_2$　$0.075D=1.35$

②～⑦　$0.5J=6.3$

⑥～⑧　$0.2D=3.6$

②～⑨　1.9

②～⑩　$0.1X+1.1=2.6$

⑩～㉛　$0.1X=1.5$

②～⑪　$0.6C=12$

③～⑫　0.5（纽位）

⑬　吸腰0.2

①～⑭　0.7

⑮　放宽0.5，上翘0.5

⑫～⑯　0.7

⑩～⑱　0.8

（与⑯连接做驳头线）

⑯～⑲　任意长

⑳　垂直于⑯⑲

⑱～㉑　与⑯⑲同长

⑱～㉒　与⑯⑳同长

⑱～㉓　$0.1X+1.3=2.8$

㉓～㉔　0.9

㉓～㉕　1.4

⑨～㉖　1.4

⑨～㉗　1.3

后衣片

①～②　$C-0.5=19.5$

②～③　$0.4X+1.1=7.1$

③～⑤　$0.4X-0.3=5.7$

⑤～⑥　$0.15D=2.7$（后袖标）

⑥$_1$　是⑤⑥的中点，向外0.3

②～⑦　$0.5J+0.4=6.7$

⑥～⑧　$0.2D=3.6$

②～⑨　$0.1X+0.8=2.3$

⑨～⑩　0.7

⑩～⑪　1.2

⑪～⑫　0.25

⑬　是⑥$_3$⑫的中点

⑫～⑭　0.6

②～⑮　$0.6C=12$

⑯　吸腰0.8

①～⑰　$0.4X-0.6=5.4$

袖子

同两粒扣女西装。

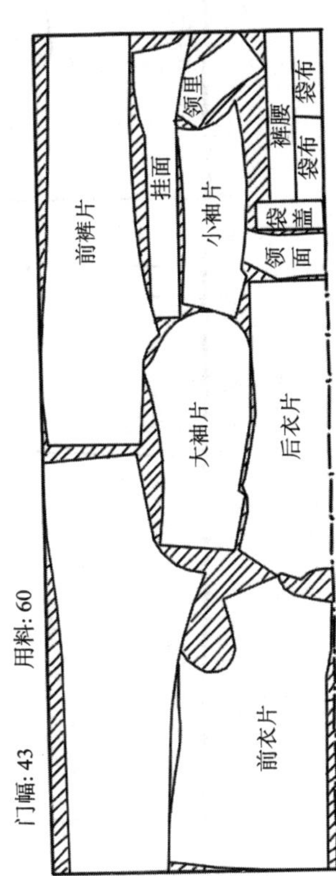

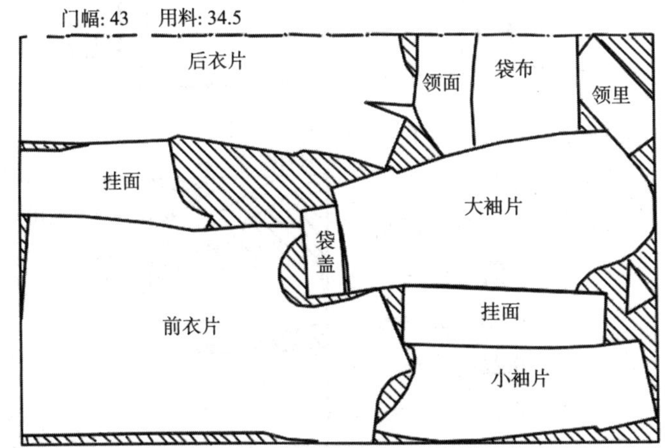

12. V字领套袖女上衣

单位：寸

部位	总长（Z）	衣长（C）	半胸围（X）	肩宽（J）	袖长（SC）	增值（δ）	袖系基数（D）
尺寸	40	19	15	12.6	16.3	3	18

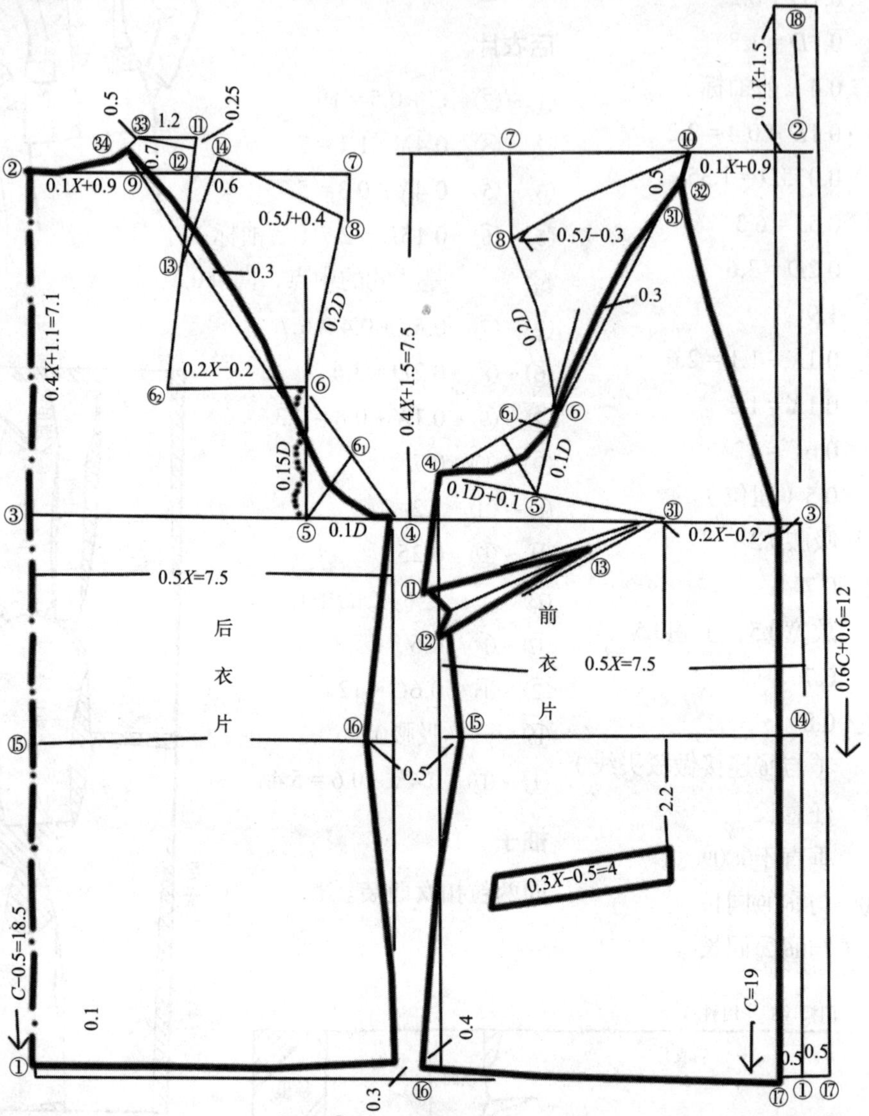

前衣片

①～②　$C=19$

②～③　$0.4X+1.5=7.5$

③～㉛　$0.2X-0.2=2.8$

③～④　$0.5X=7.5$

④～④1　是③1④之间的$\frac{1}{5}$

④1～⑤　$0.1D+0.1=1.9$

⑤～⑥　$0.1D=1.8$

⑥～⑥1　$0.02D=0.36$

（前袖标）

②～⑦　$0.5J-0.3=6$

⑥～⑧　$0.2D=3.6$

②～⑩　$0.1X+0.9=2.4$

排料图门幅:43　用料:33

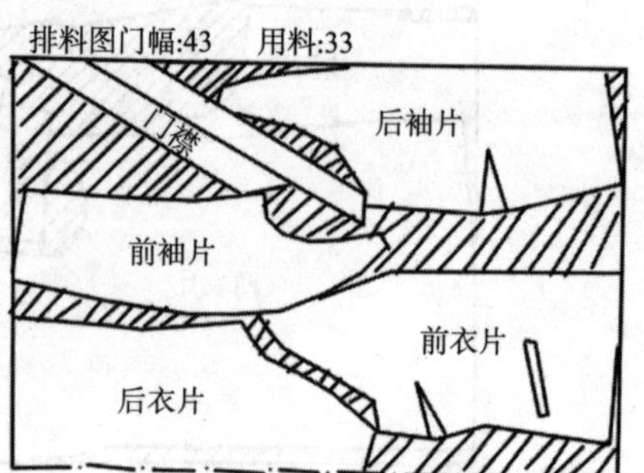

㉛ ~ ⑩　$0.1X = 1.5$

㉜ ~ ⑩　0.5

④$_1$ ~ ⑪　2.5

④ ~ ⑫　2.5

⑫ ~ ⑬　是③$_1$⑪之间的$\frac{2}{3}$

② ~ ⑭　$0.6C + 0.6 = 12$

⑮　吸腰0.5

⑯　放宽0.4，上翘0.3

① ~ ⑰　0.5

后衣片

① ~ ②　$C - 0.5 = 18.5$

② ~ ③　$0.4X + 1.1 = 7.1$

③ ~ ④　$0.5X = 7.5$

④ ~ ⑤　$0.1D = 1.8$

⑤ ~ ⑥　$0.15D = 2.7$

⑤ ~ ⑥$_1$　$0.1D = 1.8$（后袖标）

⑥ ~ ⑥$_2$　$0.2X - 0.2 = 2.8$

② ~ ⑦　$0.5J + 0.4 = 6.7$

⑥ ~ ⑧　$0.2D = 3.6$

② ~ ⑨　$0.1X + 0.9 = 2.4$

㉝ ~ ⑨　0.7

㉝ ~ ㉞　0.5

㉝ ~ ⑪　1.2

⑪ ~ ⑫　0.25

⑬　是⑥$_2$⑫的中点

⑫ ~ ⑭　0.6

② ~ ⑭　$0.6C + 0.6 = 12$

⑮　吸腰0.5

① ~ ⑯　$0.5X + 0.1 = 7.6$上翘0.3

袖子

① ~ ②　$SC - 0.3 = 16$

② ~ ③　$0.22D = 3.96$

② ~ ④　$\frac{D}{3} = 6$

⑤　是②④的中点

⑤$_1$　是⑤的直下

③ ~ ⑥$_1$　$0.05D = 0.9$（前袖标）

④ ~ ⑥$_2$　$0.1D = 1.8$

⑦　是②⑤的中心

⑥$_1$ ~ ⑧　与前衣片⑥$_1$⑧相同

⑩ ~ ㉜　0.5，以⑧$_1$为圆心、⑧$_1$㉜为半径，做逆时针弧，以⑥$_2$为圆心，后衣片⑥$_2$㉞为半径画弧，相交于㉝

㉝ ~ ㉞　0.5，以㉞为圆心、后衣片⑥$_3$㉞为半径画弧，以⑤为圆心、后衣片⑧⑥$_3$为半径画弧，相交于⑥$_3$

⑪　是①⑥$_1$的中点

⑫　是④$_3$和⑪两线的交点

⑫ ~ ⑬　0.7

⑤$_1$ ~ ⑭　0.7低0.3

⑤$_1$ ~ ⑮　0.5低0.4

⑮ ~ ⑯　$0.2D + 1 = 4.6$

⑭ ~ ⑰　$0.2D + 0.6 = 4.2$

⑭ ~ ①7　$0.2D + 0.6 = 4.2$

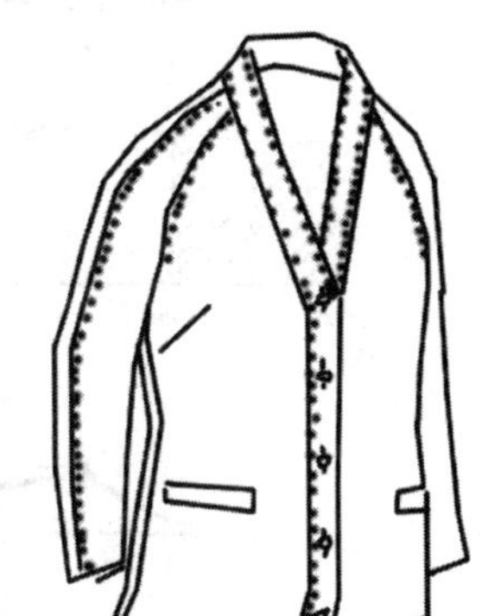

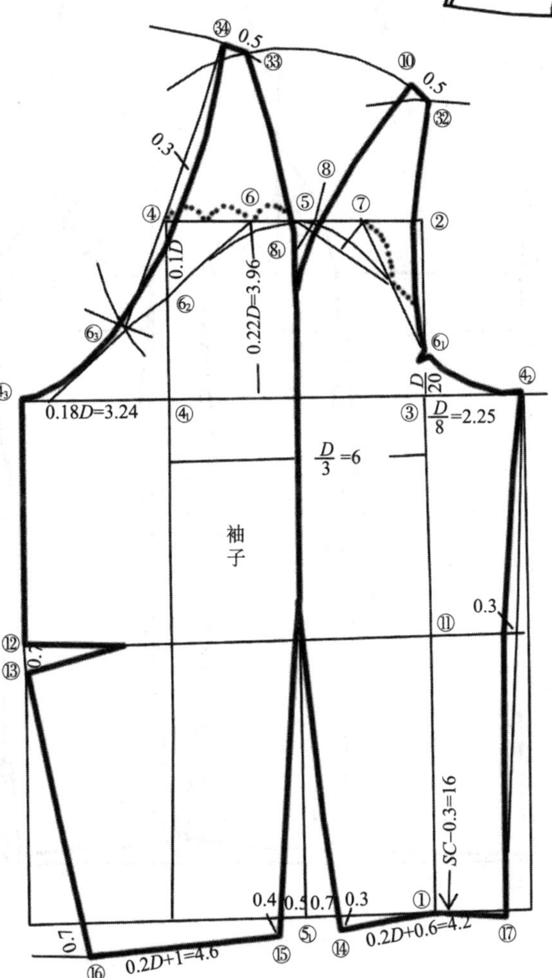

13. 方领女背心

单位：寸

部位	总长（Z）	衣长（C）	半胸围（X）	肩宽（J）	增值（δ）	袖系基数（D）
尺寸	39	19	14	11	3	17

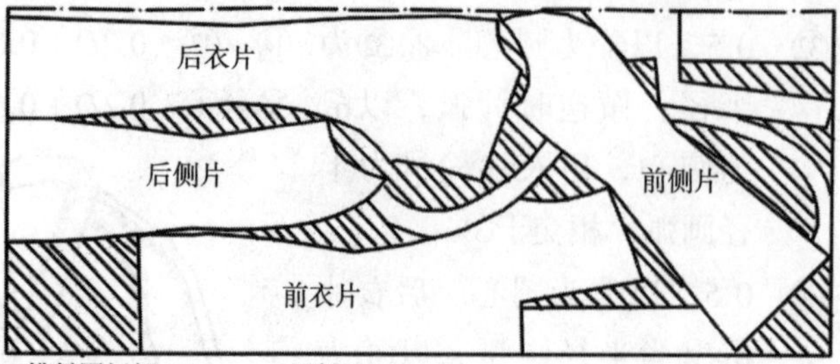

排料图门幅: 27　　用料: 33

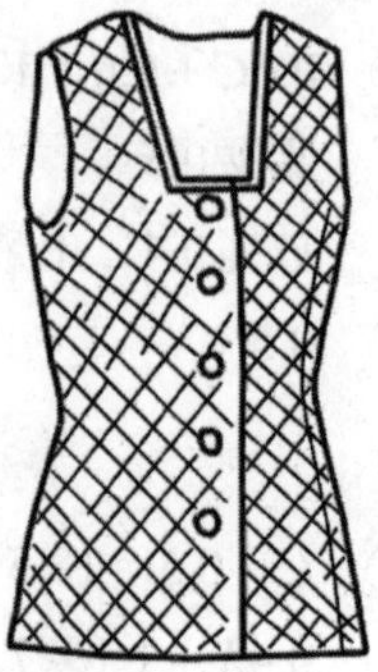

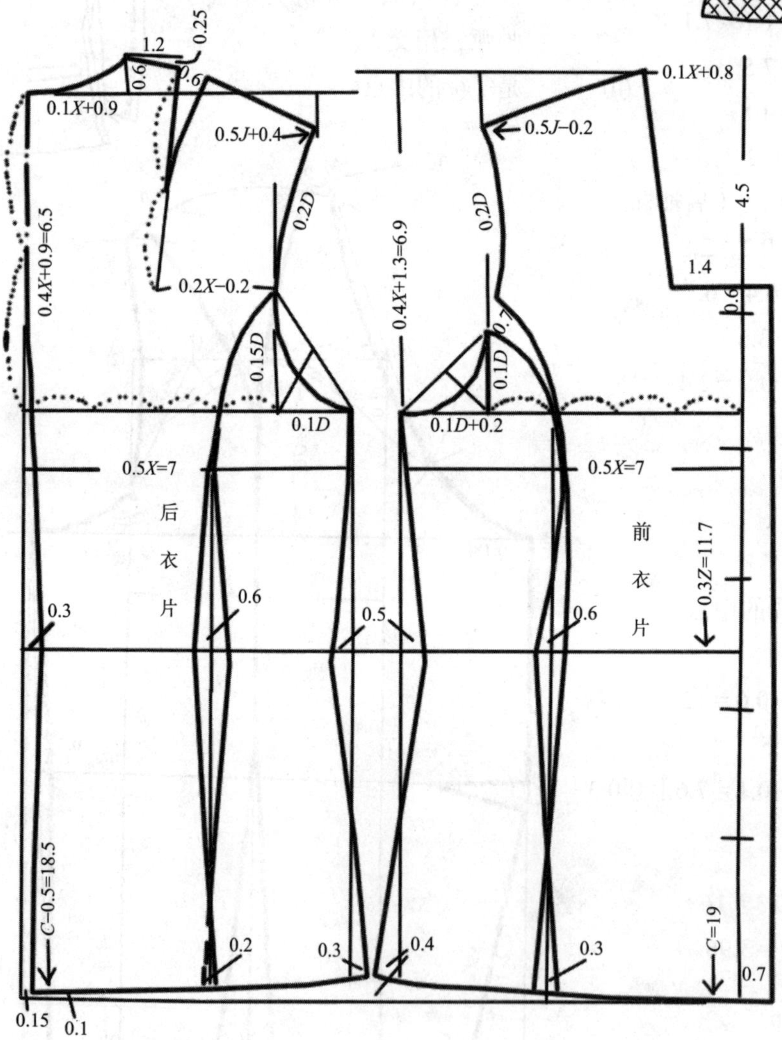

14. 西装式女背心

单位：寸

部位	总长（Z）	衣长（C）	半胸围（X）	肩宽（J）	增值（δ）	袖系基数（D）
尺寸	39	16	14	11	3	17

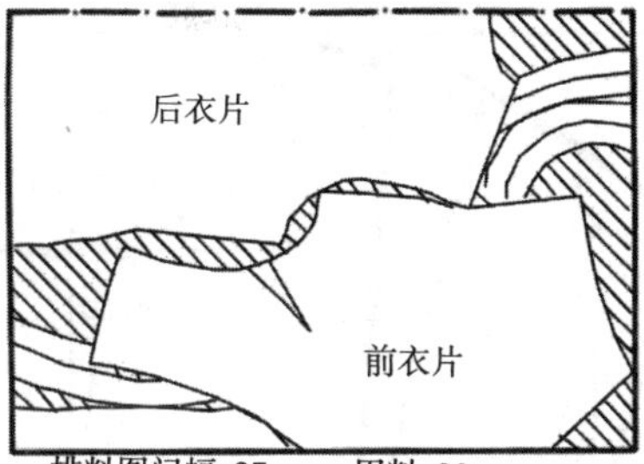

排料图门幅: 27　　用料: 20

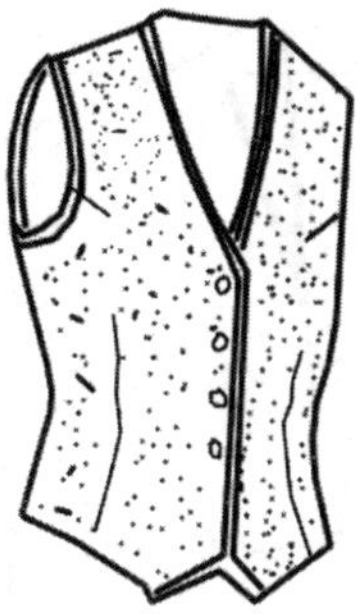

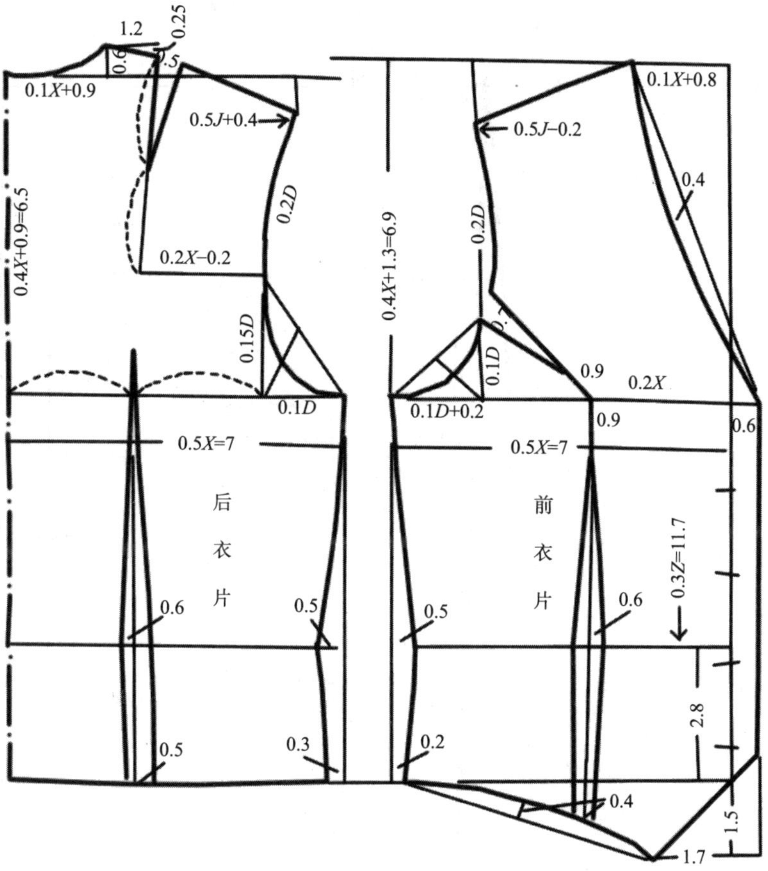

15. 中长女大衣

单位：寸

部位	总长（Z）	衣长（C）	半胸围（X）	肩宽（J）	袖长（SC）	领围（L）	增值（δ）	袖系基数（D）
尺寸	40	27	17	13.8	17	13	4	21

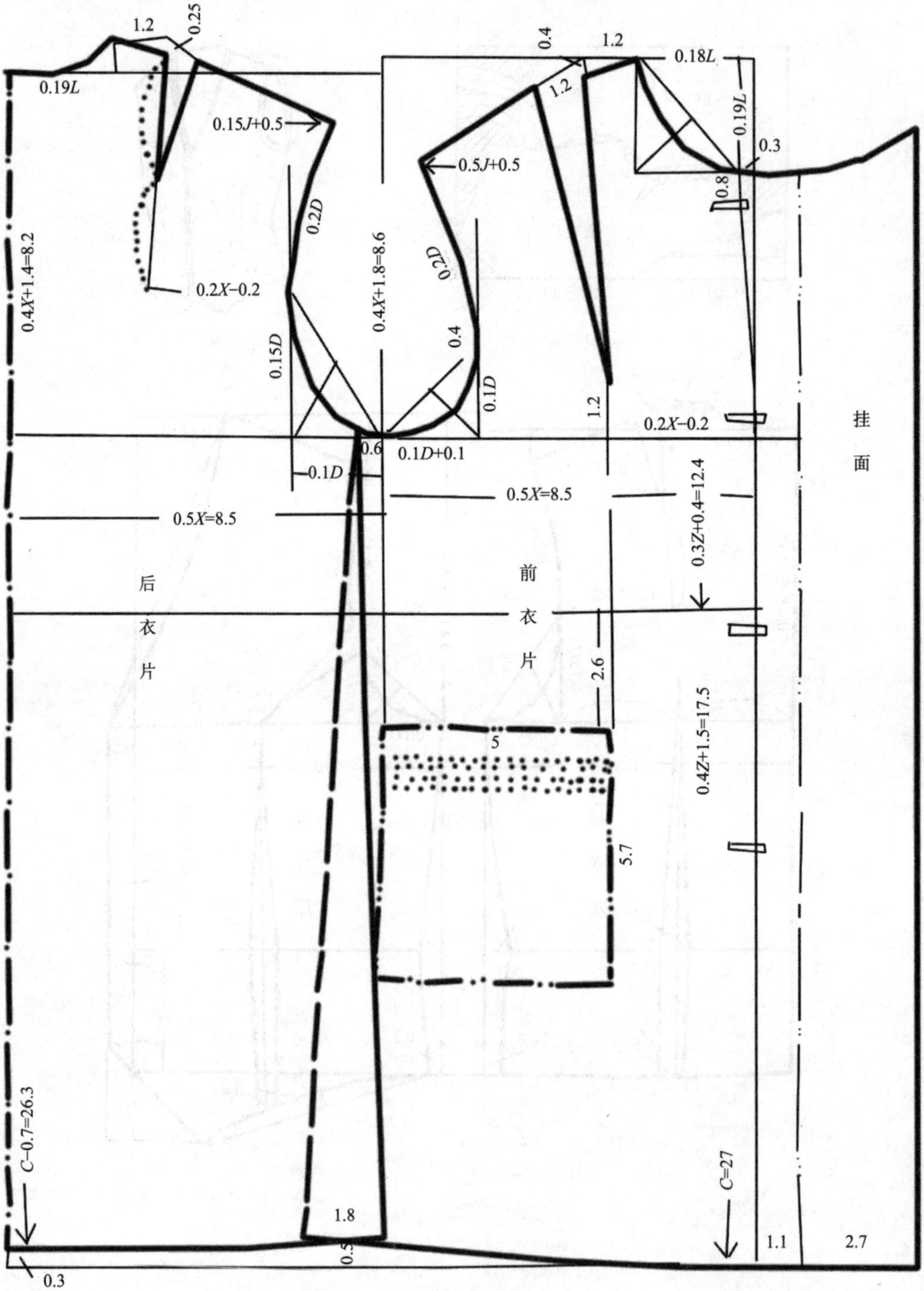

排料图门幅: 43　用料: 50

16. 登驳领开口女风衣

单位：寸

部位	总长（Z）	衣长（C）	半胸围（X）	肩宽（J）	袖长（SC）	增值（δ）	袖系基数（D）
尺寸	40	27	16	13	16	4	20

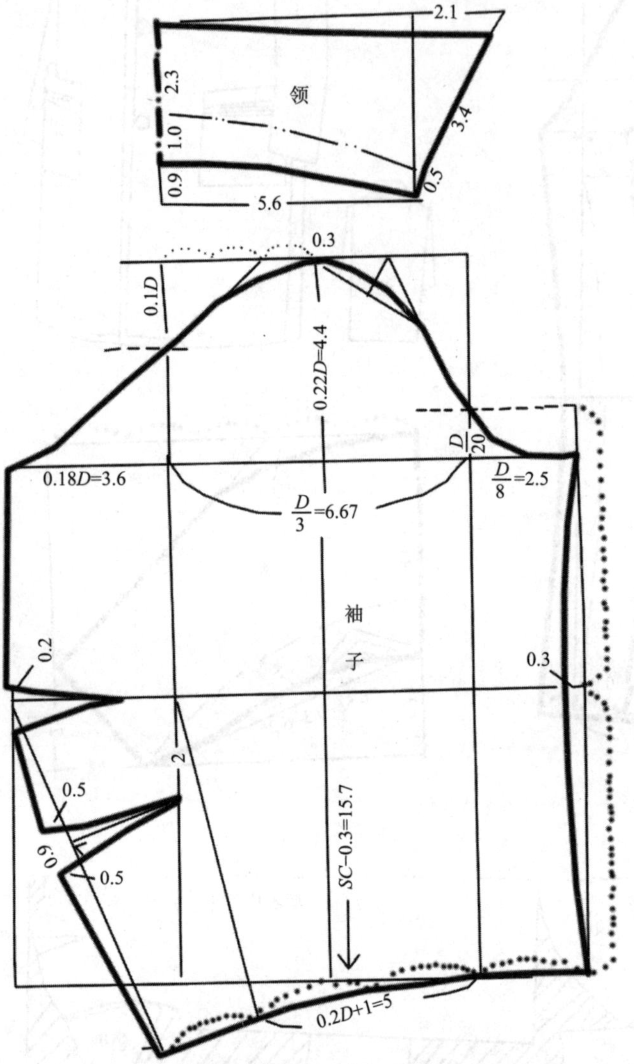

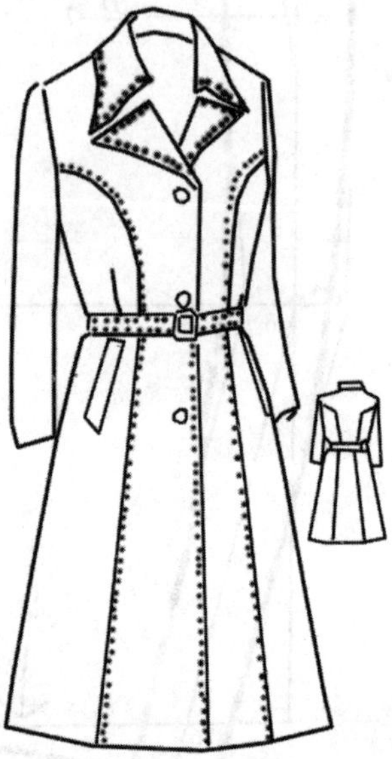

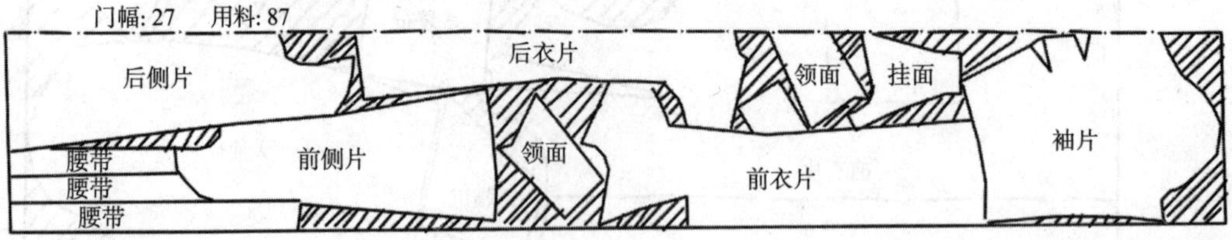

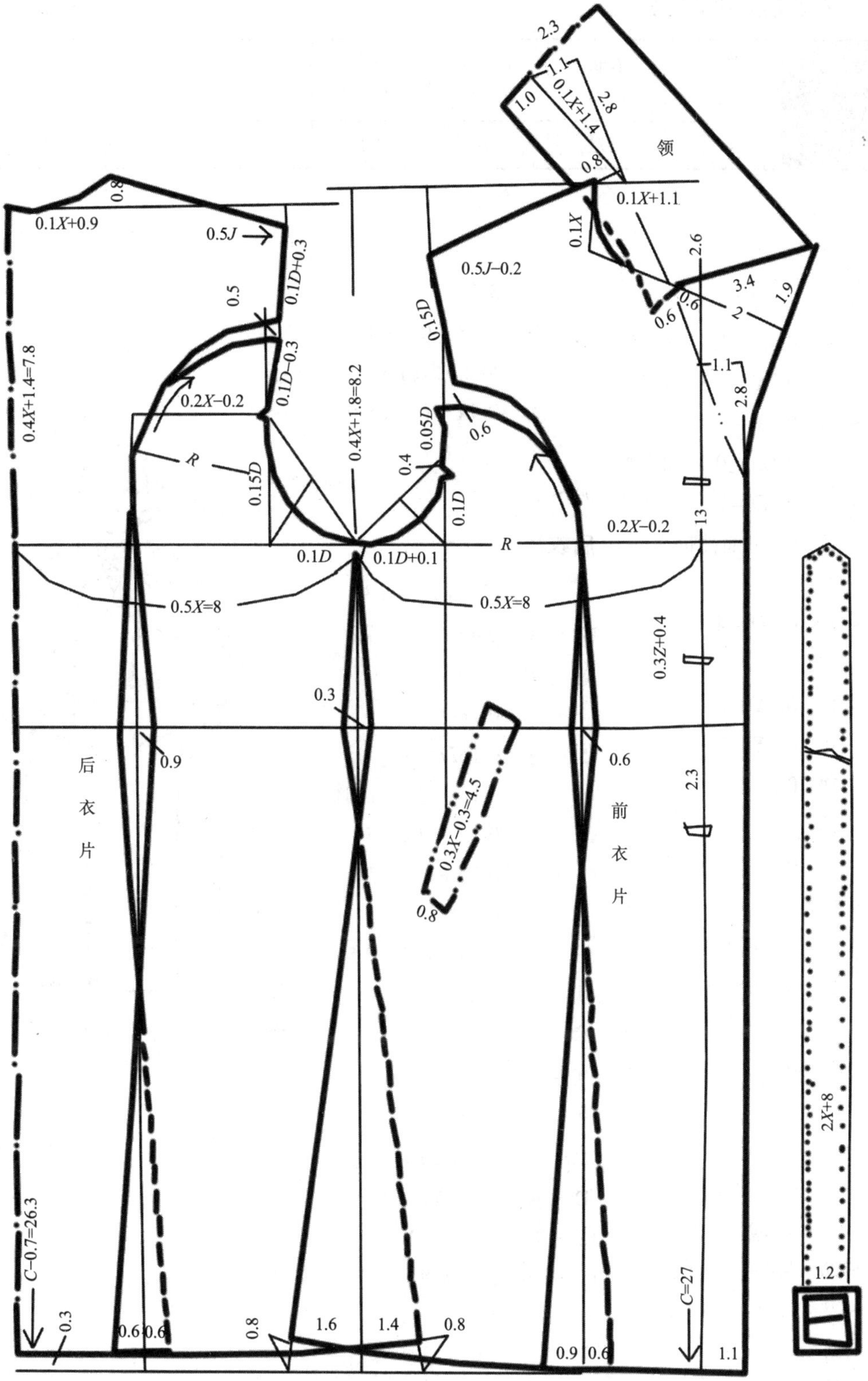

领

后衣片

前衣片

17. 套袖翻领女风衣

单位：寸

部位	总长（Z）	衣长（C）	半胸围（X）	肩宽（J）	袖长（SC）	增值（δ）	袖系基数（D）
尺寸	40	27	16	13	16	4	20

前衣片

①～② $C = 27$

②～③ $0.4X + 1.8 = 8.2$

③～③$_1$ $0.2X - 0.2 = 3$

③～④ $0.5X = 8$

④～⑤ $0.1D + 0.1 = 2.1$

⑤～⑥ $0.1D = 2$

⑥～⑥$_1$ 0.4（前袖标）

②～⑦ $0.5J + 0.8 = 7.3$

⑥～⑧ $0.2D = 4$

②～⑨ 2.6

②～⑩ $0.1X + 1.1 = 2.7$

⑩～㉛ $0.1X = 1.6$

㉛～㉜ 0.5

⑩～⑫ 1.2

⑪～⑫ 0.4

③$_1$～⑬ 1.2

⑪～⑭ 1.2（胸省）

③～⑮ 0.6（纽位）

⑮～⑯ 1.1（叠门）

⑨～⑰ 0.4

⑩～⑱ 0.8

⑯～⑲ 3.8

⑳ 垂直于⑯⑲

⑱～㉑ 与⑯⑲同长

⑱～㉒ 与⑯⑳同长

⑱～㉓ $0.1X + 1.4 = 3$

㉓～㉔ 1

㉓～㉕ 2.1

⑰～㉖ 3.4

⑰～㉗ 3.4

②～㉘ $0.3Z + 0.4 = 12.4$
低2.6为纽位

①～㉙ $0.5X + 0.9 = 8.9$
上翘0.4

⑩～㉝ 0.5

后衣片

①～② $C - 0.7 = 26.3$

②～③ $0.4X + 1.4 = 7.8$

③～④ $0.5X = 8$

④～⑤ $0.1D = 2$

⑤～⑥$_2$ $0.15D = 3$

⑤～⑥$_3$ $0.1D = 2$（后袖标）

⑥$_2$～⑥$_4$ $0.2X - 0.2 = 3$

②～⑦ $0.5J + 0.5 = 7$

⑥$_2$～⑧ $0.2D = 4$

②～⑨ $0.1X + 0.9 = 2.5$

⑨～㉝ 0.8

㉝～㉞ 0.5

⑪～㉝ 1.2

⑪～⑫ 0.25

⑬ 是⑥$_4$⑫的中点

⑫～⑭ 0.7（肩省）

②～㉘ $0.3Z = 12$

①～⑮ $0.5X = 8$

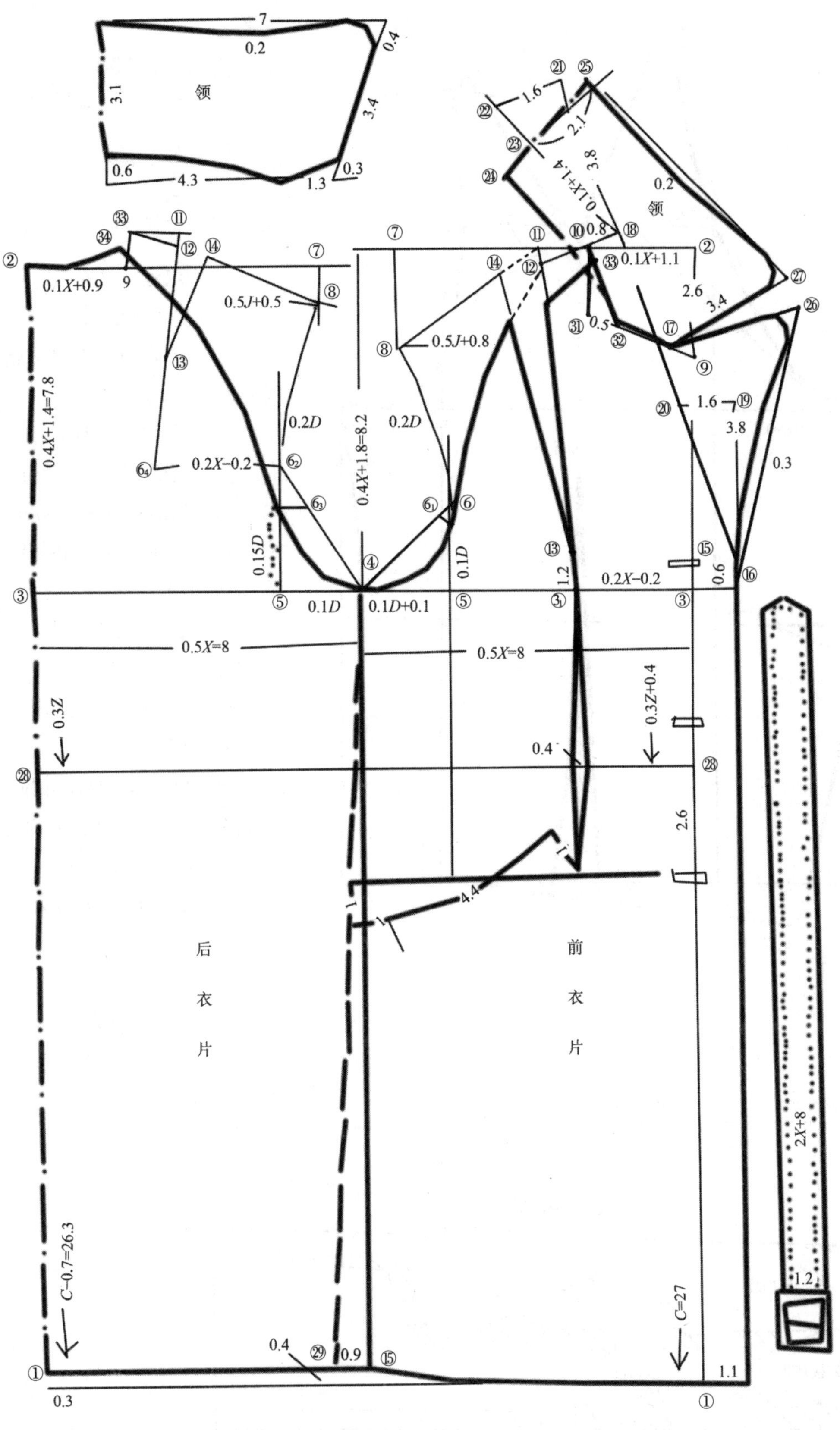

7
0.2
0.4
3.1
领
3.4
0.6
4.3
1.3
0.3
领
后衣片
前衣片
0.1X+0.9
0.5J+0.5
0.4X+1.4=7.8
0.2D
0.2X−0.2
0.15D
0.1D
0.4X+1.8=8.2
0.1D+0.1
0.5J+0.8
0.1X+1.1
0.1X+1.4
0.2X−0.2
0.5X=8
0.3Z
0.3Z+0.4
4.4
C−0.7=26.3
C=27
2X+8
1.2

袖子

①～②　$SC-0.3=15.7$

②～③　$0.22D=4.4$

③～④　$\frac{D}{3}=6.7$

③～④$_2$　$\frac{D}{8}=2.5$

④$_1$～④$_3$　$0.18D=3.6$

⑤　是②④的中点

⑤$_1$　是①⑤二线的交点

③～⑥$_1$　$0.05D=1$

⑦　是②⑤的中点

⑥$_1$～⑧　与前衣片⑥$_1$⑧相同

⑥$_1$～㉜　与前衣片⑥$_1$⑫相同

⑧～㉜　与前衣片⑧⑪相同

⑩～㉜　0.5

⑧$_1$　是⑧⑩的延伸

⑧$_1$～㉝　等于⑧㉜

⑥$_2$～㉝　与后衣片⑥$_2$㉝相同

㉝～㉞　0.5

⑤～⑥$_3$　与后衣片⑧⑥$_3$相同

⑥$_3$～㉞　与后衣片⑥$_3$㉞相同

⑪　是①⑥$_1$的中点

⑫　是④$_3$⑪二线的交点

⑫～⑬　0.9

⑤$_1$～⑭　0.5，低0.4

⑤$_1$～⑮　0.4，低0.5

⑮～⑯　$0.2D+1=5$

⑭～⑰　$0.2D+0.8=4.8$

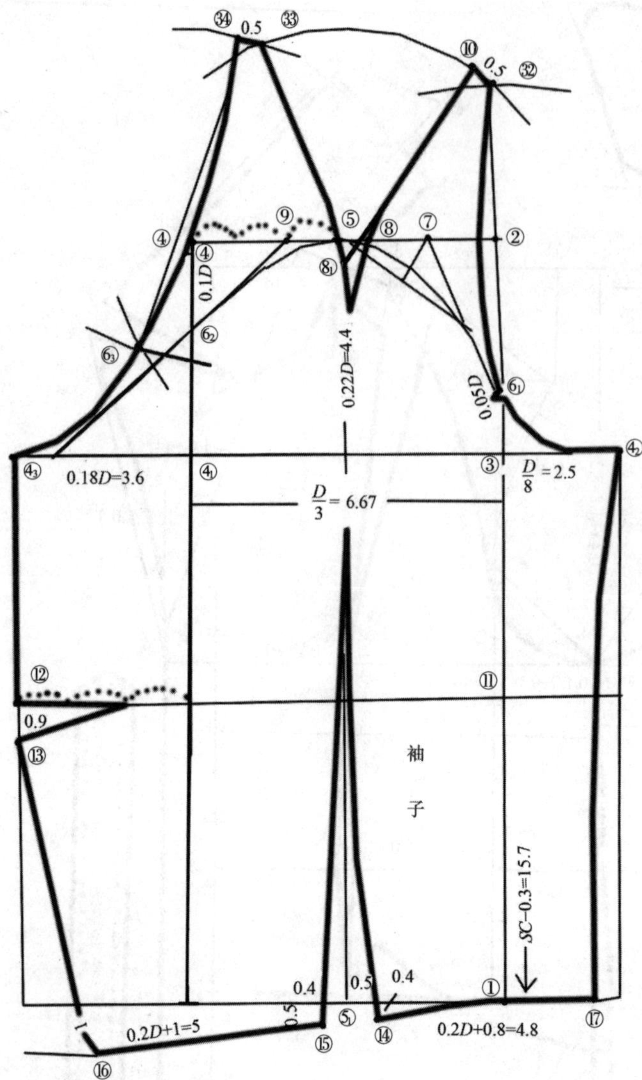

排料图门幅：43　　用料：48.5

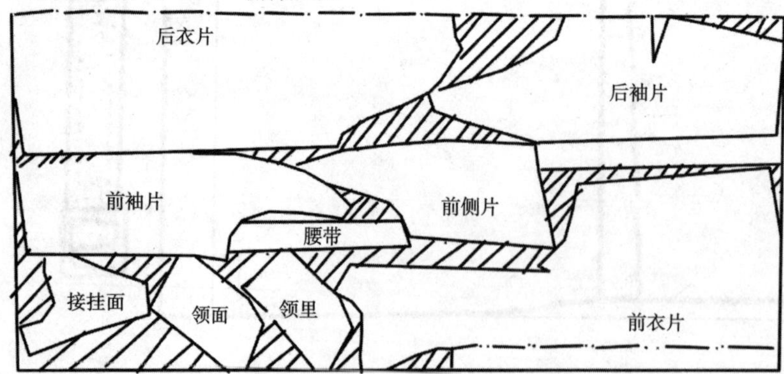

18. 横省中西式罩衫

单位：寸

部位	总长（Z）	衣长（C）	半胸围（X）	肩宽（J）	袖长（SC）	领围（L）	增值（δ）	袖系基数（D）
尺寸	40	20.5	16	12.8	16.8	12	4	20

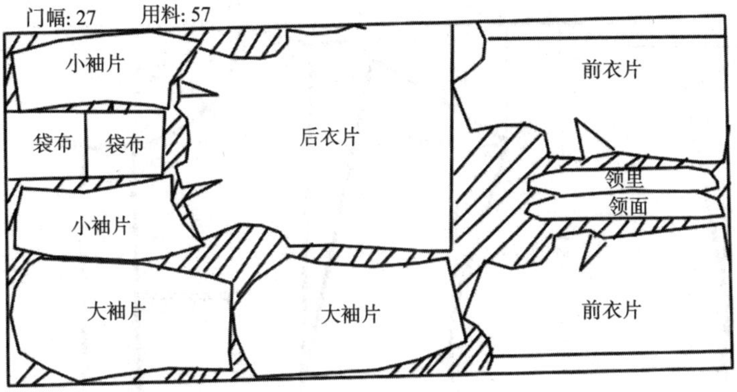

门幅: 27 用料: 57

小袖片 袋布 袋布 小袖片 大袖片 大袖片 后衣片 前衣片 领里 领面 前衣片

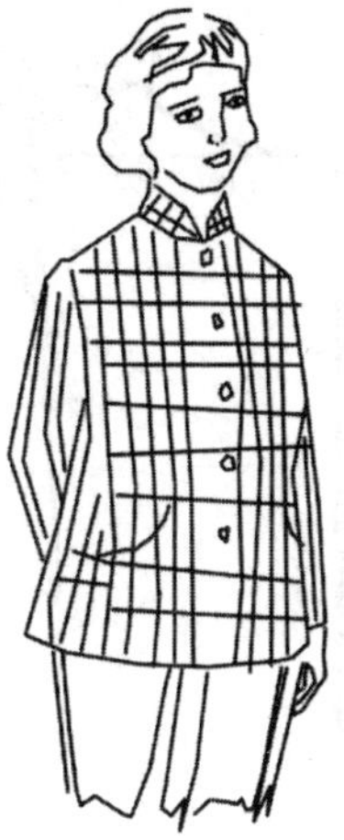

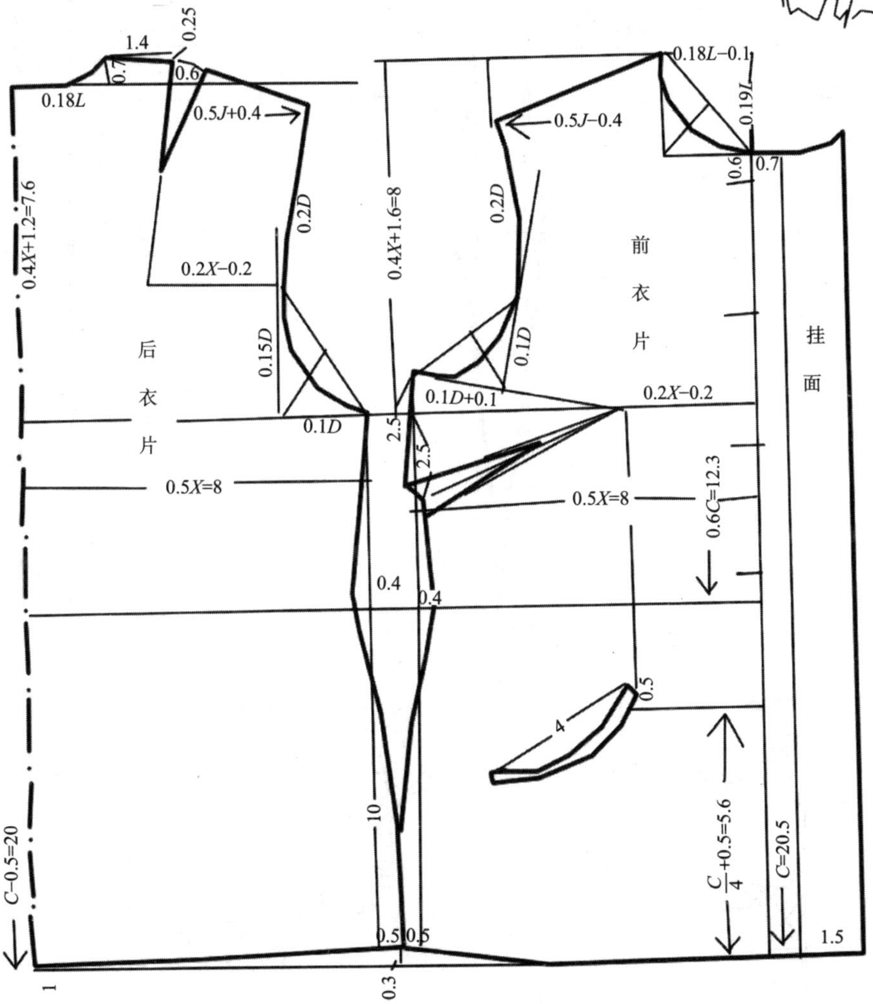

1.4 0.25 0.7 0.6 0.18L 0.5J+0.4 0.4X+1.2=7.6 0.2D 0.2X−0.2 0.15D 0.1D 后衣片 0.5X=8 0.4 10 C−0.5=20 0.5 0.5 0.3 1

0.18L−0.1 0.19L 0.5J−0.4 0.4X+1.6=8 0.2D 0.6 0.7 前衣片 挂面 0.1D 0.1D+0.1 0.2X−0.2 2.5 2.5 0.5X=8 0.6C=12.3 0.4 0.5 4 $\frac{C}{4}$+0.5=5.6 C=20.5 1.5

19. 中西式棉袄罩衫

单位：寸

部位	总长（Z）	衣长（C）	半胸围（X）	肩宽（J）	袖长（SC）	领围（L）	增值（δ）	袖系基数（D）
尺寸	40	20.5	17	13.8	16.3	12	4	21

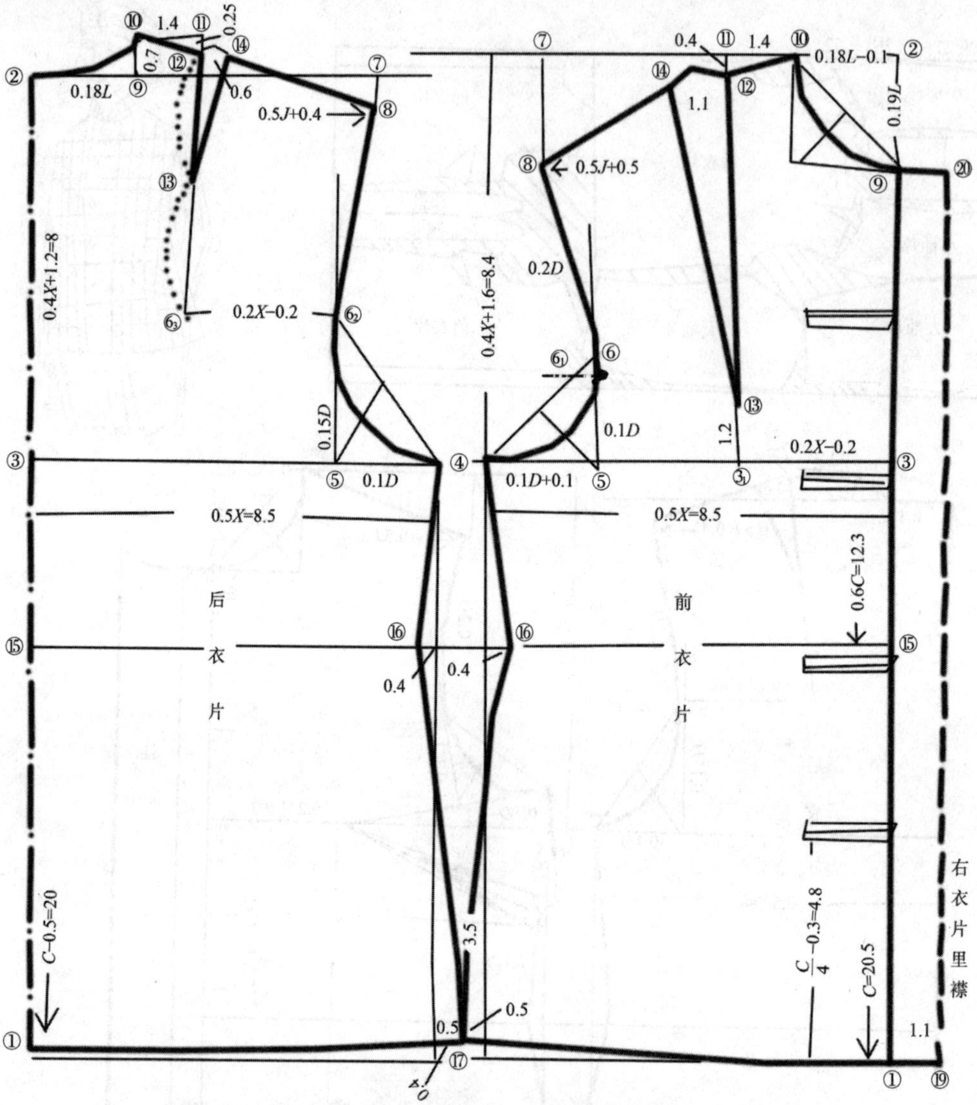

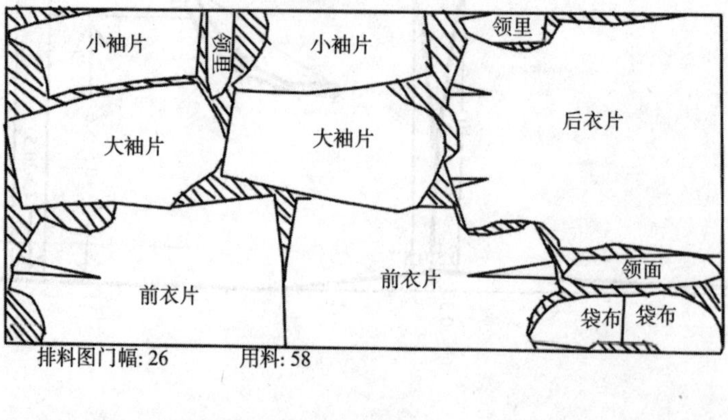

0.18L
0.7
1.4
0.25
0.6
0.5J+0.4
0.4X+1.2=8
0.2X−0.2
0.15D
0.1D
0.5X=8.5
后衣片
0.4
C−0.5=20
0.5
0.4X+1.6=8.4
0.5J+0.5
0.2D
0.1D+0.1
0.5X=8.5
0.4
3.5
0.5
0.4
1.4
0.18L−0.1
0.19L
1.1
1.2
0.2X−0.2
0.6C=12.3
前衣片
$\frac{C}{4}$−0.3=4.8
C=20.5
1.1
右衣片里襟

小袖片
袖口
小袖片
领里
大袖片
大袖片
后衣片
前衣片
前衣片
领面
袋布
袋布

排料图门幅: 26　　用料: 58

前衣片

①～② $C=20.5$

②～③ $0.4X+1.6=8.4$

③～③$_1$ $0.2X-0.2=3.2$

③～④ $0.5X=8.5$

④～⑤ $0.1D+0.1=2.2$

⑤～⑥ $0.1D=2.1$

⑥～⑥$_1$ 0.4（前袖标）

②～⑦ $0.5J+0.5=7.4$

⑥～⑧ $0.2D=4.2$

②～⑨ $0.19L=2.3$

②～⑩ $0.18L-0.1=2.1$

⑩～⑪ 1.4

⑪～⑫ 0.4

③$_1$～⑬ 1.2

⑫～⑭ 1.1

②～⑮ $0.6C=12.3$

⑯ 吸腰0.4

⑰ 放宽0.5，上翘0.4

后衣片

①～② $C-0.5=20$

②～③ $0.4X+1.2=8$

③～④ $0.5X=8.5$

④～⑤ $0.1D=2.1$

⑤～⑥$_2$ $0.15D=3.15$（后袖标）

⑥$_2$～⑥$_3$ $0.2X-0.2=3.2$

②～⑦ $0.5J+0.4=7.3$

⑥$_2$～⑧ $0.2D=4.2$

②～⑨ $0.18L=2.2$

⑨～⑩ 0.7

⑩～⑪ 1.4

⑪～⑫ 0.25

⑬ 是⑥$_3$⑫的中点

⑫～⑭ 0.6

②～⑮ $0.6C-0.4=11.9$

⑯ 吸腰0.4

⑰ 放宽0.5，上翘0.4

袖子

①～② $SC-0.3=16$

②～③ $0.22D=4.6$

②～④ $\frac{D}{3}=7$

⑤ 是②④的中点

③～⑥$_1$ $0.05D=1.1$（前袖标）

④～⑥ $0.1D=2.1$

⑦ 是②⑤的中点

⑤～⑧ $0.01D=0.2$（对肩缝）

⑨ 是横斜二线的交点

⑩ 是①⑥$_1$的中点凹0.3

⑪ 是④⑩二线的交点

①～⑫ $0.2D+1=5.2$，低0.7

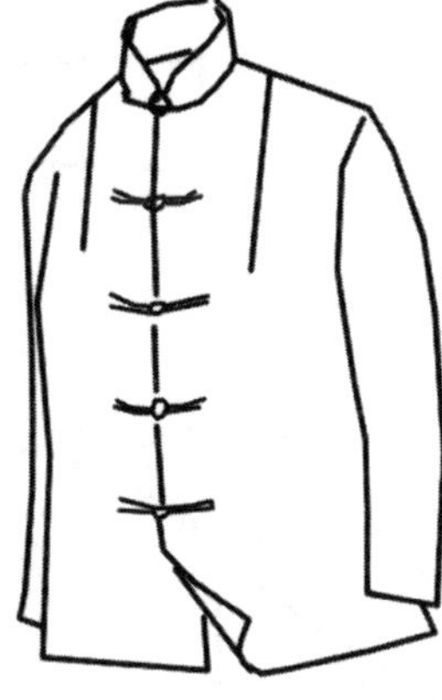
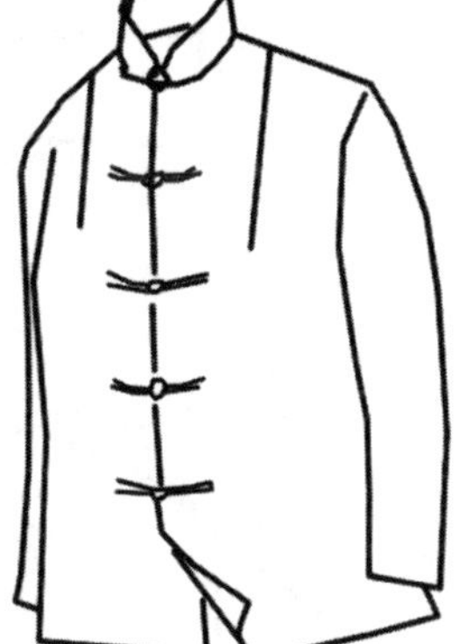

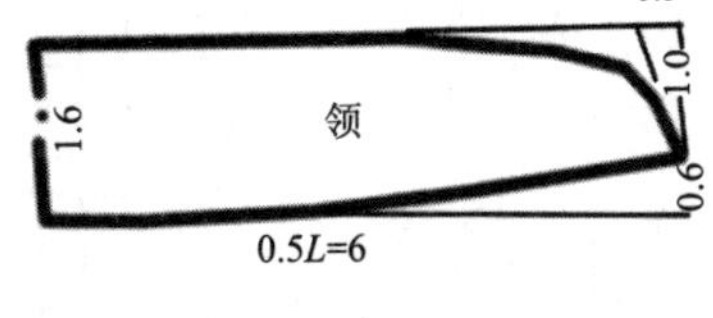

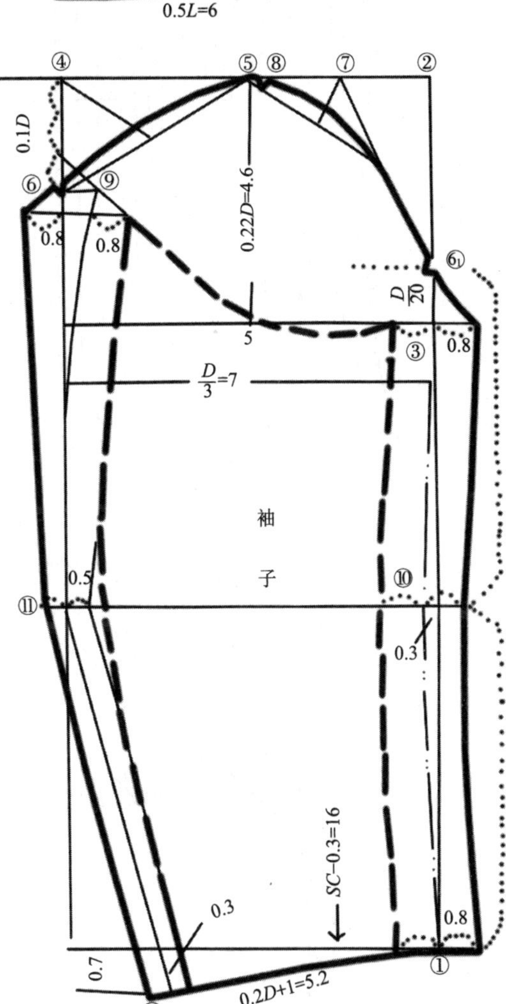

20. 装袖旗袍

单位：寸

部位	总长（Z）	衣长（C）	半胸围（X）	肩宽（J）	袖长（SC）	领围（L）	增值（δ）	袖系基数（D）	半腰围（Y）	半臀围（T）
尺寸	40	31.5	14	11.8	6	10.8	2	16	11	14.5

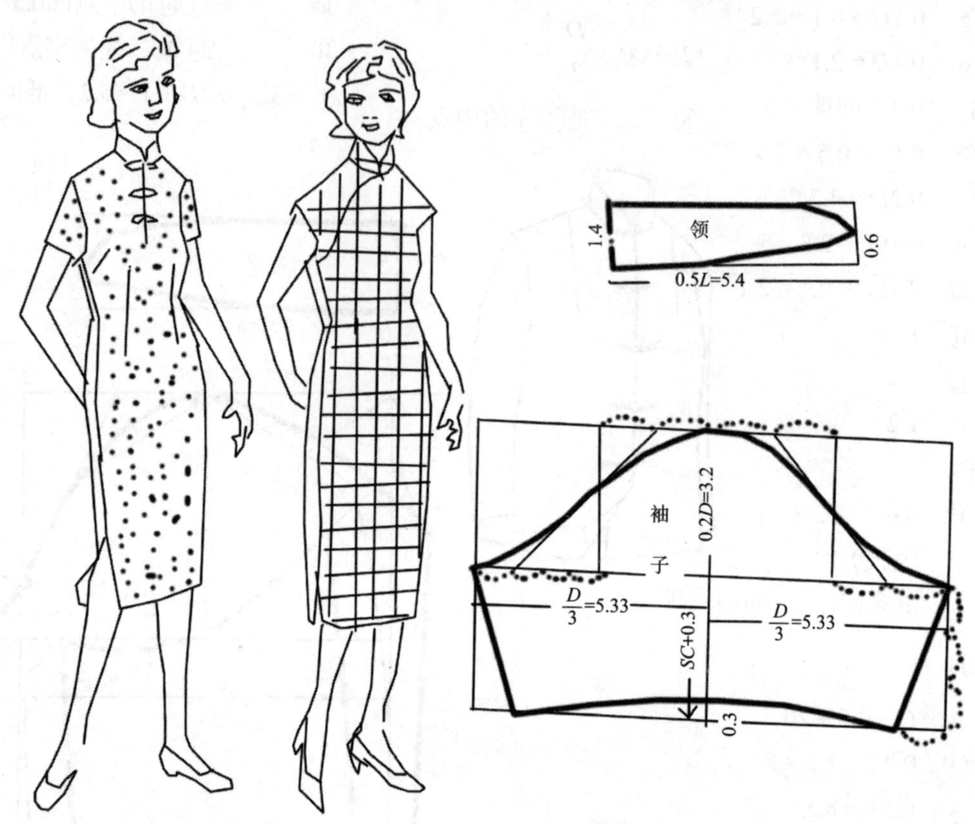

门幅: 29　　用料: 44

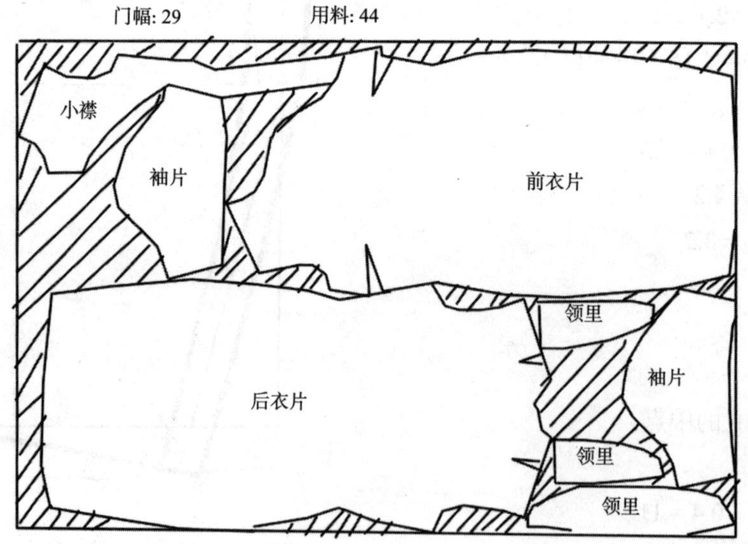

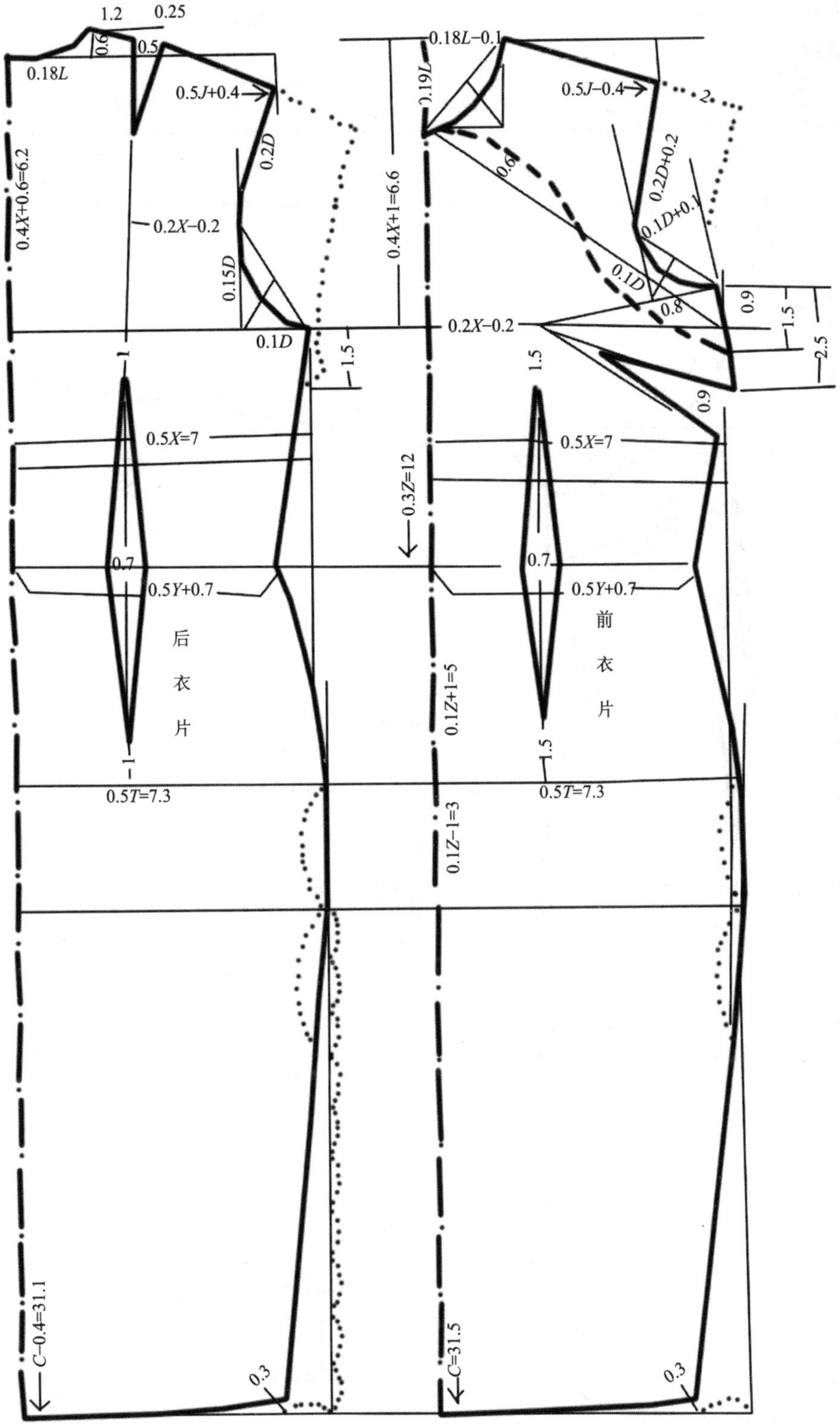

1.2
0.25
0.6
0.5
0.18L
0.5J+0.4
0.2D
0.4X+0.6=6.2
0.2X−0.2
0.15D
0.1D
1.5
1
0.5X=7
0.7
0.5Y+0.7
后衣片
1
0.5T=7.3
C−0.4=31.1
0.3

0.18L−0.1
0.19L
0.5J−0.4
2
0.6
0.2D+0.2
0.4X+1=6.6
0.1D+0.1
0.1D
0.8
0.9
1.5
2.5
0.2X−0.2
1.5
0.9
0.5X=7
0.3Z=12
0.7
0.5Y+0.7
前衣片
0.1Z+1=5
1.5
0.5T=7.3
0.1Z−1=3
C=31.5
0.3

21. 中式旗袍

单位：寸

部位	总长（Z）	衣长（C）	半胸围（X）	半腰围（Y）	半臀围（T）	袖长（SC）	领围（L）
尺寸	42	31.5	13.6	10.4	14.4	20	10.5

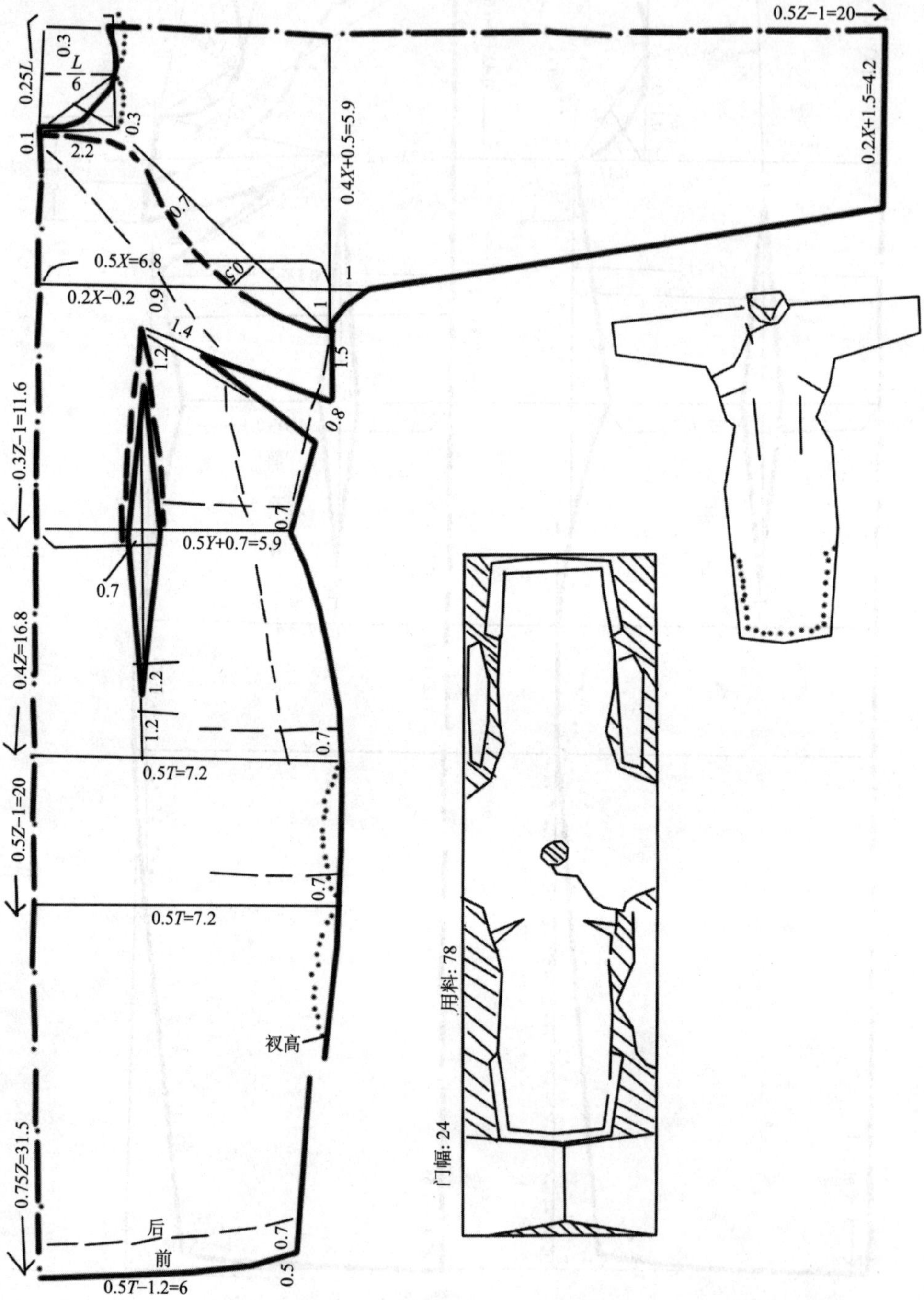

0.5Z−1=20
0.2X+1.5=4.2
0.25L
0.3
L/6
0.3
0.1
2.2
0.4X+0.5=5.9
0.7
0.5X=6.8
0.5
1
0.2X−0.2
0.9
1
1.4
1.5
1.2
0.8
0.3Z−1=11.6
0.7
0.5Y+0.7=5.9
0.7
0.4Z=16.8
1.2
1.2
0.7
0.5T=7.2
0.5Z−1=20
0.7
0.5T=7.2
衩高
0.75Z=31.5
后
0.7
前
0.5
0.5T−1.2=6
用料：78
门幅：24

22. 宽腰身中式棉袄罩衫

单位：寸

部位	总长（Z）	衣长（C）	半胸围（X）	袖长（SC）	领围（L）
尺寸	38	19.5	15.5	21.5	11.4

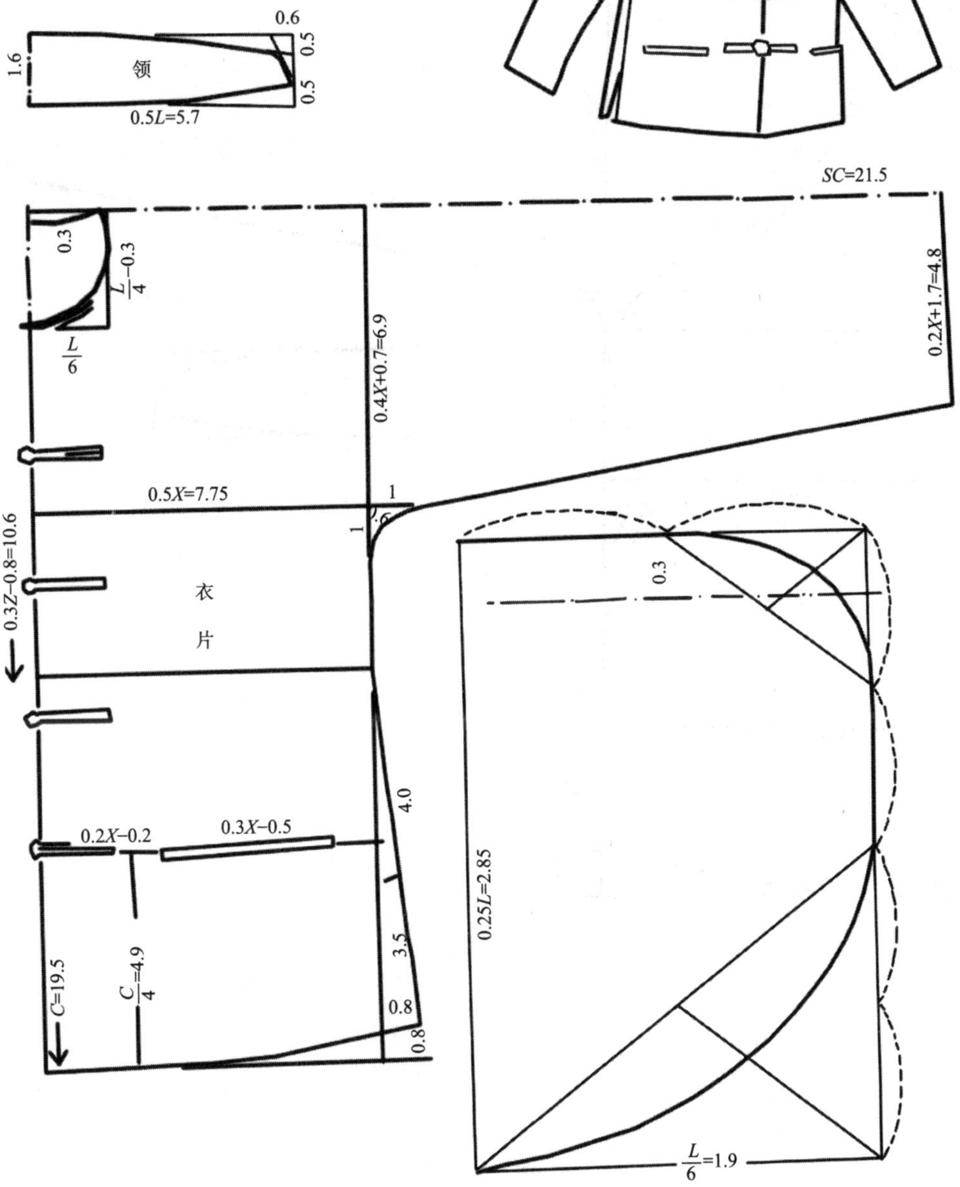

23. 小腰身中式棉袄

单位：寸

部位	总长(Z)	衣长(C)	半胸围(X)	半腰围(Y)	半臀围(T)	袖长(SC)	领围(L)
尺寸	40	19	15	13.6	16	21	10.8

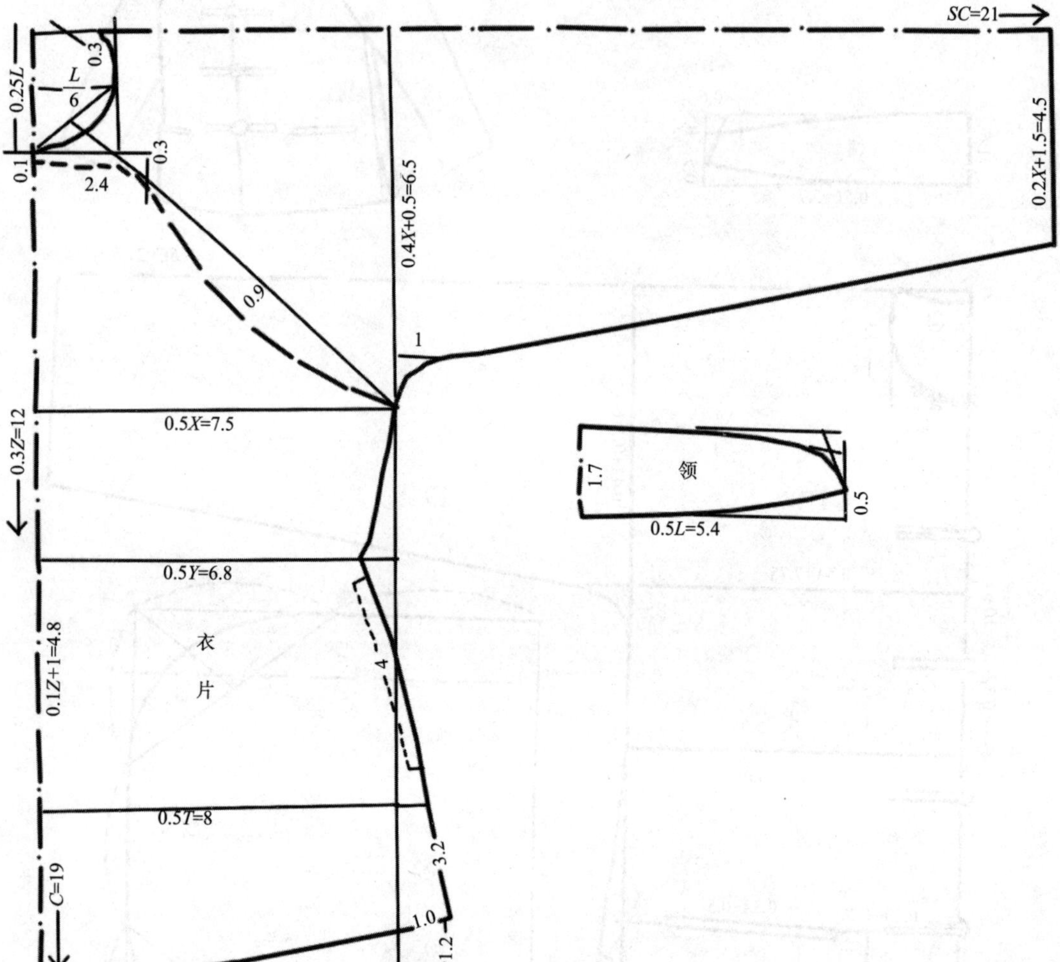

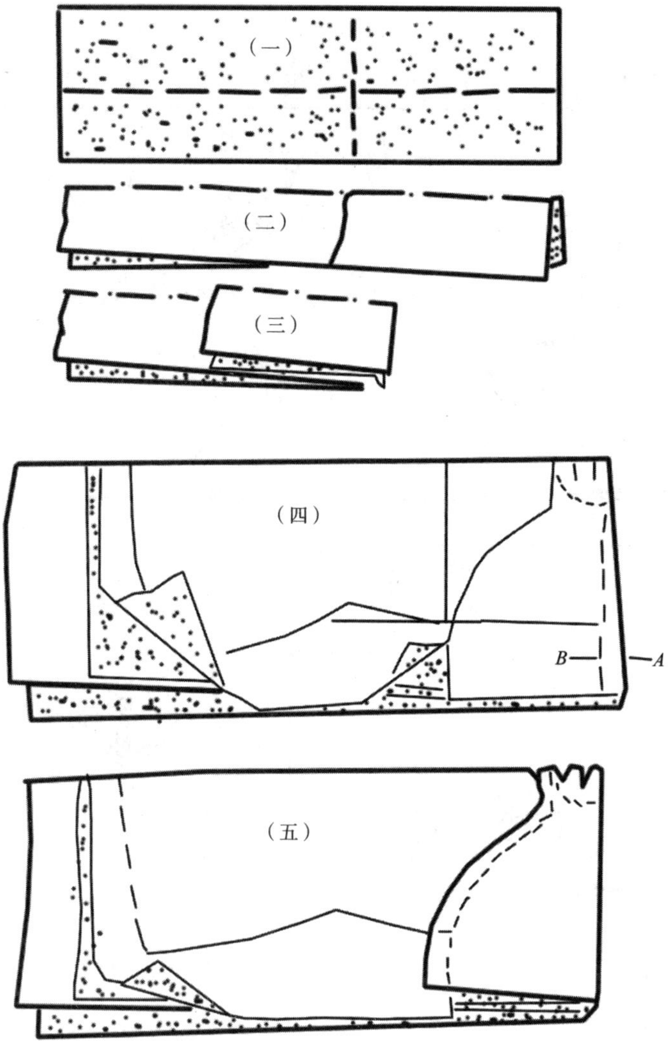

（一）

（二）

（三）

（四）

B A

（五）

挖襟方法：

① 先把衣料铺平，正面在上；

② 按经纹（直料）对折，使第二层错开0.5寸；

③ 按纬纹（横料）对折，使第二层和第三层平齐，并使上面二层的长度等于衣长加贴边的长度；

④ 把第一层的布边与第四层布边平齐，使外层的纬向折线A，离开内层的纬向折线B，以B线为依据，按尺寸绘画大襟，并按画好后的线条剪开；

⑤ 为了使大襟覆盖得比较均匀，在第一层的右襟领口内剪二三刀，并把右襟向下拉，使其盖住大襟，然后绘画裁剪。

24. 短袖女套衫（附领子变化）

单位：寸

部位	总长（Z）	衣长（C）	半胸围（X）	肩宽（J）	袖长（SC）	领围（L）	增值（δ）	袖系基数（D）
尺寸	40	18.5	14	11.8	6	11	2	16

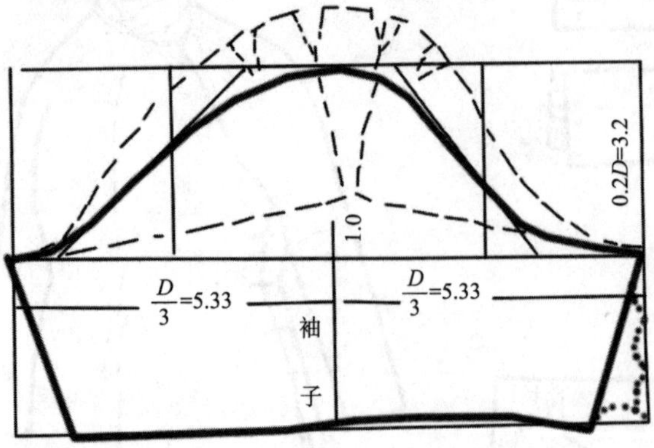

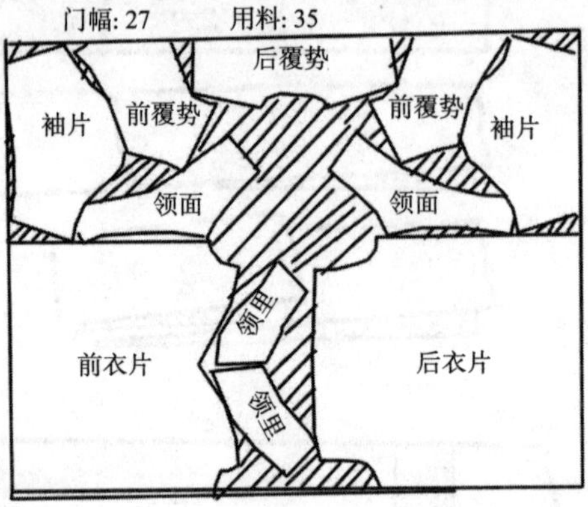

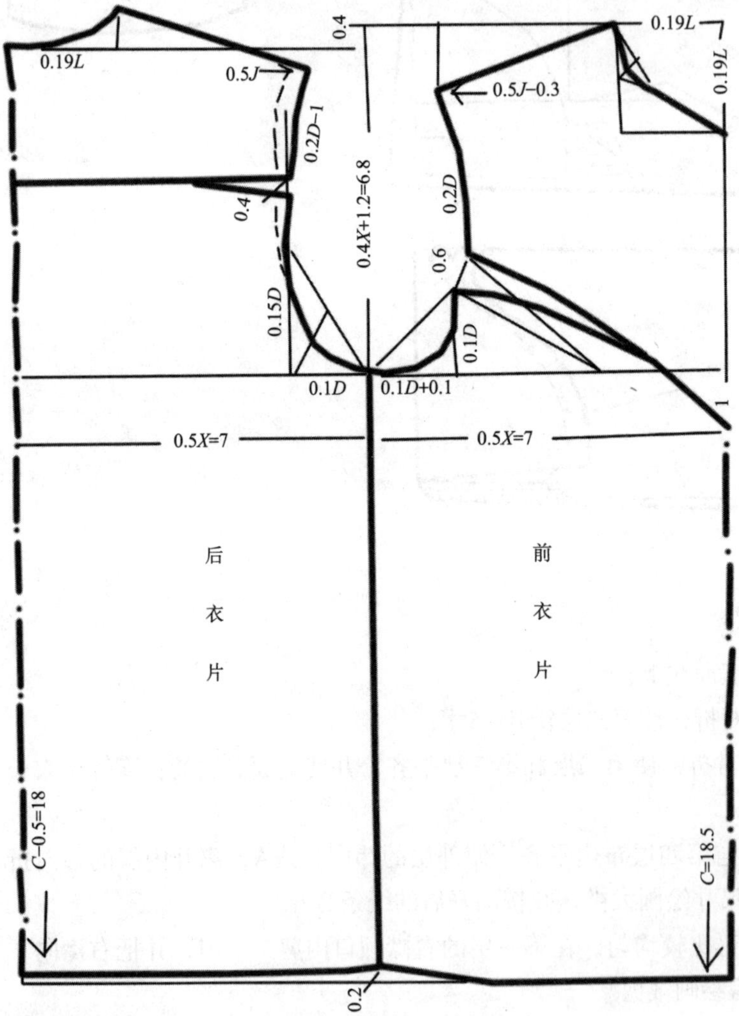

门幅: 27　用料: 35

注：套衫的袖孔与袖子和一般服装一样，如做泡泡袖，可按虚线绘制。

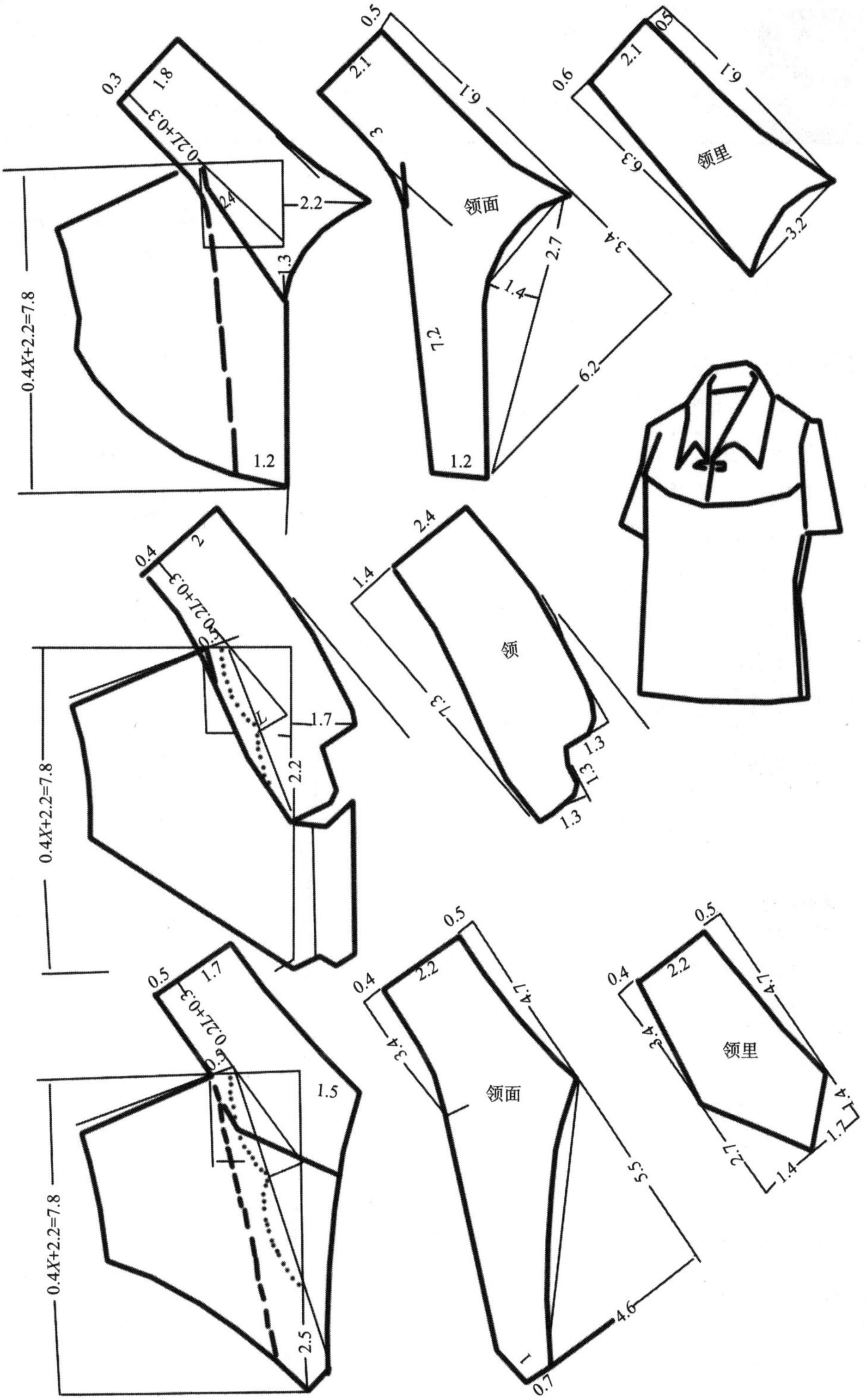

0.3
1.8
0.2L+0.3
2.4
2.2
1.3
0.4X+2.2=7.8
1.2
0.5
2.1
6.1
3
领面
2.7
1.4
3.4
7.2
6.2
1.2
0.6
2.1
0.5
6.1
6.3
领里
3.2
0.4
2
0.2L+0.3
1.7
2.2
0.4X+2.2=7.8
2.4
1.4
领
7.3
1.3
1.3
1.3
0.5
1.7
0.2L+0.3
1.5
0.4X+2.2=7.8
2.5
0.5
0.4
2.2
4.7
3.4
领面
5.5
4.6
1
0.7
0.5
0.4
2.2
4.7
3.4
领里
4
1.7
2.7
1.4

25. 女西裤

单位：寸

部位	总长（Z）	裤长（KC）	半腰围（Y）	半臀围（T）	立裆（d）	脚口（K）
尺寸	40	29	10	15	8.8	6.3

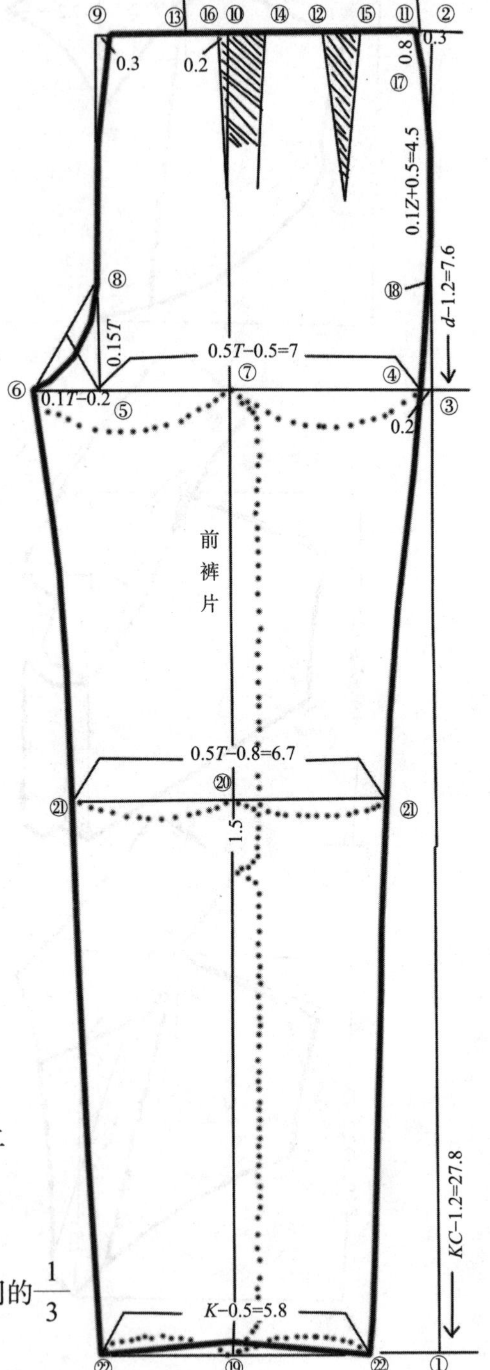

前裤片

①～② $KC-1.2=27.8$

②～③ $d-1.2=7.6$

③～④ 0.2

④～⑤ $0.5T-0.5=7$

⑤～⑥ $0.1T-0.2=1.3$

⑦ 是④⑥的中点

⑤～⑧ $0.15T=2.25$

⑨ 是⑧的直上，向里0.3

⑩ 是⑦的直上

②～⑪ 0.3

⑫ 是⑩⑪的中点

⑪～⑬ $0.5Y=5$

⑩～⑭ 是⑨⑬之间的$\frac{1}{2}$

⑫～⑮ 是⑨⑬之间的$\frac{1}{2}$

⑩～⑯ 0.2

⑪～⑰ 0.8

⑰～⑱ $0.1Z+0.5=4.5$

⑲ 是⑦的直下

⑳ 是⑦⑲的中点，高1.5

⑳～㉑ $0.25T-0.4=3.35$

⑲～㉒ $0.5K-0.25=2.9$

后裤片

①～② $KC-1.2=27.8$

②～③ $d-1.2=7.6$

③～④ 0.6

④～⑤ $0.5T+0.5=8$

⑤～⑥ $0.2T=3$

⑦ 是③⑥的中点

⑧ 是⑦的直上

⑧～⑨ 0.9

⑨～⑩ 0.6

②～⑪ 是②⑩之间的$\frac{1}{3}$

⑩～⑫　是②⑩之间的$\frac{1}{3}-0.3$

②～⑬　$0.5Y+0.2=5.2$

⑫～⑭　是⑩⑬之间的$\frac{1}{2}$

⑪～⑮　是⑩⑬之间的$\frac{1}{2}$

⑮～⑯　是②③之间的$\frac{1}{3}$

⑭～⑰　是②③之间的$\frac{1}{3}+0.5$

⑥～⑱　0.1

⑲　是⑦的直下

⑳　是⑦⑲的中点，高1.5

⑳～㉑　$0.25T+0.2=3.95$

⑲～㉒　$0.5K+0.25=3.4$

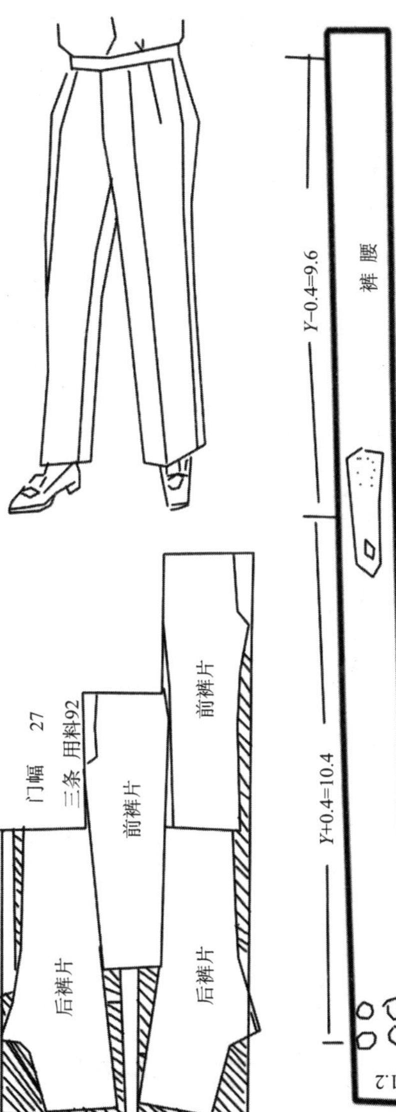

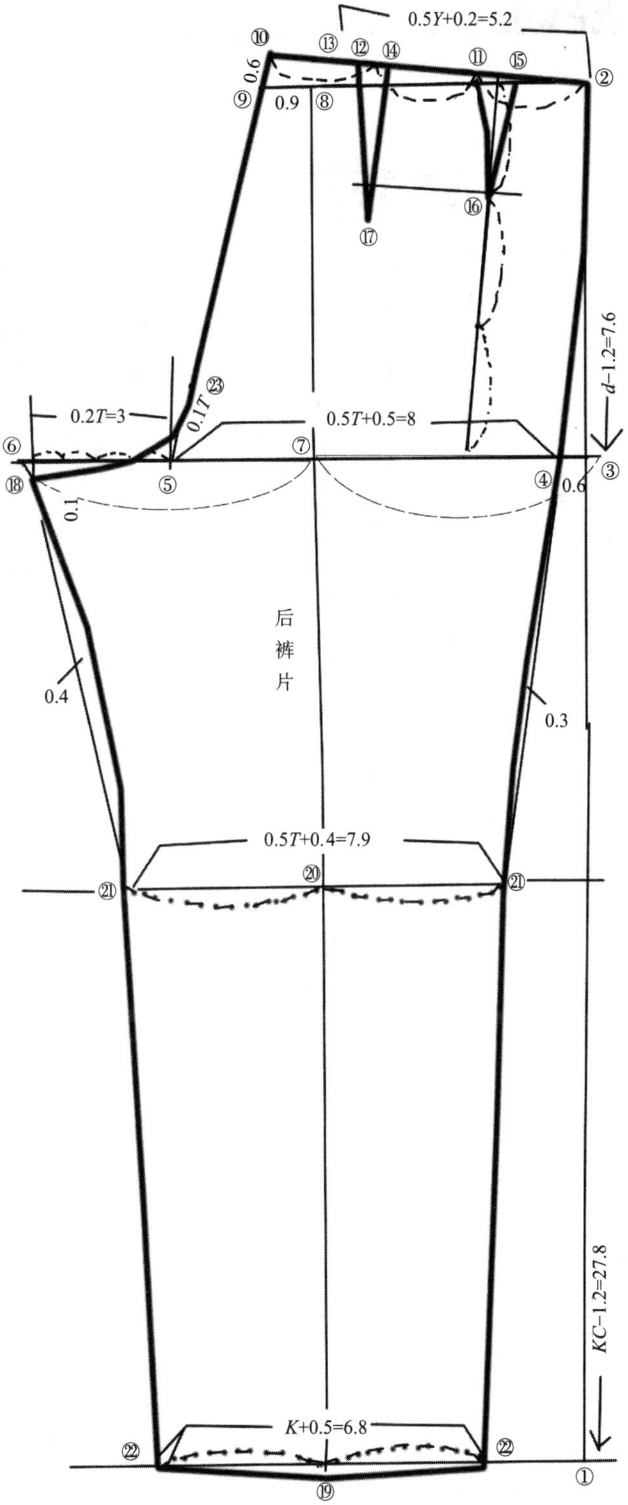

26. 长衬裤　　　　单位：寸

部位	总长（Z）	半臀围（T）	裤长（KC）
尺寸	40	15	29.5

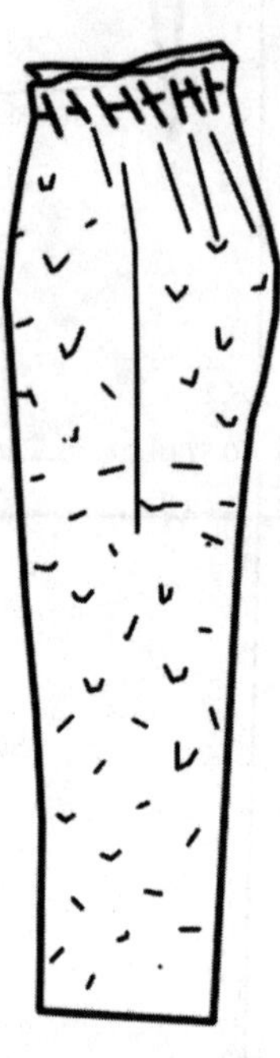

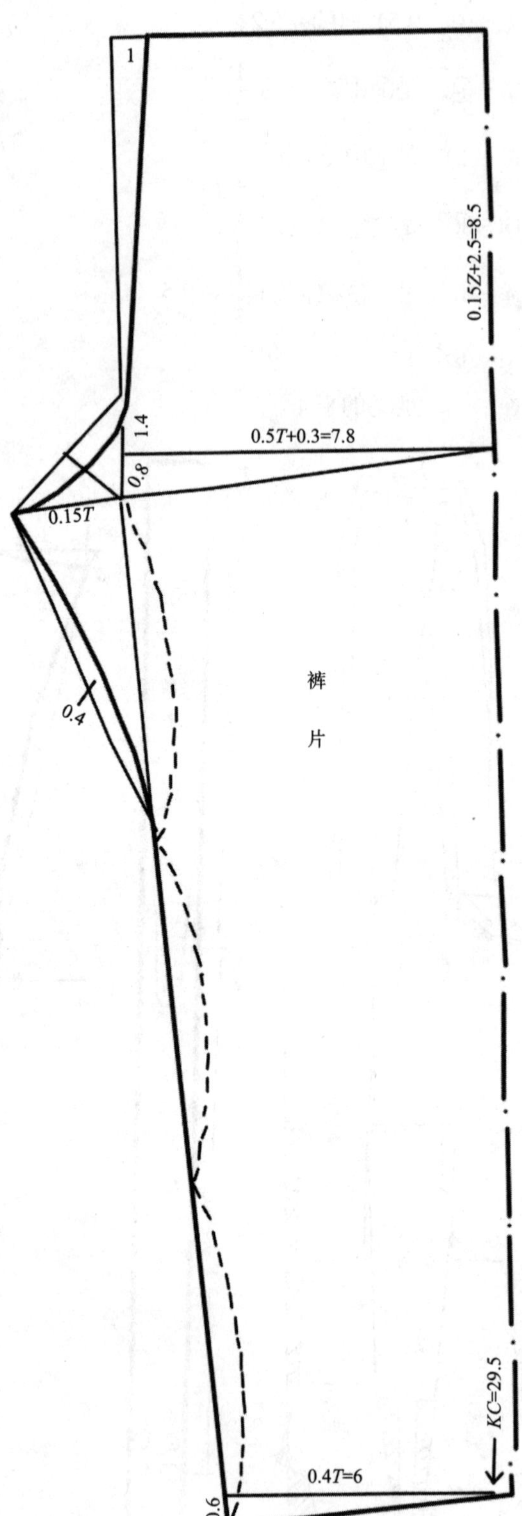

27. 女式直筒裤

单位：寸

部位	总长 (Z)	裤长 (KC)	半腰围 (Y)	半臀围 (T)	立裆 (d)
尺寸	40	30	10	14	8

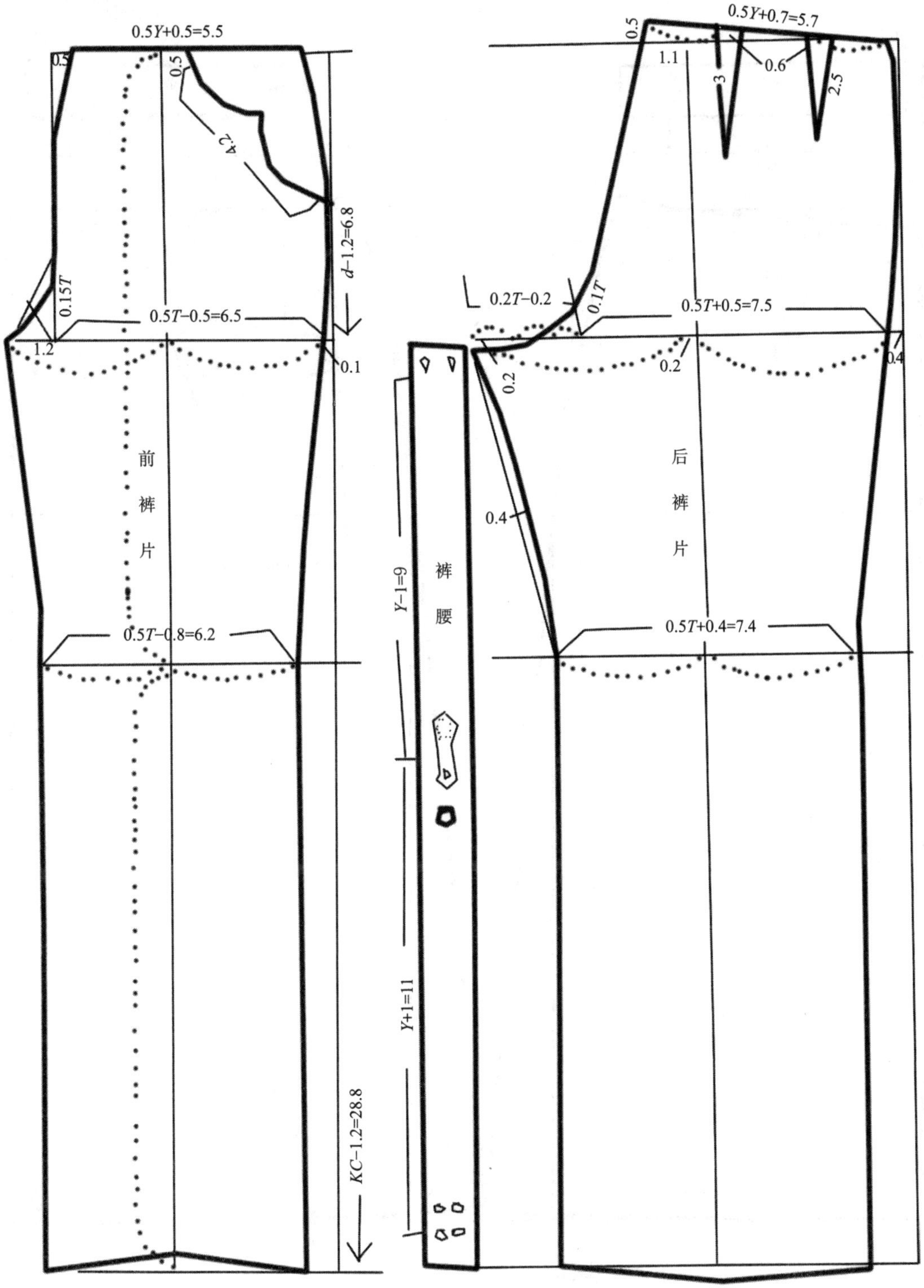

0.5Y+0.5=5.5
0.5
0.5
4.2
d−1.2=6.8
0.15T
0.5T−0.5=6.5
1.2
0.1
前裤片
0.5T−0.8=6.2
KC−1.2=28.8

0.5Y+0.7=5.7
0.5
1.1
0.6
3
2.5
0.2T−0.2
0.1T
0.5T+0.5=7.5
0.2
0.2
0.4
0.4
后裤片
0.5T+0.4=7.4

Y−1=9
裤腰
Y+1=11

28. 西装裙

单位：寸

部位	总长（Z）	裙长（QC）	半腰围（Y）	半臀围（T）
尺寸	40	19	9.4	14

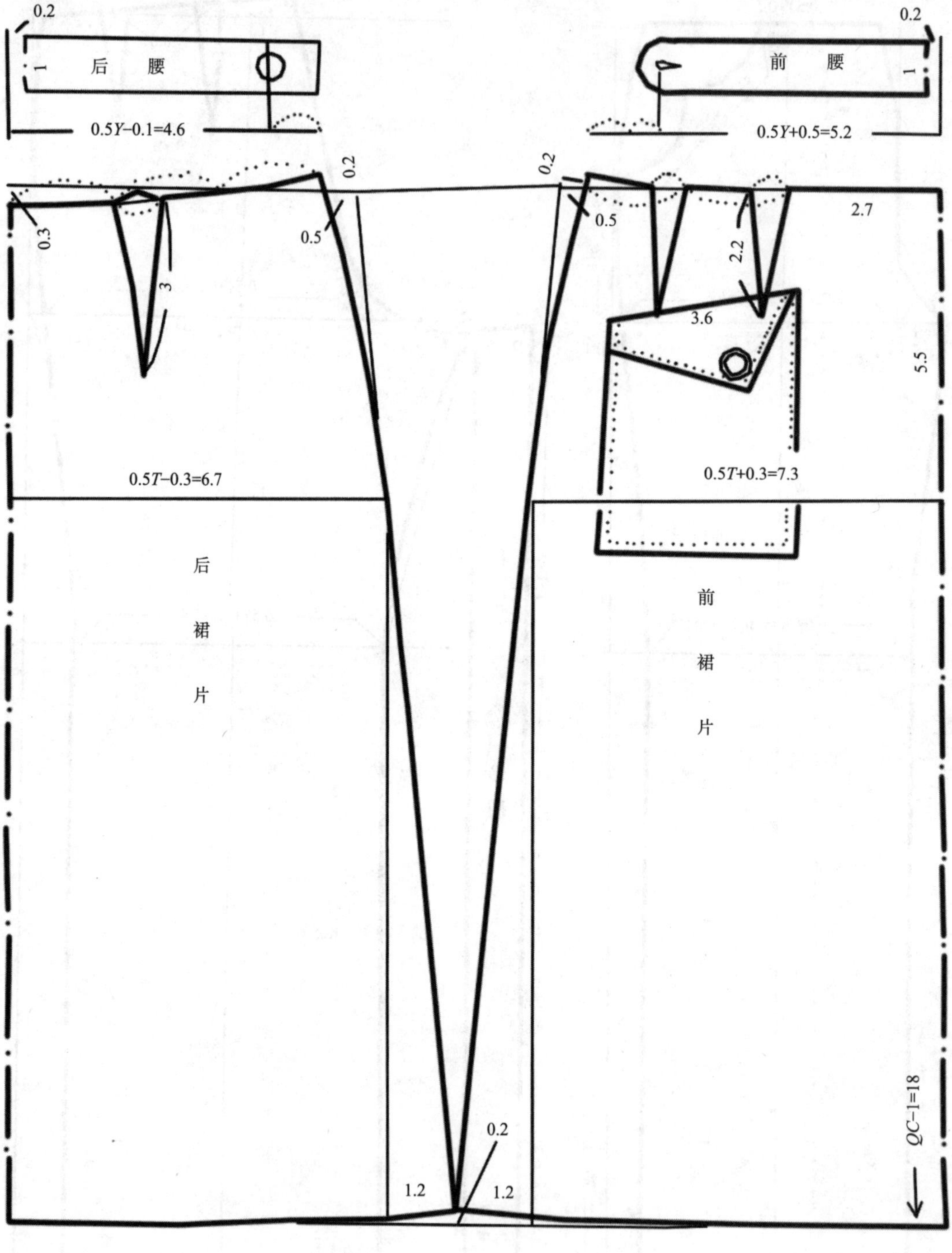

29. 旗袍裙

单位：寸

部位	总长（Z）	裙长（QC）	半腰围（Y）	半臀围（T）
尺寸	40	19	9.4	14

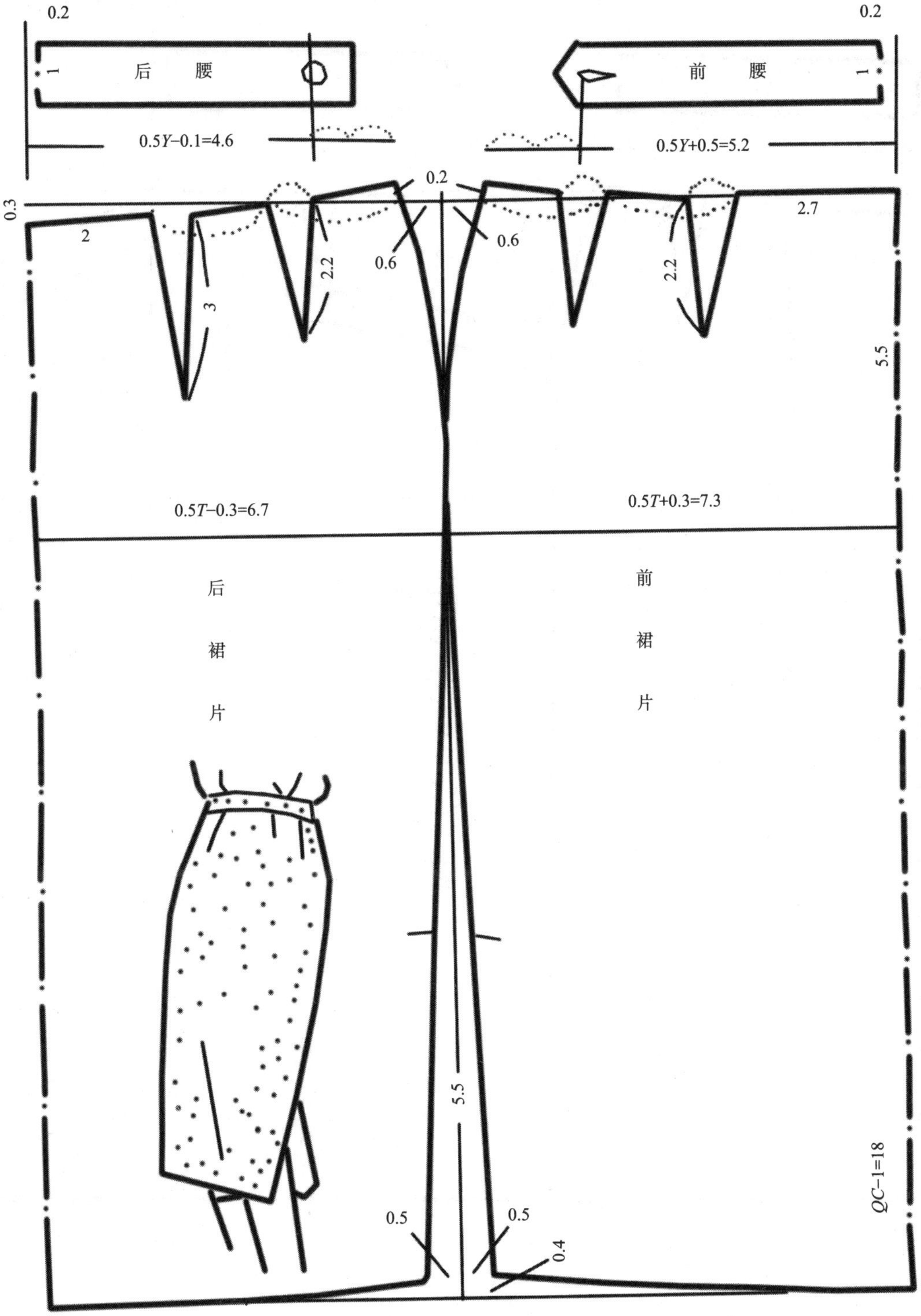

0.2 0.2
1 后 腰
前 腰 1
0.5Y−0.1=4.6
0.5Y+0.5=5.2
0.3 0.2 2.7
2 2.2 0.6 0.6 2.2
3
5.5
0.5T−0.3=6.7
0.5T+0.3=7.3
后裙片
前裙片
5.5
QC−1=18
0.5 0.5 0.4

30. 褶裥裙

单位：寸

部位	总长（Z）	裙长（QC）	半腰围（Y）	半臀围（T）
尺寸	40	19	9.4	14

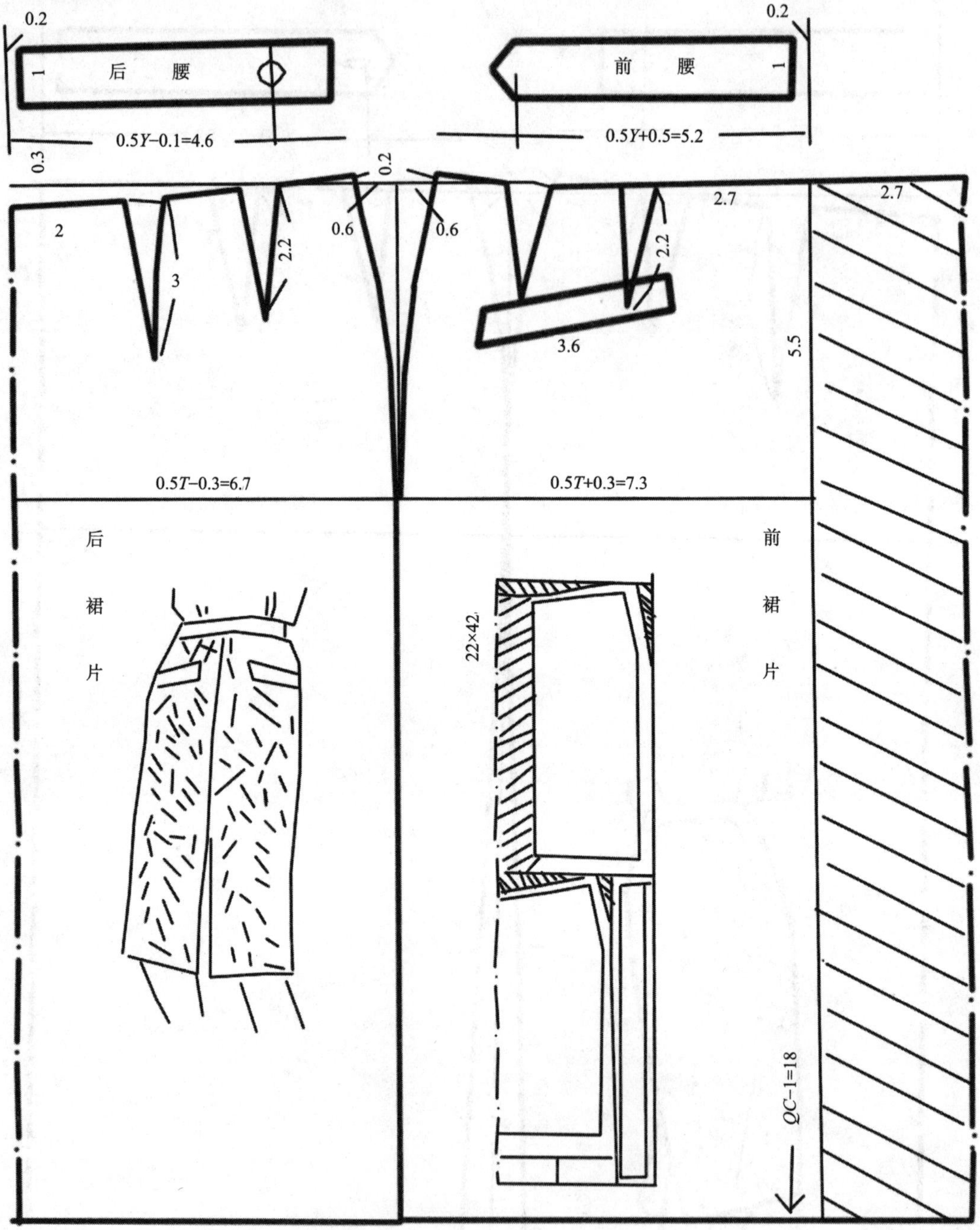

31. 斜裙

单位：寸

部位	总长（Z）	裙长（QC）	半腰围（Y）	半臀围（T）
尺寸	40	19	9.4	14

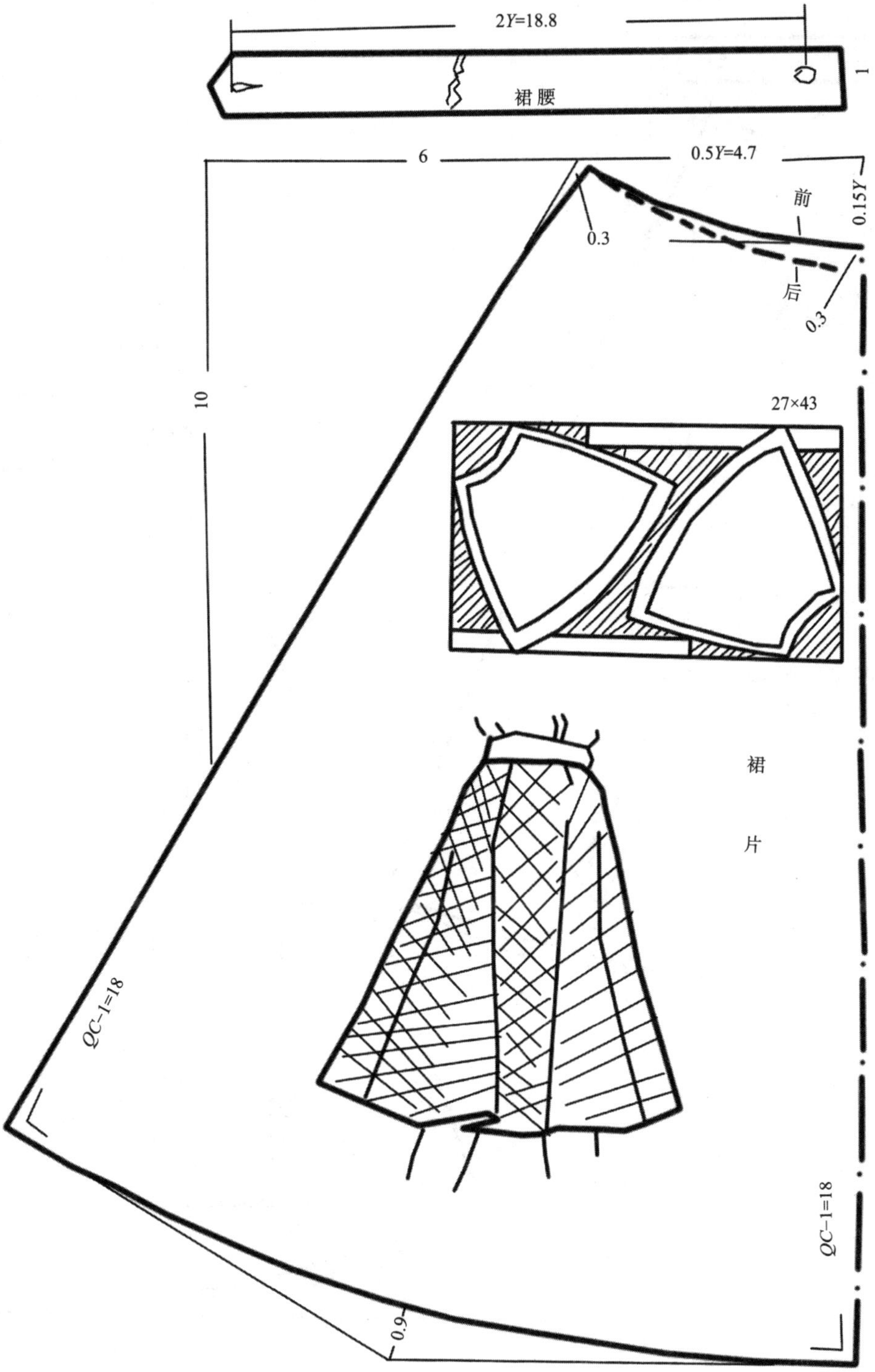

2Y=18.8
1
裙腰
6
0.5Y=4.7
0.15Y
0.3
前
后
0.3
10
27×43
裙
片
QC−1=18
QC−1=18
0.9

32. 小喇叭斜裙

单位：寸

部位	总长（Z）	裙长（QC）	半腰围（Y）
尺寸	40	19	9.4

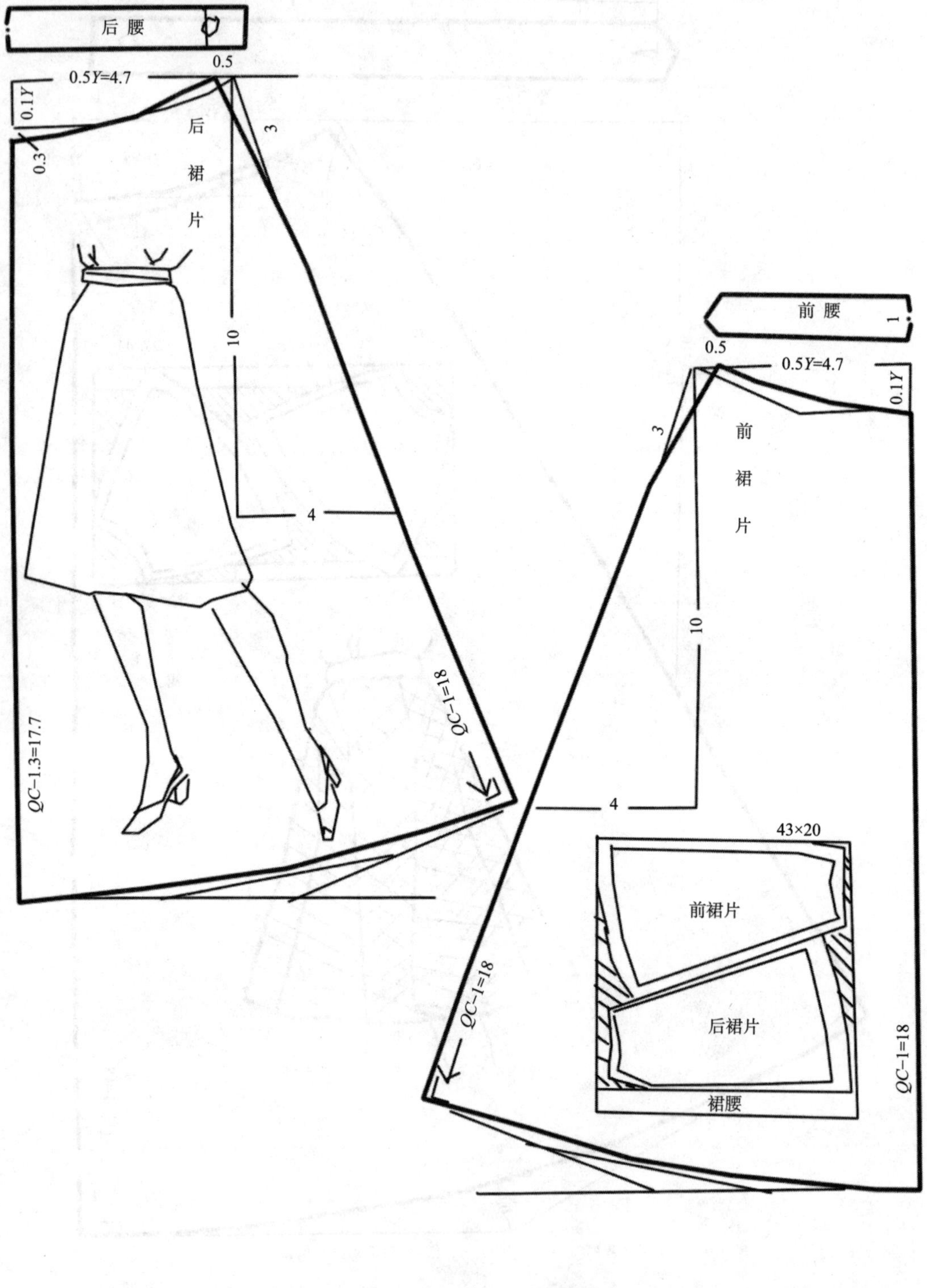

33. 扑裥裙

单位：寸

部位	总长（Z）	裙长（QC）	半腰围（Y）	半臀围（T）
尺寸	40	19	9.6	15.2

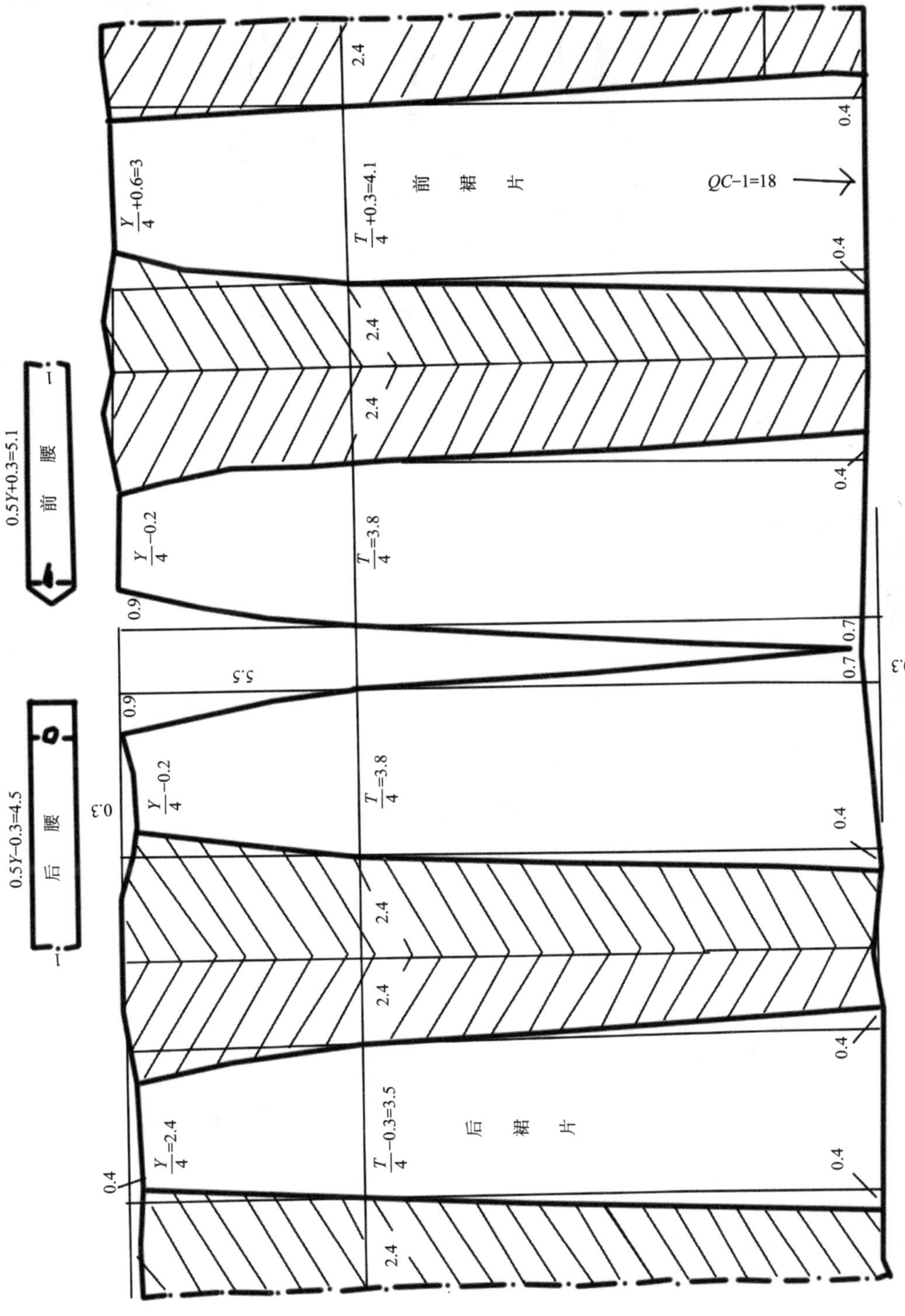

34. 连衣裙

连衣裙就是上衣和裙子相连的一种服装形式，中间没有重叠的衣料，穿起来不但凉快、舒适，而且省料，如能用协调的颜色衣料作镶边、镶色，或用绲边、嵌线、镶嵌尼龙花边、刺绣等工艺来装饰，能达到锦上添花的效果。所以很受年轻女孩的喜爱，现举例如下。

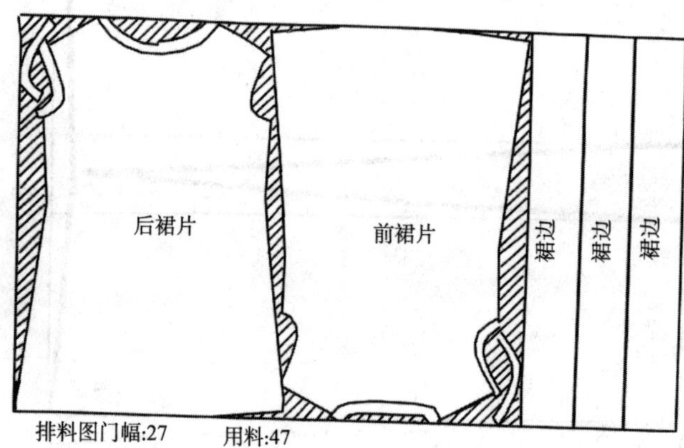

无袖松紧直身裙的排料图

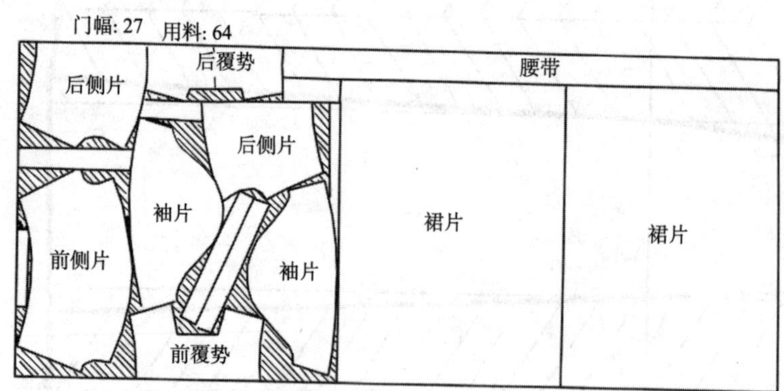

泡袖细裥连衣裙的排料图

35. 无袖松紧直身裙

单位：寸

部位	总长（Z）	裙长（QC）	半胸围（X）	肩宽（J）	领围（L）	增值（δ）	袖系基数（D）
尺寸	40	28	14.5	22	11	2	16.5

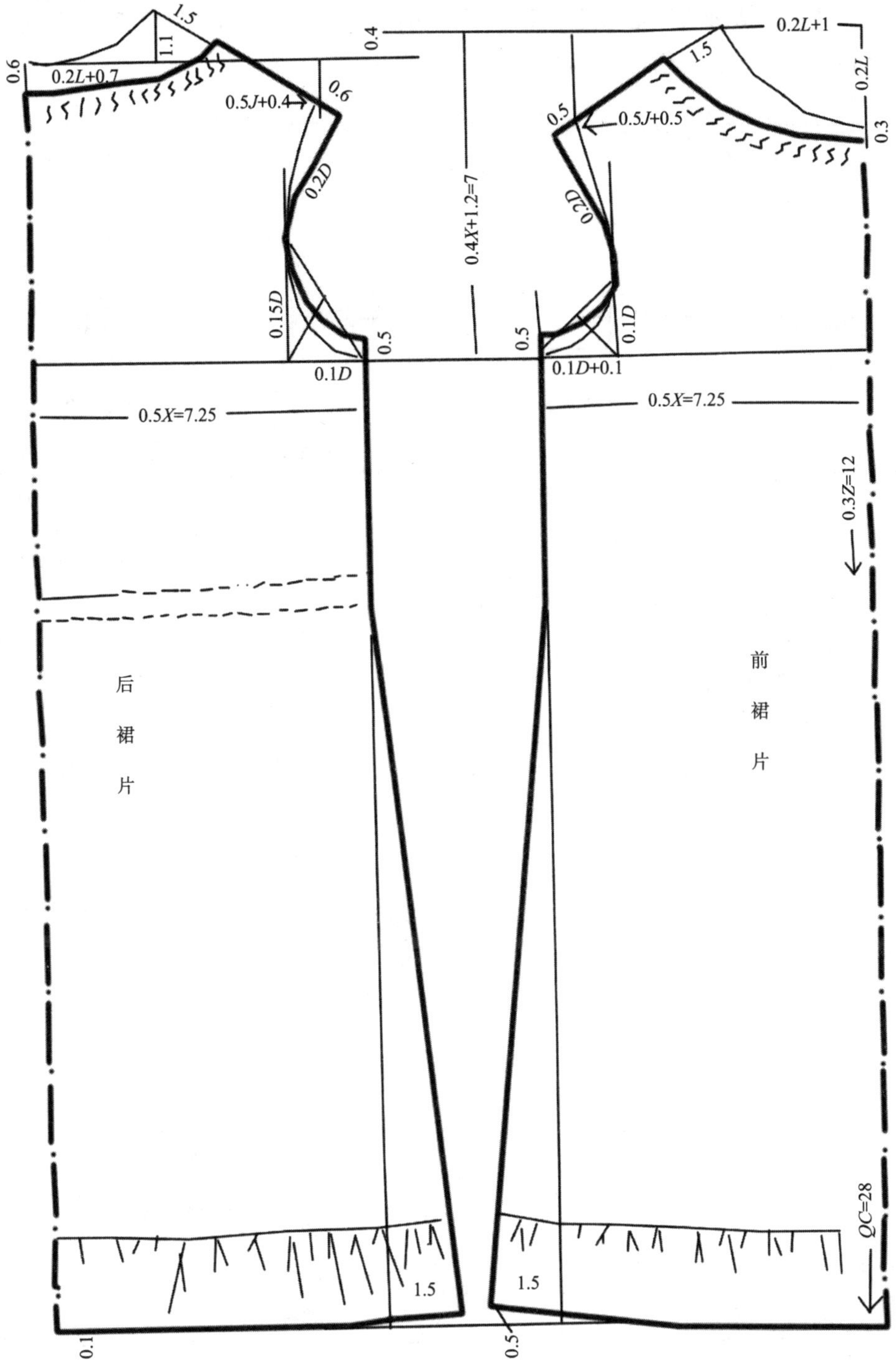

36. 镶色泡袖背心式连衣裙

单位：寸

部位	总长（Z）	半胸围（X）	半腰围（Y）	肩宽（J）	袖长（SC）	领围（L）	裙长（QC）	增值（δ）	袖系基数（D）
尺寸	38	13.5	10	11	7.7	10.1	26.6	2	15.5

造型特点：表面像背心罩在衬衫上，实为两种不同颜色的衣料拼镶而成。经济实惠，新颖大方，注意配色必须协调。

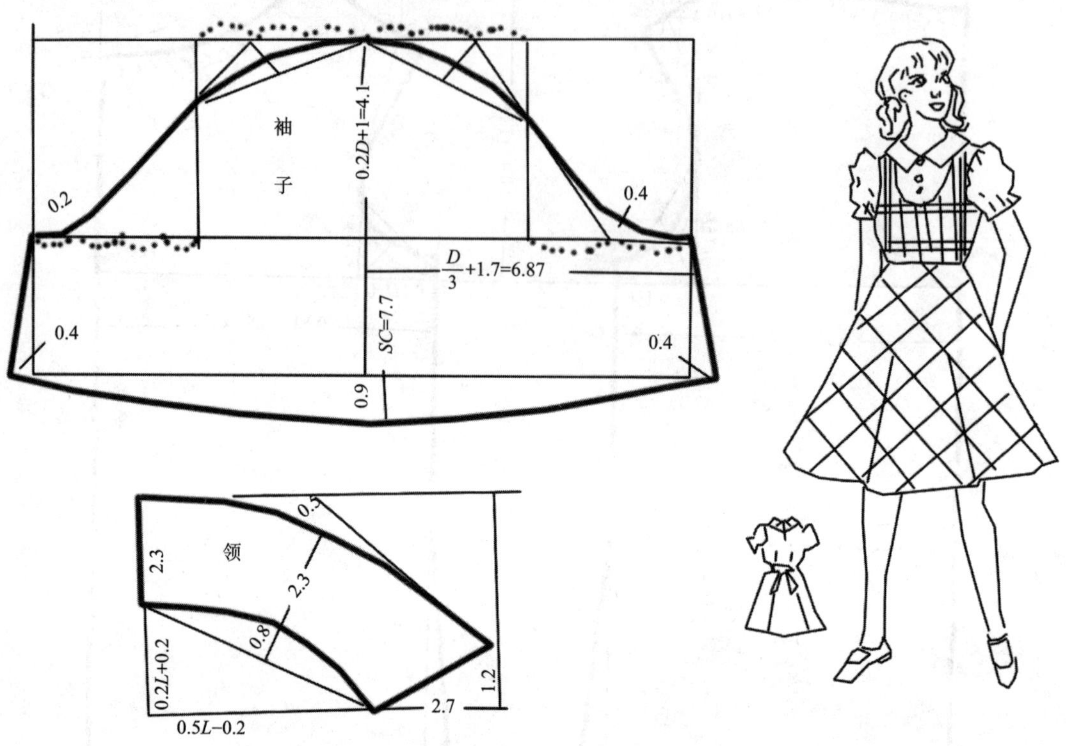

门幅: 27　　用料: 50

腰带　后衣片　裙片　前衣片　裙片　腰带　后衣片

用料: 8×2

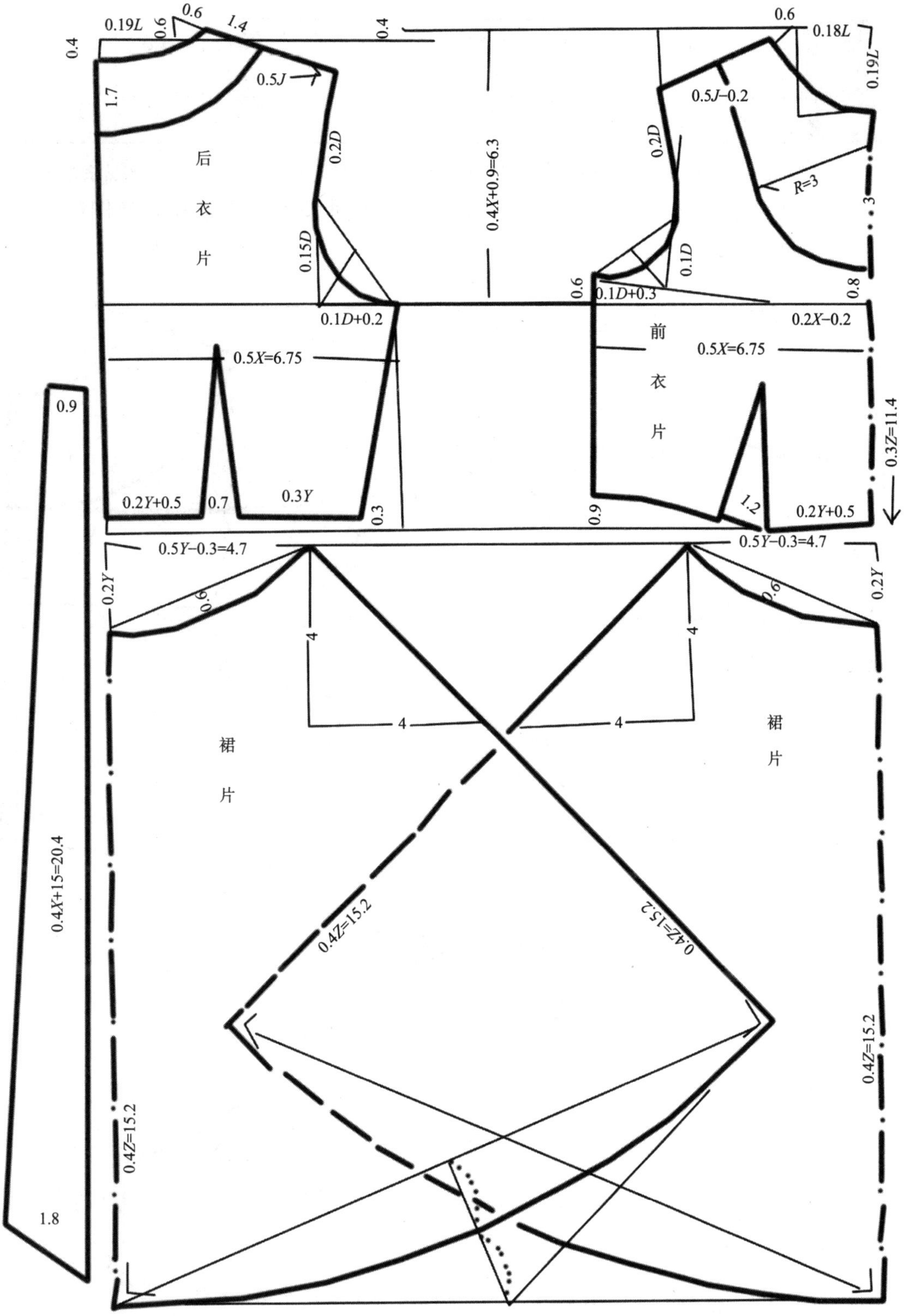

0.19L 0.6 0.6 1.4 0.4
0.4
1.7
0.5J
0.2D
后
衣
片
0.15D
0.1D+0.2
0.5X=6.75
0.2Y+0.5 0.7 0.3Y 0.3
0.4X+0.9=6.3
0.6 0.18L
0.19L
0.5J−0.2
0.2D
R=3
3
0.1D
0.6 0.1D+0.3
0.8
前
衣
片
0.2X−0.2
0.5X=6.75
0.3Z=11.4
0.9 1.2 0.2Y+0.5
0.9
0.4X+15=20.4
1.8
0.5Y−0.3=4.7
0.5Y−0.3=4.7
0.2Y 0.6
0.6 0.2Y
4
4
4
4
裙
片
裙
片
0.4Z=15.2
0.4Z=15.2
0.4Z=15.2
0.4Z=15.2

37. 泡袖细裥连衣裙

单位：寸

部位	总长（Z）	裙长（QC）	半胸围（X）	半腰围（Y）	肩宽（J）	袖长（SC）	领围（L）	增值（δ）	袖系基数（D）
尺寸	40	30	14	11	11	7	11	2	16

细裥裙一般是泡袖直式裙，裙裥还可用荷叶边等作为装饰，领口可做绲条或镶上尼龙花边，这里仅举方领和圆领两种实例。腰间束带，腰带长为腰围的尺寸加8寸，也可在后腰间打蝴蝶结。

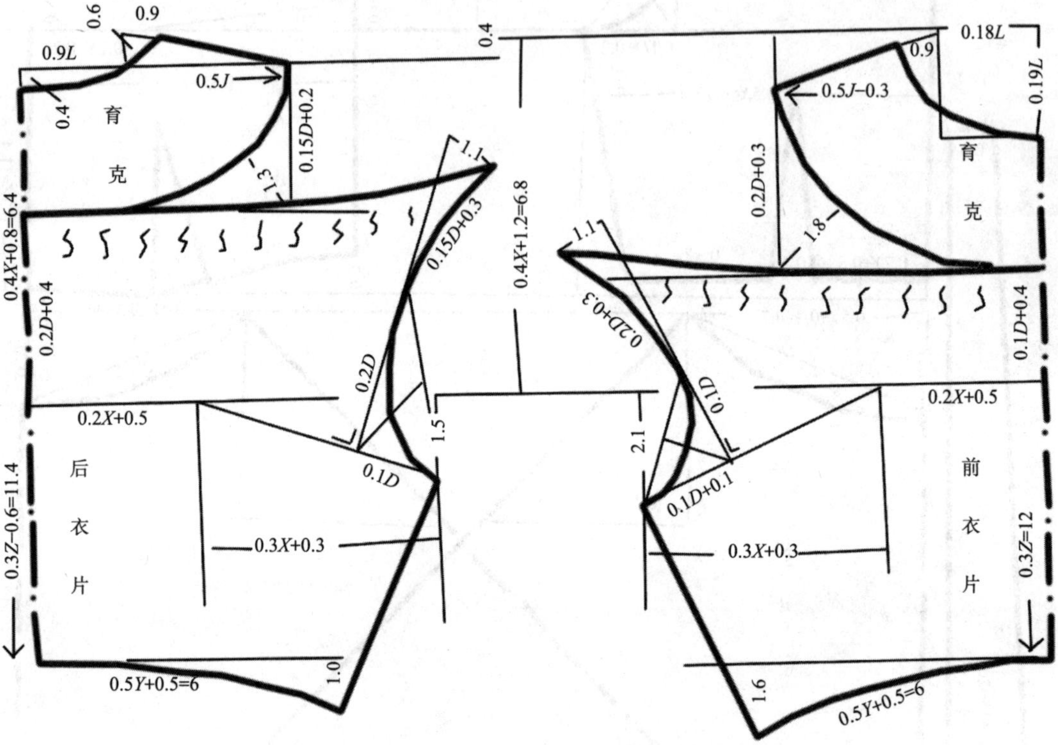

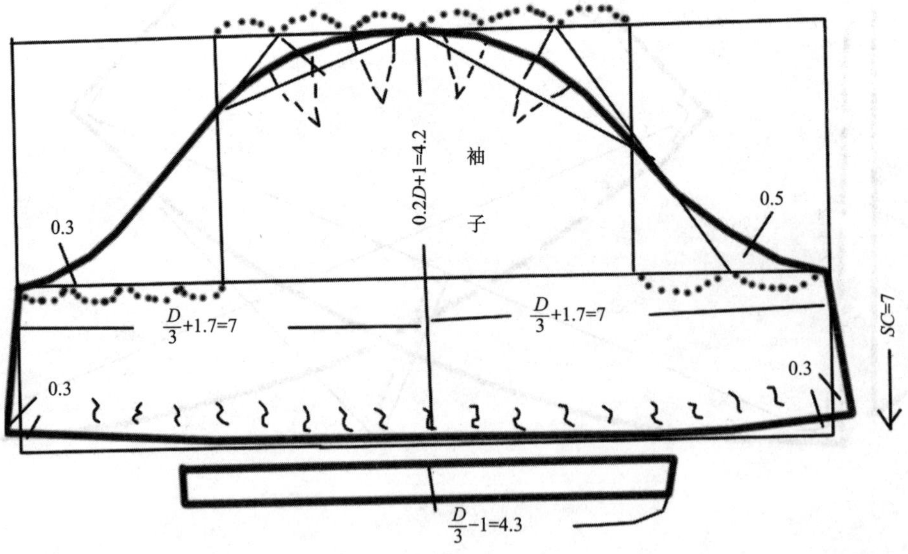

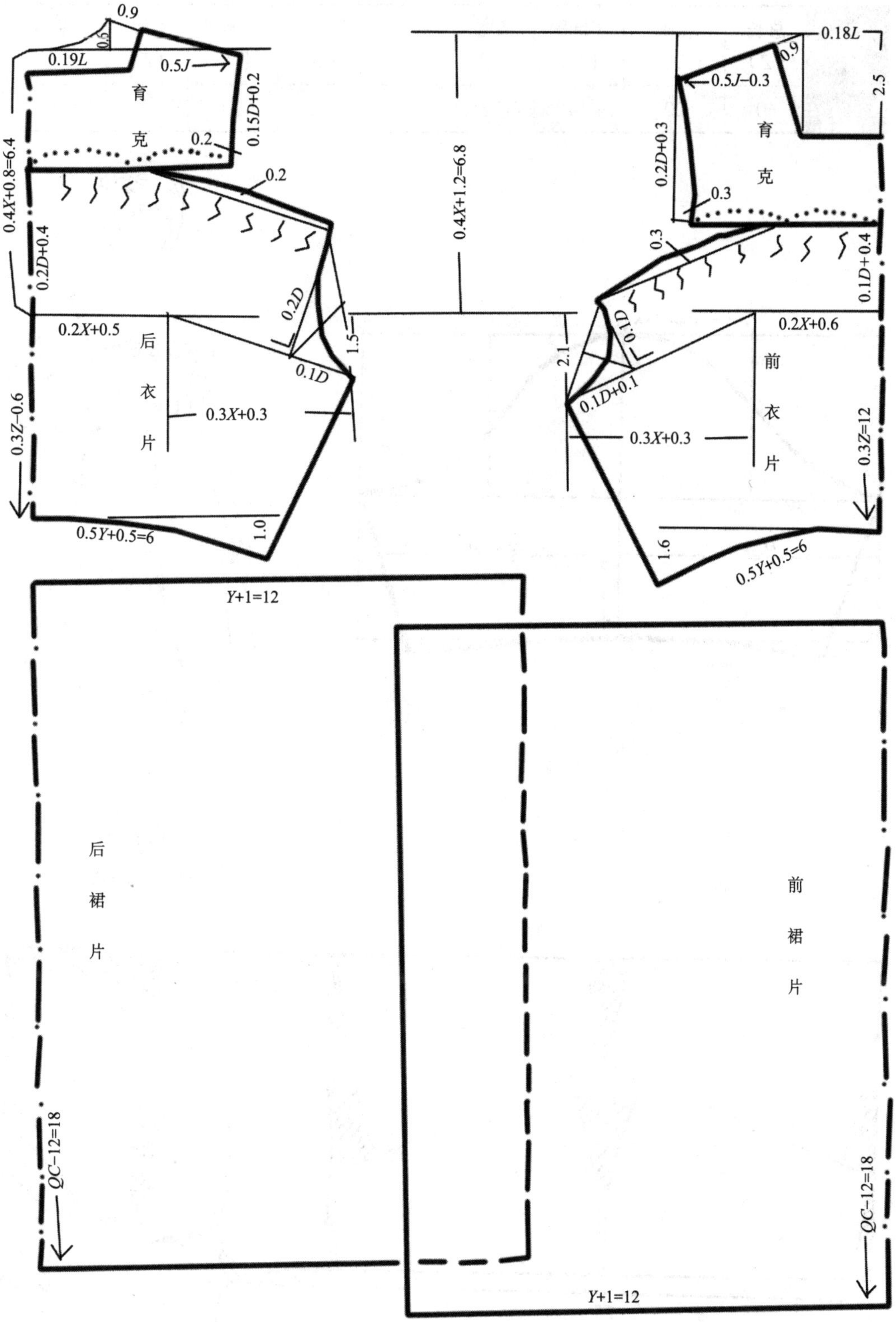

0.9
0.5
0.19L
0.5J
育
克
0.2
0.15D+0.2
0.4X+0.8=6.4
0.2
0.2D+0.4
0.2D
0.2X+0.5
后
衣
片
1.5
0.1D
0.3X+0.3
0.3Z−0.6
0.5Y+0.5=6
1.0

0.4X+1.2=6.8

0.18L
0.9
0.5J−0.3
2.5
0.2D+0.3
育
克
0.3
0.3
0.1D+0.4
0.1D
2.1
0.1D+0.1
0.2X+0.6
前
衣
片
0.3X+0.3
0.3Z=12
1.6
0.5Y+0.5=6

Y+1=12
后
裙
片
QC−12=18

前
裙
片
QC−12=18
Y+1=12

38. 鸡心领连衣裙

单位：寸

部位	总长（Z）	裙长（QC）	半胸围（X）	肩宽（J）	袖长（SC）	领围（L）	半腰围（Y）	增值（δ）	袖系基数（D）
尺寸	40	30	14	11.6	6	11	10	2	16

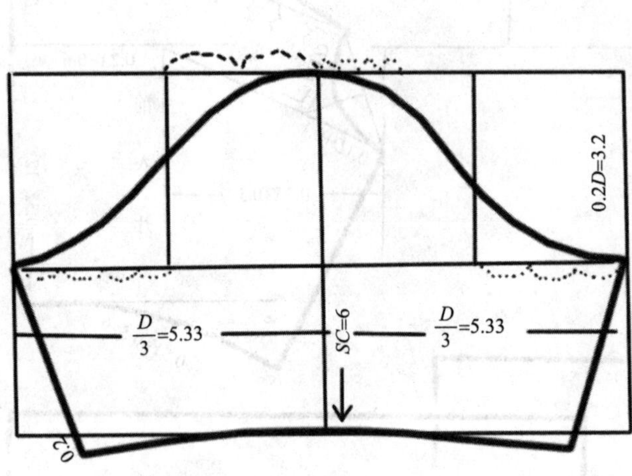

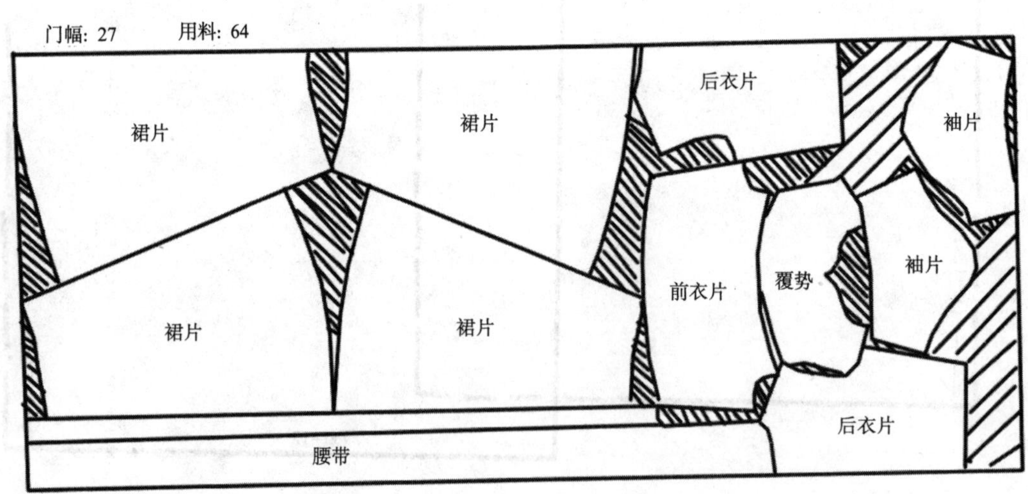

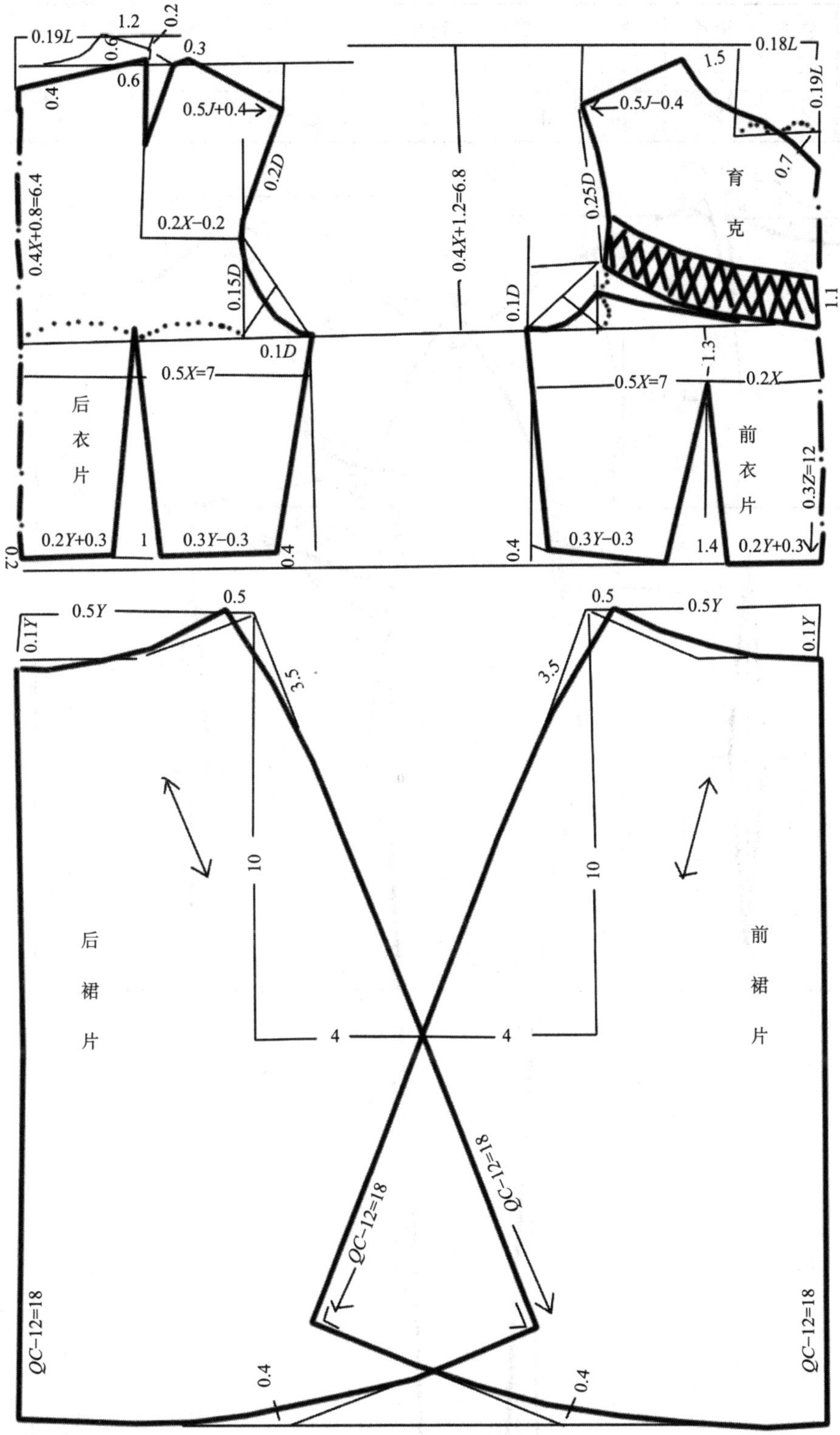

0.19L
1.2
0.2
0.6
0.3
0.6
0.4
0.5J+0.4
0.2D
0.4X+0.8=6.4
0.2X−0.2
0.15D
0.1D
0.5X=7
后衣片
0.2Y+0.3
1
0.3Y−0.3
0.4
0.2
0.4X+1.2=6.8
0.18L
1.5
0.19L
0.5J−0.4
0.25D
育克
0.7
1.1
0.1D
1.3
0.5X=7
0.2X
前衣片
0.3Z=12
0.4
0.3Y−0.3
1.4
0.2Y+0.3

0.5Y
0.5
0.1Y
3.5
10
后裙片
4
QC−12=18
0.4
0.5
0.5Y
0.1Y
3.5
10
前裙片
4
QC−12=18
QC−12=18
0.4
QC−12=18

39. 插角连袖直身裙

单位：寸

部位	总长（Z）	裙长（QC）	半胸围（X）	半腰围（Y）	半臀围（T）	肩宽（J）	袖长（SC）	领围（L）	增值（δ）	袖系基数（D）
尺寸	40	28	14	11.5	14.5	11.8	3	11	2	16

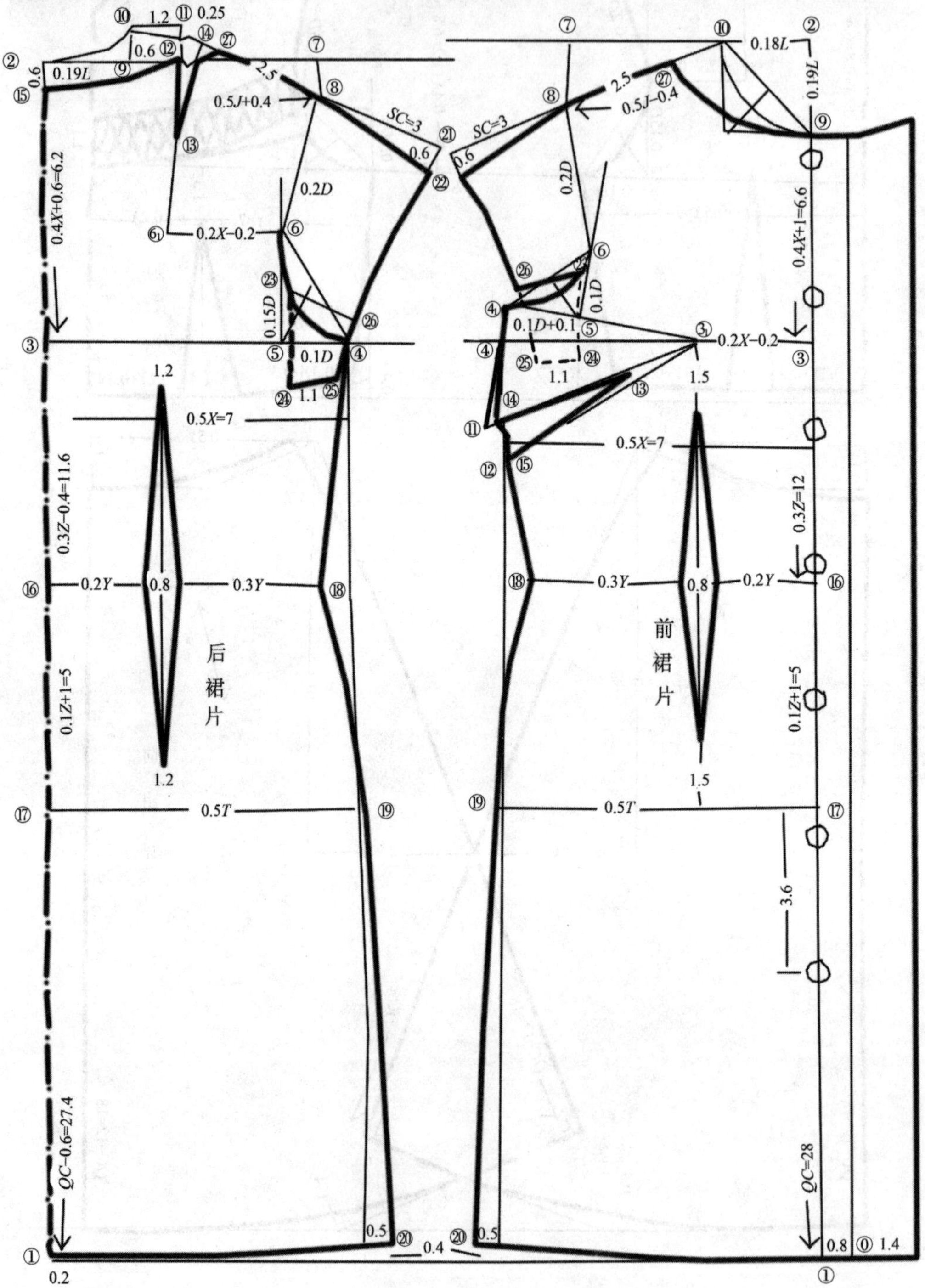

前裙片

①～② $QC=28$
②～③ $0.4X+1=6.6$
③～③₁ $0.2X-0.2=2.6$
③～④ $0.5X=7$
④～④₁ 0.8
④₁～⑤ $0.1D+0.1=1.7$
⑤～⑥ $0.1D=1.6$
②～⑦ $0.5J-0.4=5.5$
⑥～⑧ $0.2D=3.2$
②～⑨ $0.19L=2.1$
②～⑩ $0.18L=1.98$
④₁～⑪ 2.7
④～⑫ 2.7
③₁～⑬ 是③₁⑪之间的$\frac{1}{3}$
⑪～⑭ 0.3
⑫～⑮ 0.3
②～⑯ $0.3Z=12$
⑯～⑰ $0.1Z+1=5$
⑯～⑱ $0.5Y+0.8=6.6$
⑰～⑲ $0.5T=7.25$
①～⑳ $0.5T+0.5=7.75$
上翘0.4
⑧～㉑ $SC=3$
㉑～㉒ 是⑧㉑之间的$\frac{1}{5}$
⑥～㉓ 是④₁⑥弧线的$\frac{1}{4}$
㉓～㉔ 与④₁㉓相同长度
㉔～㉕ 1.1，向上0.2
㉓～㉖ 1.4
㉕～㉖ 1.5
⑧～㉗ 2.5

后裙片

①～② $QC-0.6=27.4$
②～③ $0.4X+0.6=6.2$
③～④ $0.5X=7$
④～⑤ $0.4D=6.4$
⑤～⑥ $0.15D=2.4$
⑥～⑥₁ $0.2X-0.2=2.6$
②～⑦ $0.5J+0.4=6.3$
⑥～⑧ $0.2D=3.2$
②～⑨ $0.19L=2.1$
⑨～⑩ 0.6
⑩～⑪ 1.2
⑪～⑫ 0.25
⑬ 是⑥₁⑫的中点
⑫～⑭ 0.6
②～⑮ 0.6
②～⑯ $0.3Z-0.4=11.6$
⑯～⑰ $0.1Z+1=5$
⑯～⑱ $0.5Y+0.8=6.6$
⑰～⑲ $0.5T=7.25$
①～⑳ $0.5T+0.5=7.75$
上翘0.4
⑧～㉑ $SC=3$
㉑～㉒ 是⑧㉑之间的$\frac{1}{5}$
㉓ 是④⑥弧线的中点
㉓～㉔ 与④㉓相同长度
㉔～㉕ 1.1，向上0.2
㉓～㉖ 1.6
㉕～㉖ 1.5
⑧～㉗ 2.5

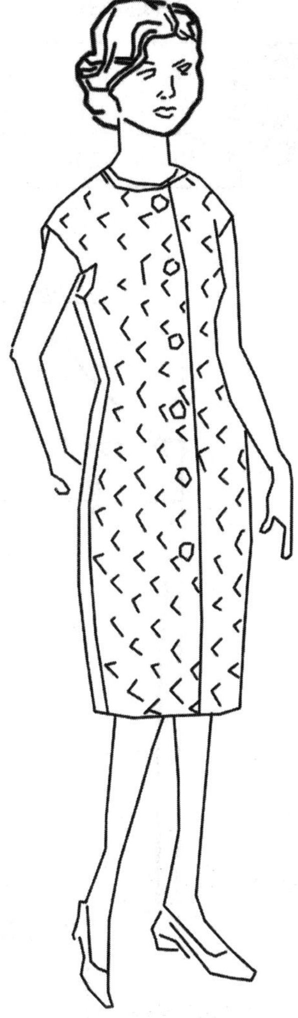

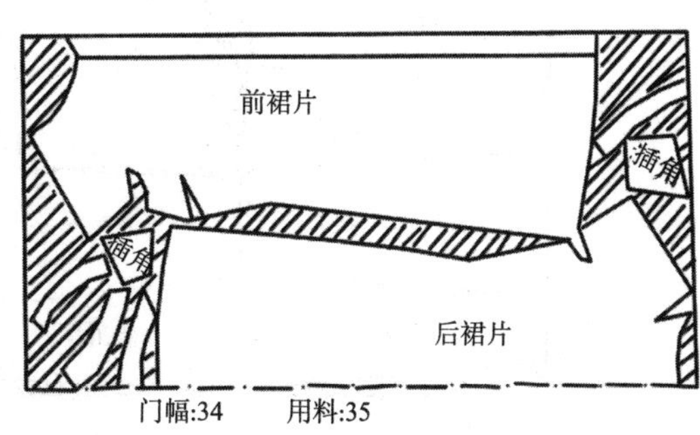

40. 六片连衣裙

单位：寸

部位	总长（Z）	裙长（QC）	半胸围（X）	肩宽（J）	袖长（SC）	领围（L）	增值（δ）	袖系基数（D）	半腰围（Y）	半臀围（T）
尺寸	40	30	14	11.8	15.8	11	2	16	10.5	14.5

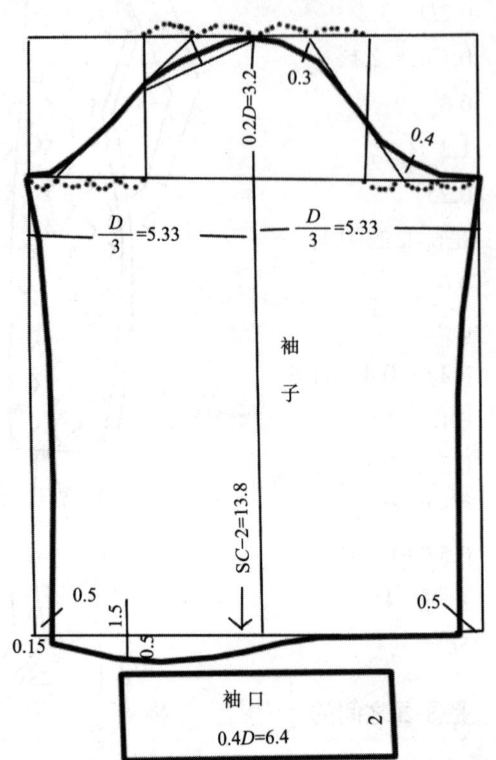

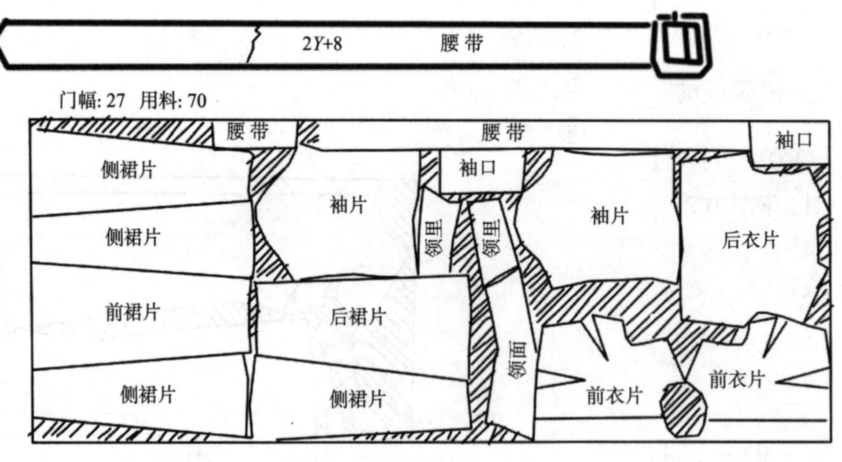

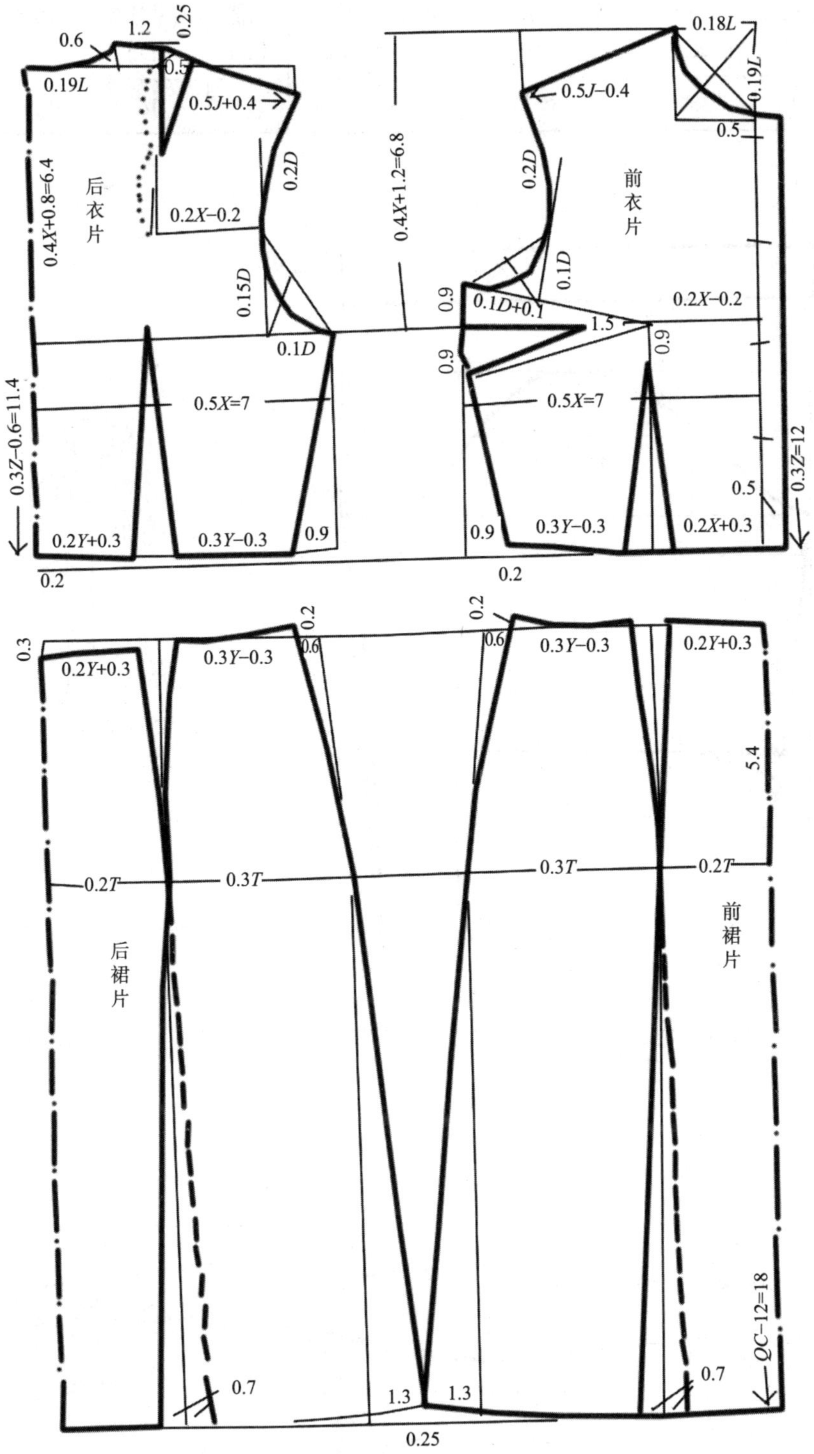

0.6
1.2
0.25
0.5
0.19L
0.5J+0.4
0.2D
后衣片
0.4X+0.8=6.4
0.2X−0.2
0.15D
0.1D
0.5X=7
0.3Z−0.6=11.4
0.2Y+0.3
0.3Y−0.3
0.9
0.2
0.4X+1.2=6.8
0.18L
0.19L
0.5J−0.4
0.5
0.2D
前衣片
0.1D
0.9
0.1D+0.1
1.5
0.2X−0.2
0.9
0.9
0.5X=7
0.3Z=12
0.5
0.9
0.3Y−0.3
0.2X+0.3
0.2

0.3
0.2Y+0.3
0.3Y−0.3
0.2
0.6
0.2
0.6
0.3Y−0.3
0.2Y+0.3
5.4
0.2T
0.3T
0.3T
0.2T
后裙片
前裙片
QC−12=18
0.7
1.3
1.3
0.7
0.25

41. 护士式长袖连衣裙

单位：寸

部位	总长（Z）	裙长（QC）	半胸围（X）	肩宽（J）	袖长（SC）	领围（L）	增值（δ）	袖系基数（D）	半腰围（Y）	半臀围（T）
尺寸	40	30	14	11.6	14.8	11	2	16	10.5	14.5

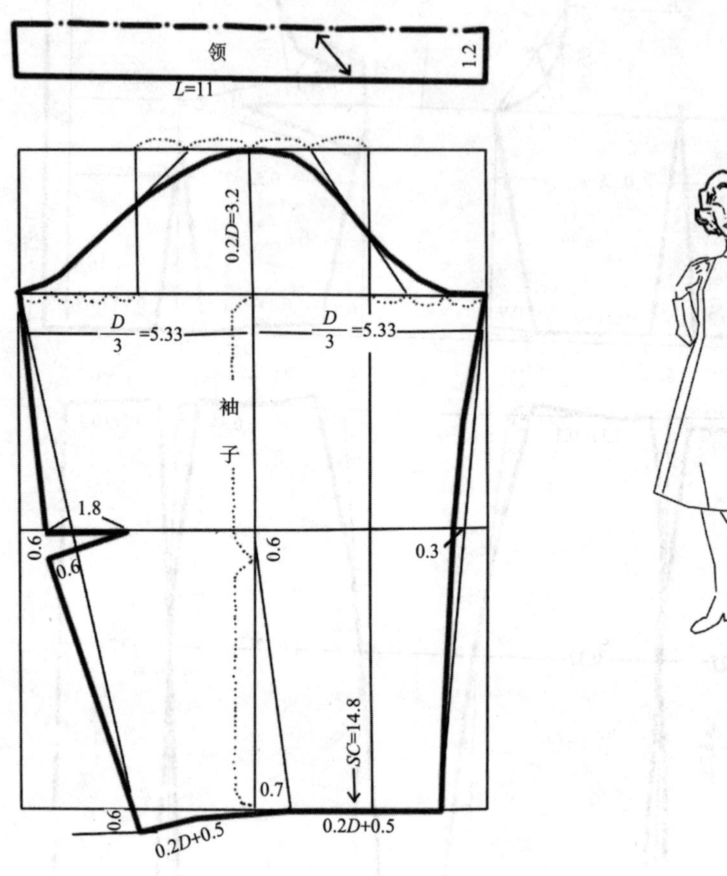

门幅: 27　　用料: 78

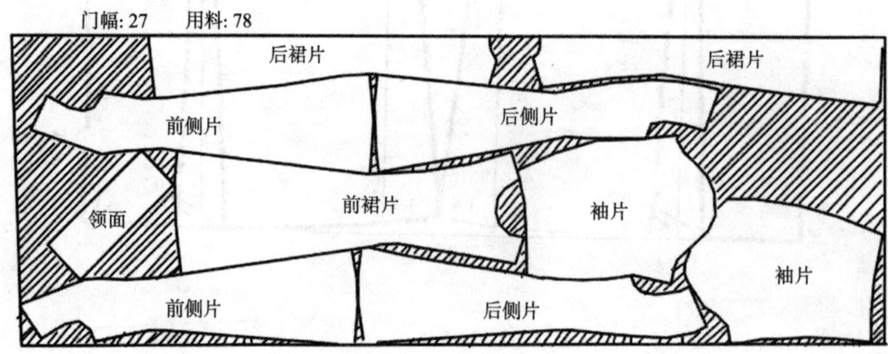

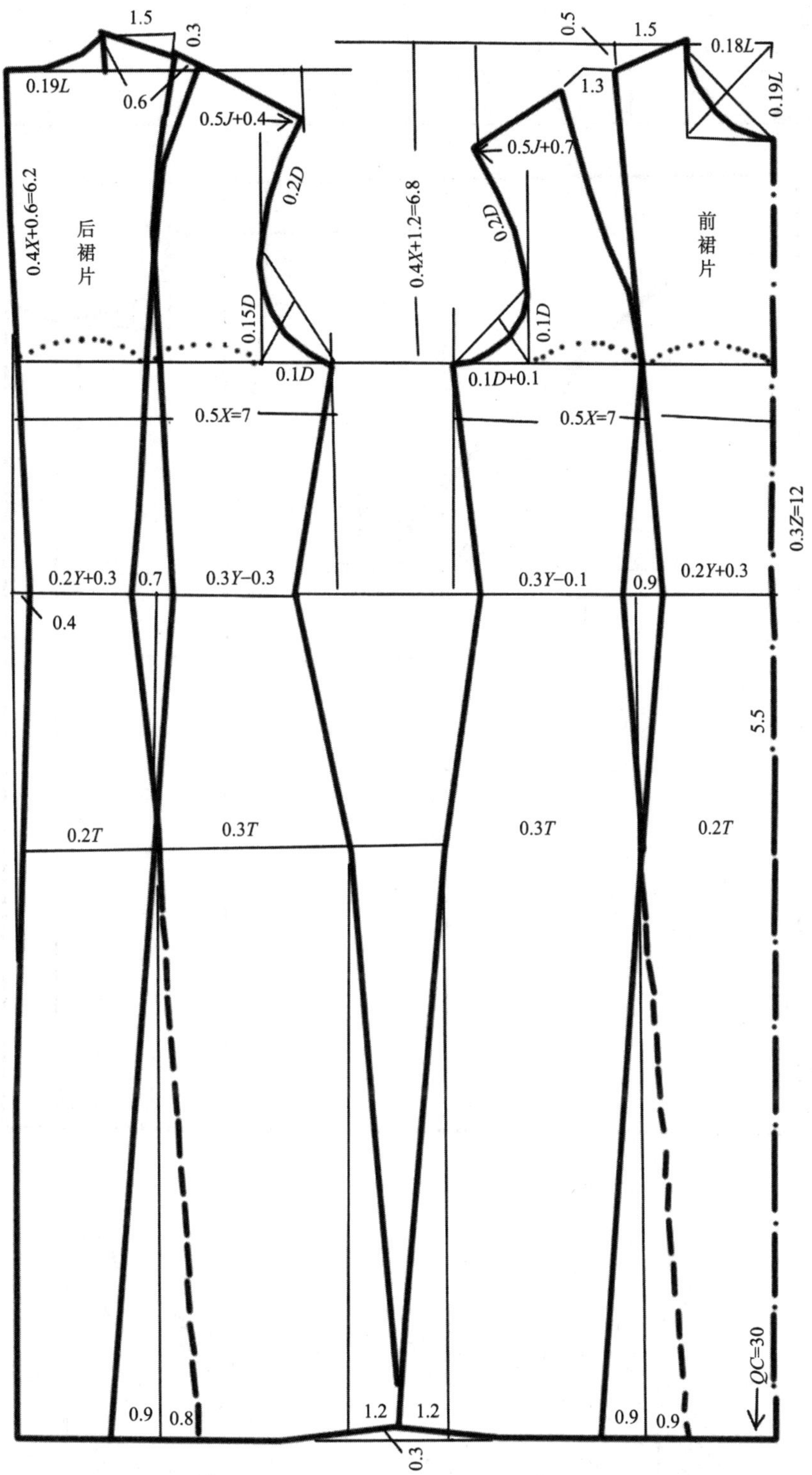

1.5
0.3
0.19L
0.6
0.5J+0.4
0.2D
0.4X+0.6=6.2
后裙片
0.15D
0.1D
0.5X=7
0.2Y+0.3
0.7
0.3Y−0.3
0.4
0.2T
0.3T
0.9
0.8
1.2
1.2
0.3
0.4X+1.2=6.8
0.5
1.5
0.18L
1.3
0.19L
0.5J+0.7
0.2D
前裙片
0.1D
0.1D+0.1
0.5X=7
0.3Y−0.1
0.9
0.2Y+0.3
0.3Z=12
5.5
0.3T
0.2T
QC=30
0.9
0.9

42. 节约衫

单位：寸

部位	总长（Z）	衣长（C）	半胸围（X）	领围（L）	增值（δ）	袖系基数（D）
尺寸	40	18	15	11	2	17

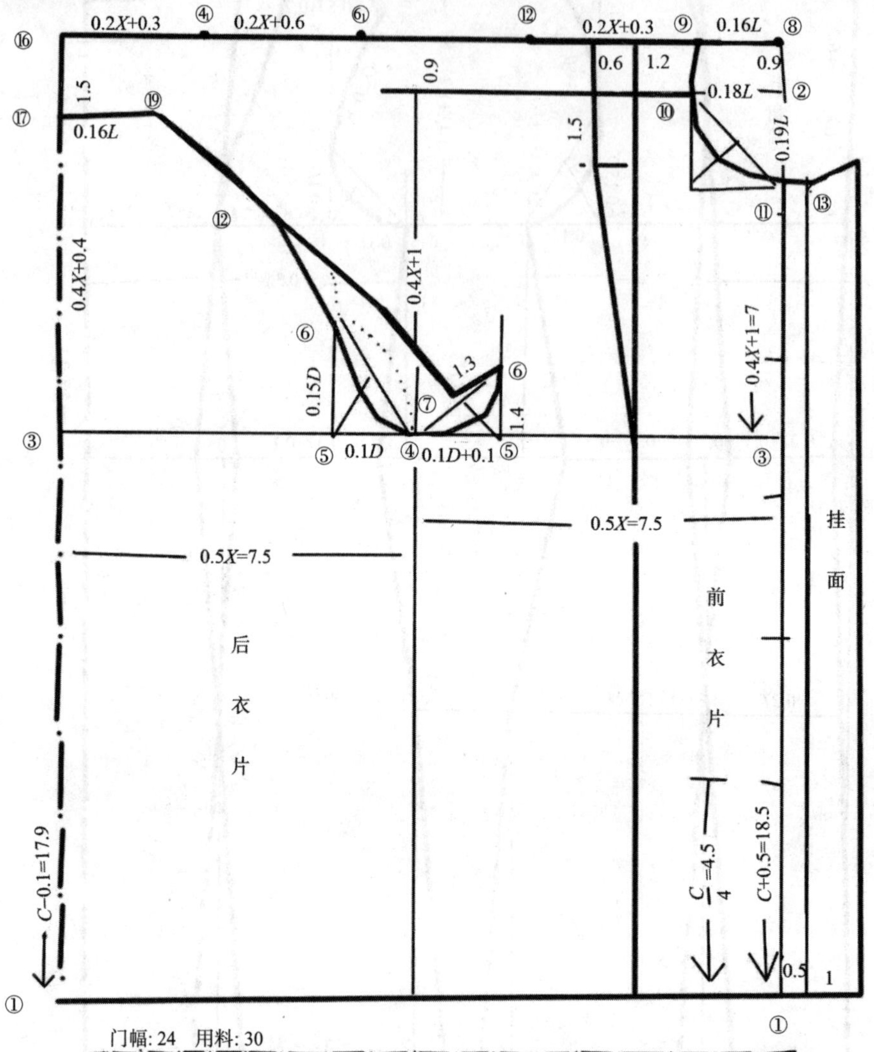

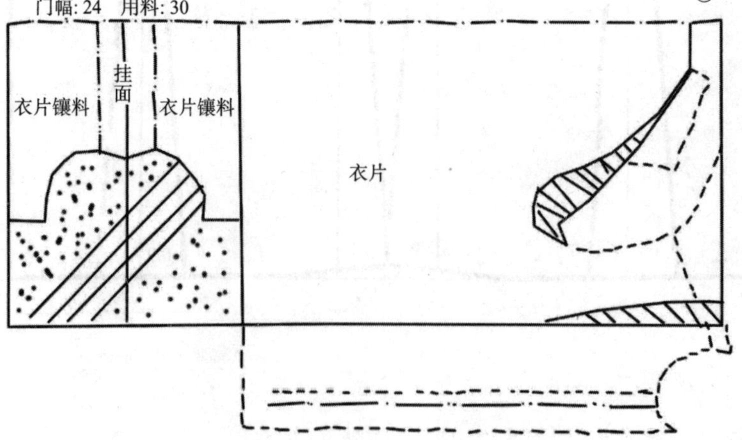

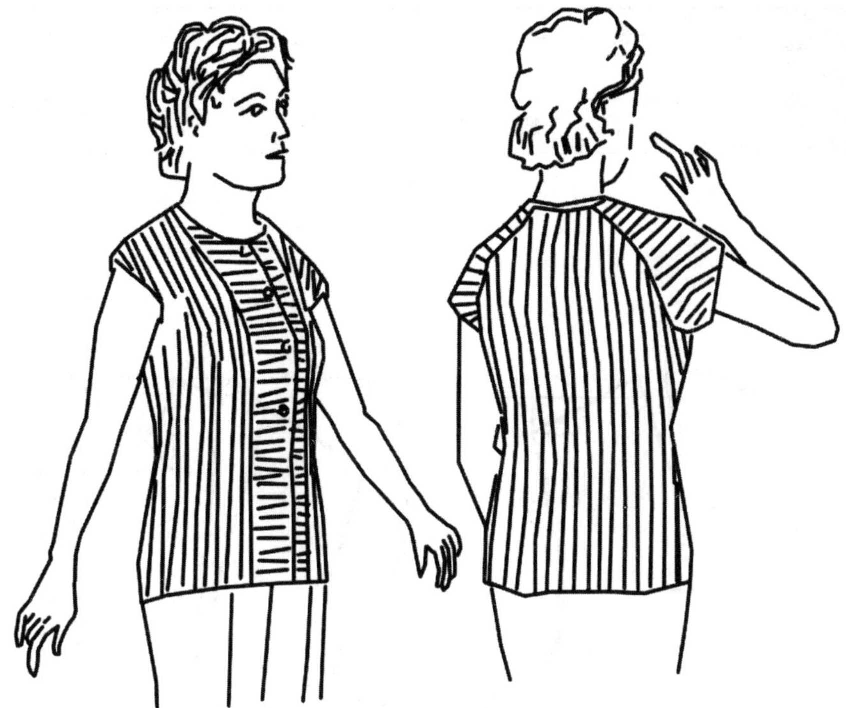

前衣片

①~② $C+0.5=18.5$

②~③ $0.4X+1=7$

③~④ $0.5X=7.5$

④~⑤ $0.1D+0.1=1.8$

⑤~⑥ 1.4

⑥~⑦ 1.3

②~⑧ 0.9

⑧~⑨ $0.16L$

②~⑩ $0.18L$

②~⑪ $0.19L$

⑨~⑫ $0.2X+0.3=3.3$

⑪~⑬ 0.5

注：毛样。

后衣片

①~⑰ $C-0.1=17.9$

⑰~③ $0.4X+0.4=6.4$

③~④ $0.5X=7.5$

④~⑤ $0.1D$

⑤~⑥ $0.15D$

⑰~⑲ $0.16L$

⑥~⑫ 与④⑥$_1$相同长度

⑰~⑯ 1.5

④$_1$~⑯ $0.2X+0.3=3.3$

④$_1$~⑥$_1$ $0.2X+0.6=3.6$

缝纫方法

9对准19

12对准12

6_1对准6_1

4对准4_1

6对准16

7对准17

43. 女两用衫

单位：寸

部位	总长（Z）	衣长（C）	半胸围（X）	肩宽（J）	袖长（SC）	领围（L）	增值（δ）	袖系基数（D）
尺寸	41	20	15.5	12.6	16.4	11.7	3	18.5

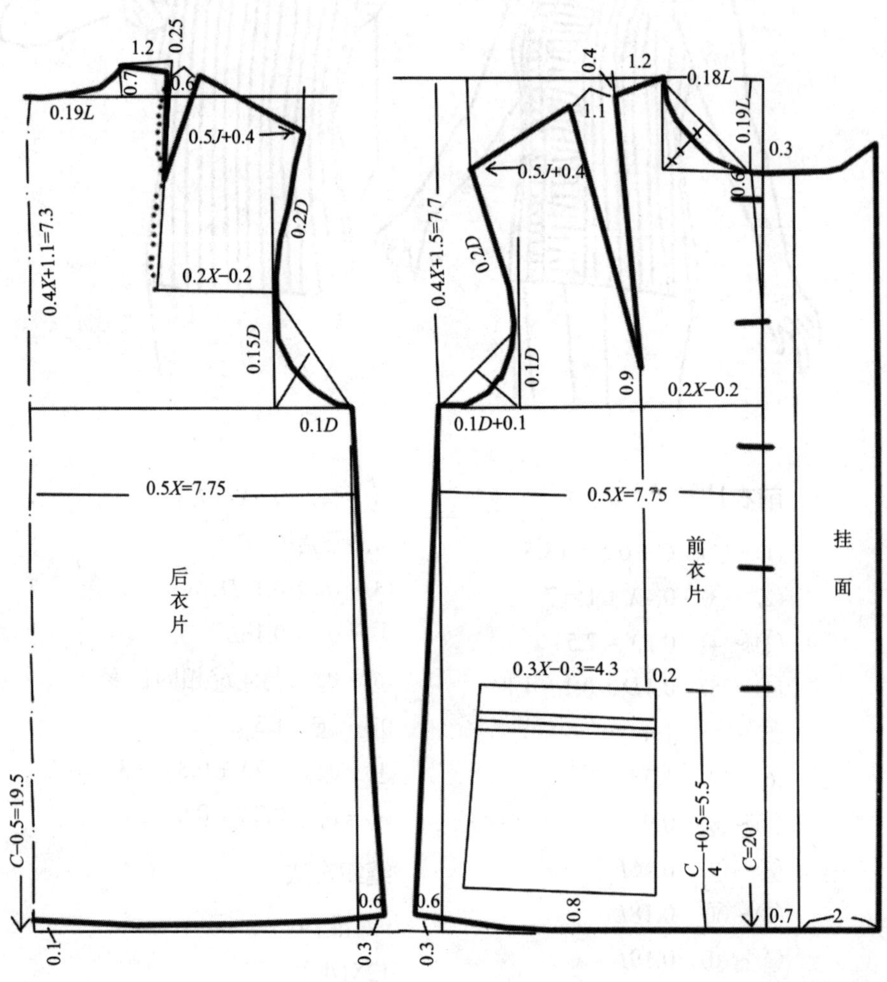

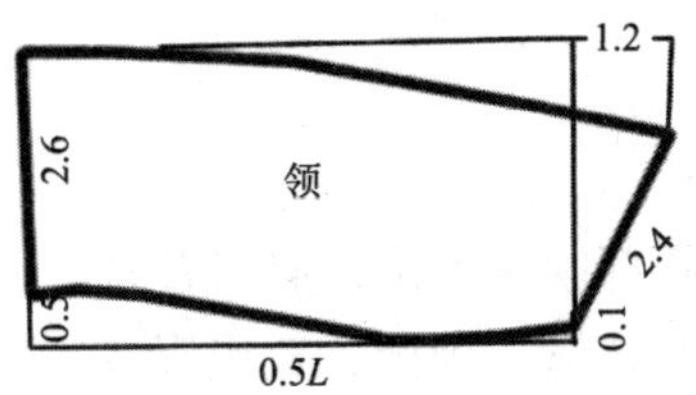
1.2
2.6
领
2.4
0.5
0.1
0.5L

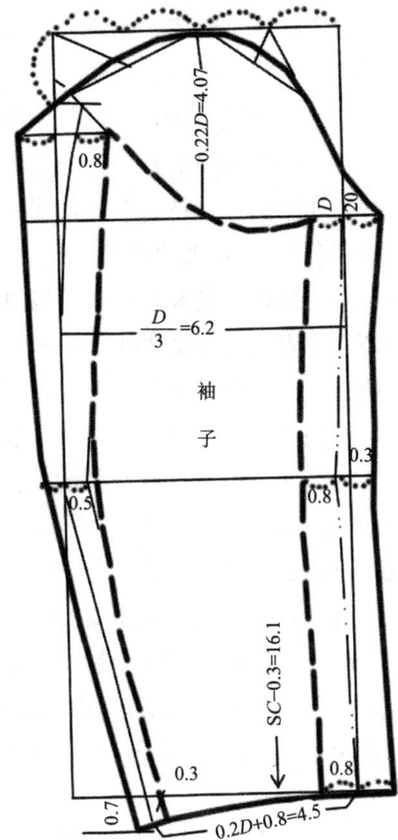
0.22D=4.07
0.8
D
20
D/3=6.2
袖
子
0.3
0.5
0.8
SC−0.3=16.1
0.3
0.8
0.7
0.2D+0.8=4.5

门幅: 27 用料: 57

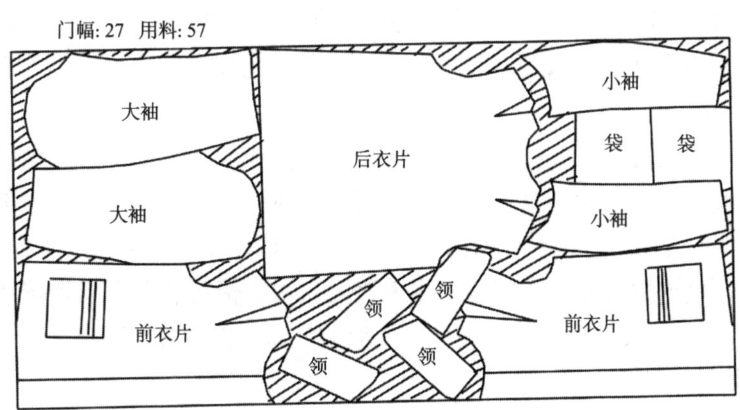
大袖
大袖
后衣片
小袖
袋
袋
小袖
前衣片
领
领
领
领
前衣片

（三）儿童服装

幼童体型的特征是颈项粗短，身体矮胖，腹部圆满突出，肩斜背直，四肢短而粗胖，和成年人体型有显著的区别。而且儿童皮肤娇嫩，因此，儿童服装须根据其特征做专门设计。

我国民间的婴儿斜襟毛衫，多采用柔软衣料制作，且不折边，不做光，就是为了避免较硬的包缝或贴边擦伤婴儿的皮肤。毛衫是斜襟叠门系带的，可以不受颈项和腰身大小的限制，但穿着时带子不宜系得太紧。毛衫也不宜做得太长，以防尿污。但衣袖要长，挂肩要宽，尤其是棉衣，过小就难以穿着。本章所举的衫、袄、袍等简单婴儿服装，可供妈妈们自行裁制婴儿装时参考。书中介绍的开裆裤，是方便实用的幼童裤，也采集于民间服装，经改革后，避免了裤脚吊起和容易扯破的缺点。

由于幼童没有明显的腰身，所以一般穿连衣裙、纽扣套装和背带裤等较宜。套袖衫、倒穿衣、娃娃衫、双门两用衫，一般多用作罩衫穿着，所以尺寸可宽大些。

儿童的体型随着年龄的增长而变化，中童颈粗身胖的现象已逐步改变，身体变得挺直。因此，幼童服装已经不适合他们穿着了。他们一般喜欢穿两用衫、工装裤，也爱穿成人式样的服装，如青年装、小军装、轻便衫、西装等。这些服装的裁法，基本上和成人服装相似，但为了适合儿童的体型，要略加改动。

挺胸凸肚的儿童体型，是形成儿童服装前短后长的主要原因。为了解决这个矛盾，可在前衣片的腹部延长0.7～1寸，但这只适用于断腰节的连衣裙或有横接式的服装。如果正身不断开，单从前片下的底边延长，就会造成底边过于斜翘，这将给缝制带来困难。为了缓和底边的上翘斜度，可把后衣片的袖孔深度酌情减短0.1～0.3寸，前袖孔的深度增加约0.3寸。导致儿童服装前后差的另一个原因是领子尺寸太小，后领口裁得太小，领子被颈项挡住，也会使前衣片吊起。

男童衬衫除了叠门0.5寸，领子窄些、纽扣五粒外，其余公式与成人相同。

儿童西装与成人西装相仿，但前袖孔的深度较成人加0.1寸，后袖孔则减0.2寸。腋省上段较宽，直到腰间，这些都是为了适应儿童体型而设计的。

风大衣的增值是4寸；如果裁厚呢大衣，可将增值改为5寸；棉风大衣由于自身较厚，所以它的增值是6寸。

女童由于不到发育时期。整个体型还是与男童相似，除了专为女童设计的衬衫和裙衫外，一般服装仍可和男童一样裁剪。就是女童衬衫和裙衫，也可以不收胸省。如果胸部较突出的女童，可按女童两用衫设计绘划，以便使衣服穿起来前后平衡。

大童已经接近成人体型，可根据成人服装裁剪，但后袖孔深仍须按体型的挺直程度减少0.1～0.2寸。女童服装也可按照女式服装裁剪，但省缝要小些，前后袖孔深度也要酌量减一些。

裁剪时，如果衣料允许的话，可以把衣服底边和袖子贴边留宽一些，纽洞、袋位往下略移一些，以防衣服放长后，纽位和袋口过高。

1. 女童衬衫

单位：寸

部位	总长（Z）	衣长（C）	半胸围（X）	肩宽（J）	袖长（SC）	领围（L）	增值（δ）	袖系基数（D）
尺寸	24	12	10	8.2	9.6	8.2	2	12

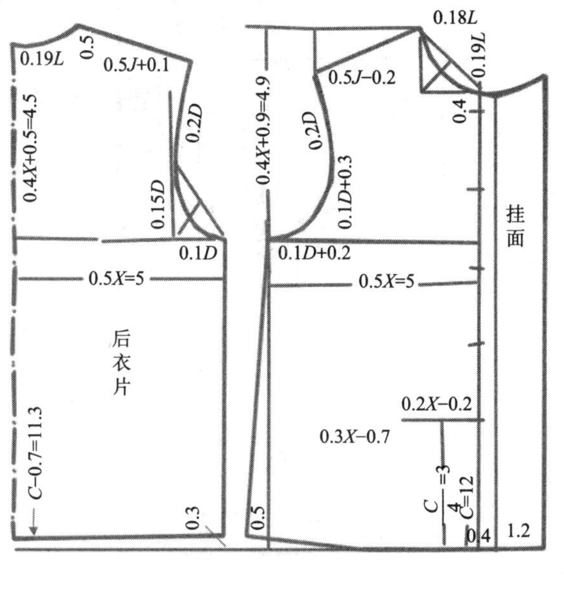

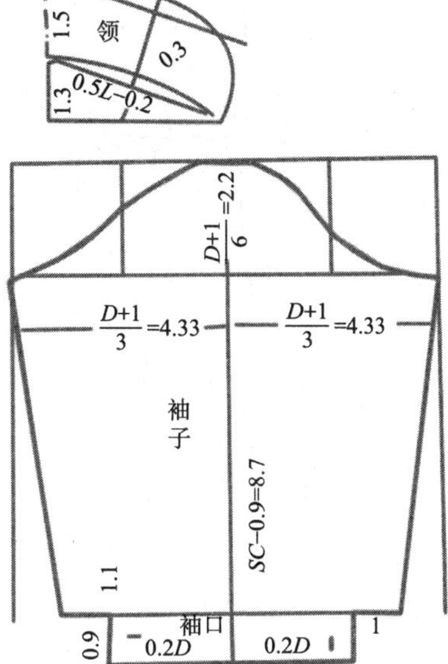

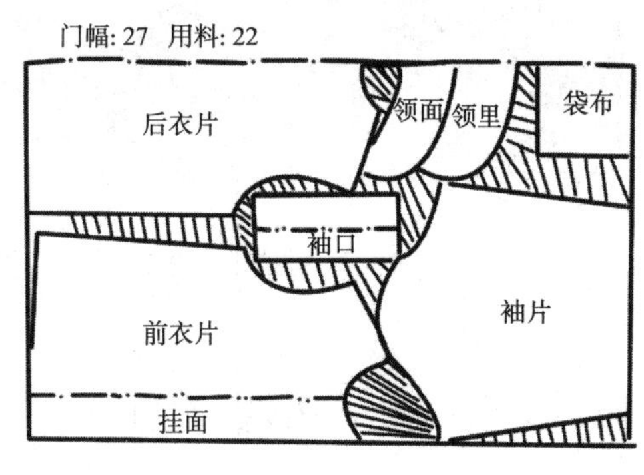

2. 男童衬衫

单位：寸

部位	总长（Z）	衣长（C）	半胸围（X）	肩宽（J）	袖长（SC）	领围（L）	增值（δ）	袖系基数（D）
尺寸	28	14.3	12	9.6	10.7	8.8	3	15

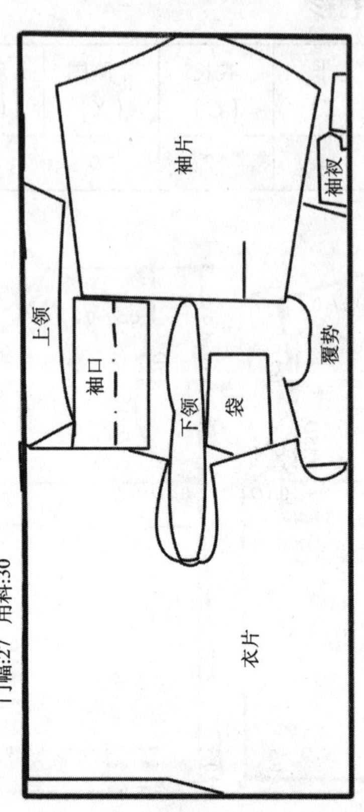

男童衬衫尺寸参考

单位：寸

年龄	总长	衣长	胸围	肩宽	袖长		领围	用料布幅			
					长袖	短袖		长袖		短袖	
								24	27	24	27
4	24	12.3	22	8.8	9.1	3.6	8.2	28.5	25.5	23	20.5
5	26	13.5	23	9.2	9.9	3.9	8.5	32	28	25.5	22.5
6	28	14.3	24	9.6	10.7	4.2	8.8	35	21	28	24.5
7	30	15.2	25	10.1	11.5	4.6	9.1	38	33	31	27
8	32	16.1	26	10.5	12.3	4.8	9.4	42	36	34	29.2
9	34	17	27	10.9	13.1	5.1	9.7	45	40	37	31.5
11	36	17.8	28	11.4	13.9	5.4	10	49	43	40	34
13	38	18.7	29	11.8	14.7	5.7	10.3	53	47	43	36.5

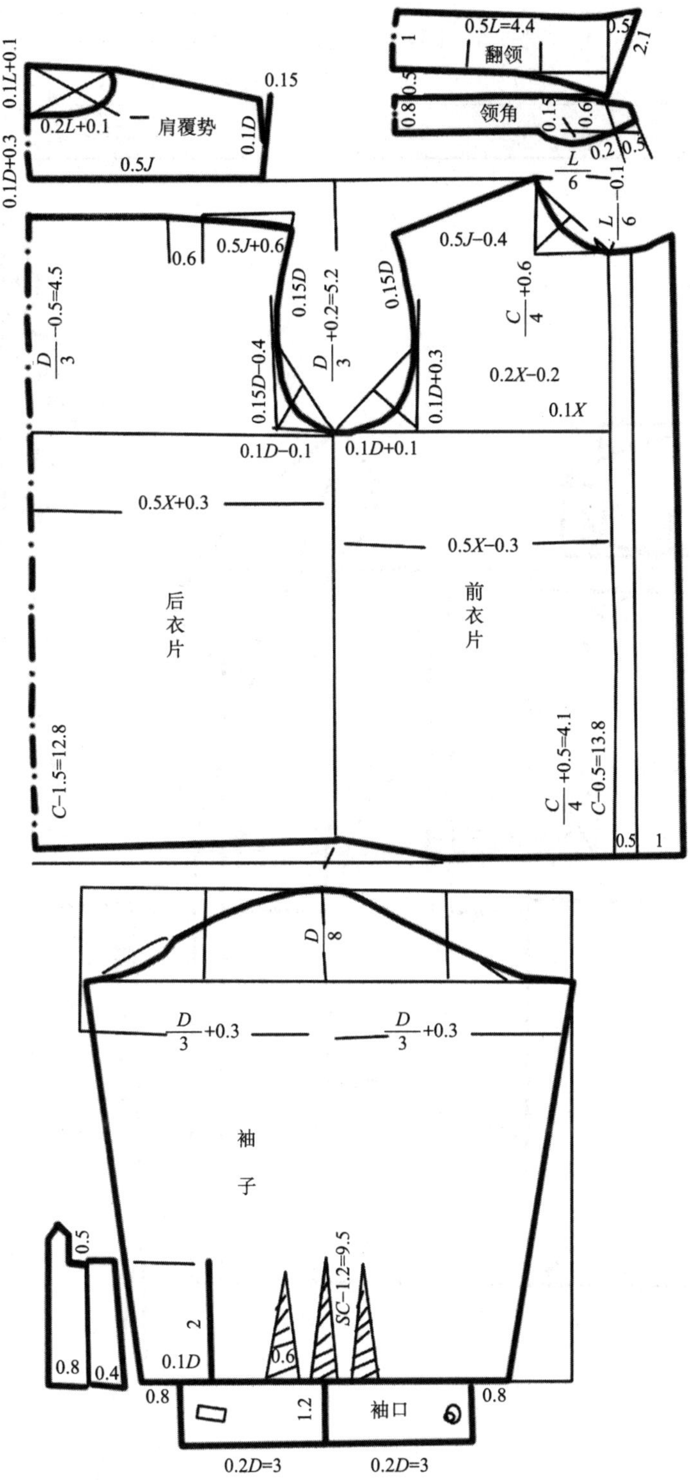

0.5L=4.4
0.5
2.1
1
翻领
0.5
0.8
领角
0.15
0.6
0.2
0.5
0.1L+0.1
0.15
0.2L+0.1
肩覆势
0.1D
0.1D+0.3
0.5J
L/6
−0.1
L/6
0.6
0.5J+0.6
0.5J−0.4
0.15D
D/3+0.2=5.2
0.15D
C/4+0.6
D/3−0.5=4.5
0.15D−0.4
0.1D+0.3
0.2X−0.2
0.1X
0.1D−0.1
0.1D+0.1
0.5X+0.3
0.5X−0.3
后衣片
前衣片
C−1.5=12.8
C/4+0.5=4.1
C−0.5=13.8
0.5
1
D/8
D/3+0.3
D/3+0.3
袖子
0.5
SC−1.2=9.5
2
0.6
0.8
0.4
0.1D
0.8
1.2
袖口
0.8
0.2D=3
0.2D=3

3. 女童两用衫

单位：寸

部位	总长（Z）	衣长（C）	半胸围（X）	肩宽（J）	袖长（SC）	领围（L）	增值（δ）	袖系基数（D）
尺寸	32	16	13	10.5	16.3	10.2	3	16

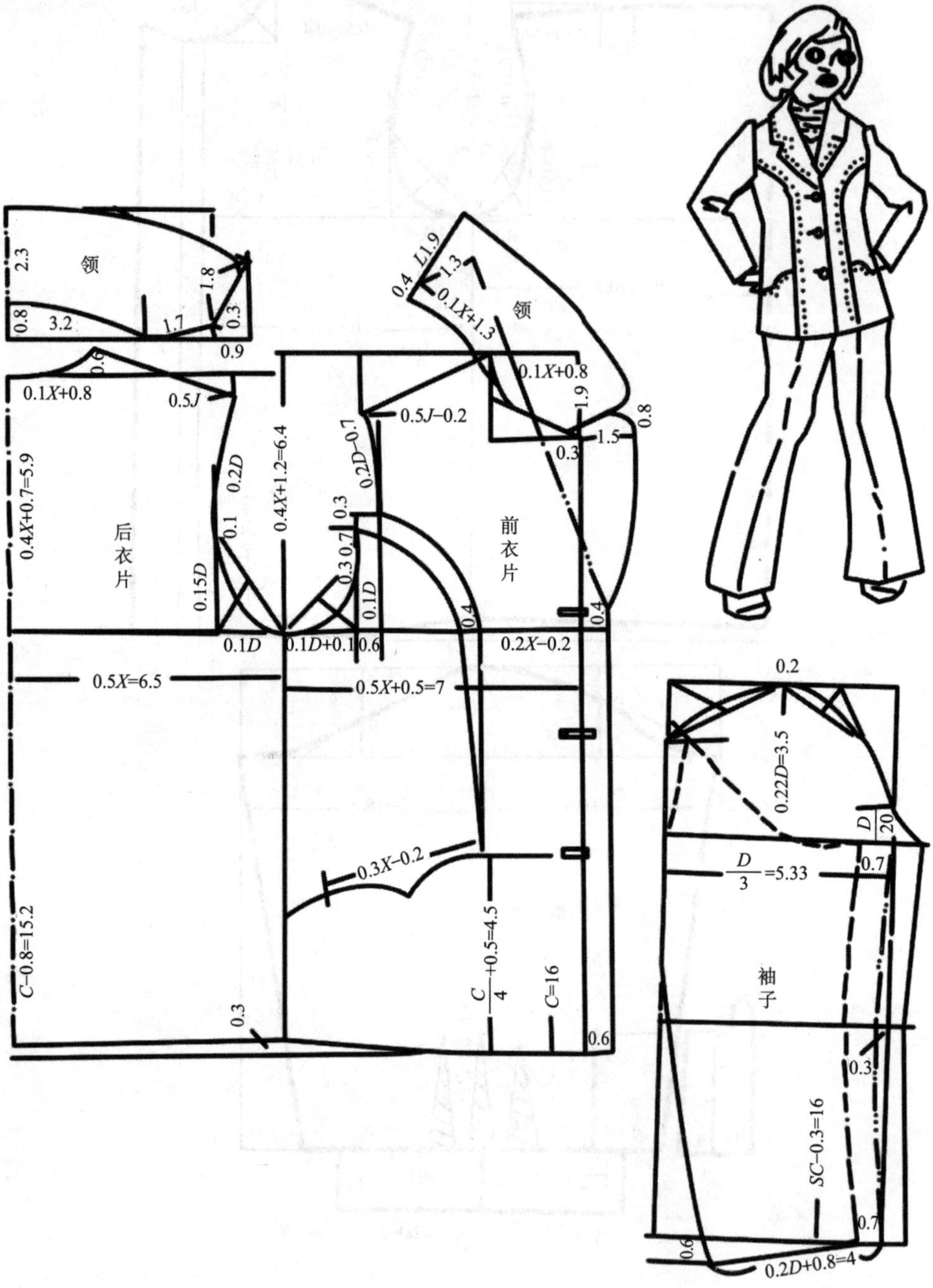

4. 男童两用衫

单位：寸

部位	总长（Z）	衣长（C）	半胸围（X）	肩宽（J）	袖长（SC）	领围（L）	增值（δ）	袖系基数（D）
尺寸	32	16	13	10.5	13	10.2	3	16

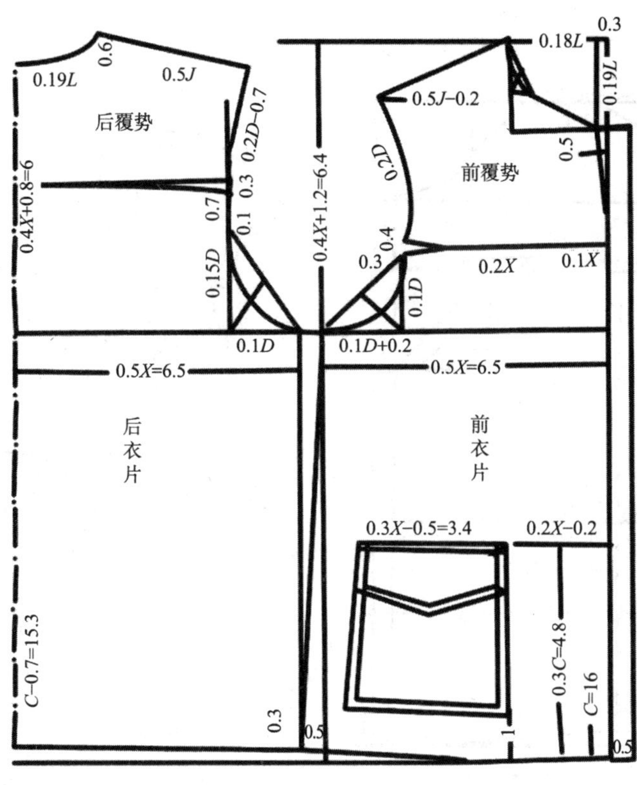

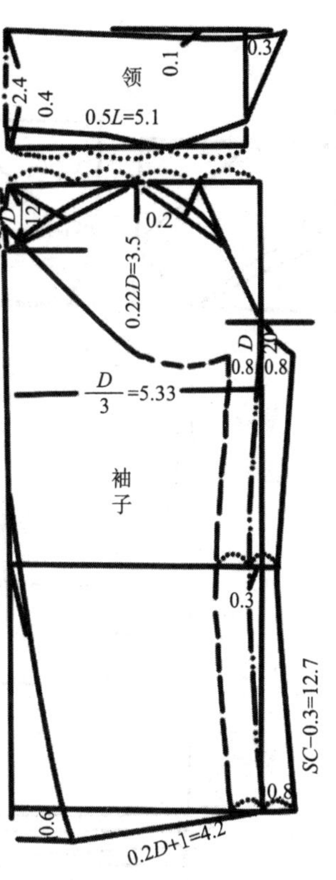

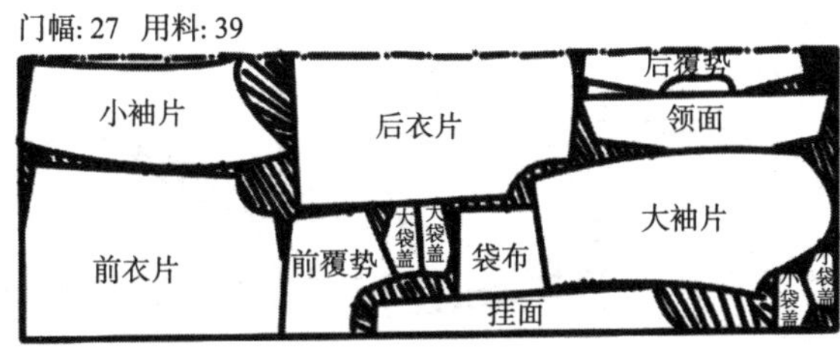

5. 男童夏套装

单位：寸

部位	总长（Z）	衣长（C）	半胸围（X）	肩宽（J）	袖长（SC）	领围（L）	增值（δ）	袖系基数（D）	裤长（KC）
尺寸	24	10.5	11	9	3.7	8.4	2	13	8.5

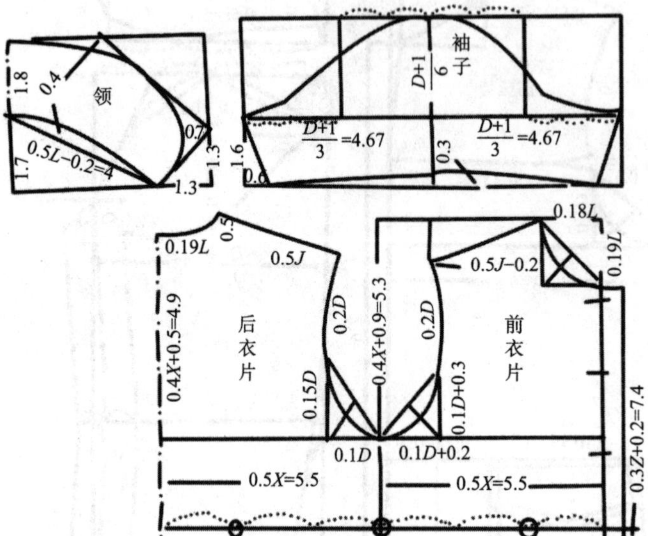

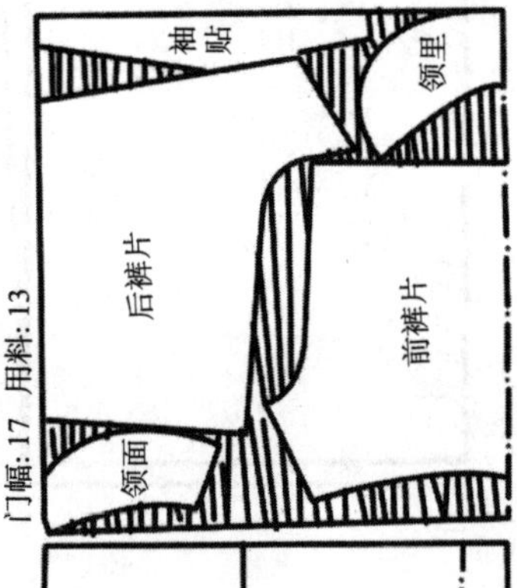

6. 男童西装

单位：寸

部位	总长（Z）	衣长（C）	半胸围（X）	肩宽（J）	袖长（SC）	增值（δ）	袖系基数（D）
尺寸	32	17	13	10.8	14	3	16

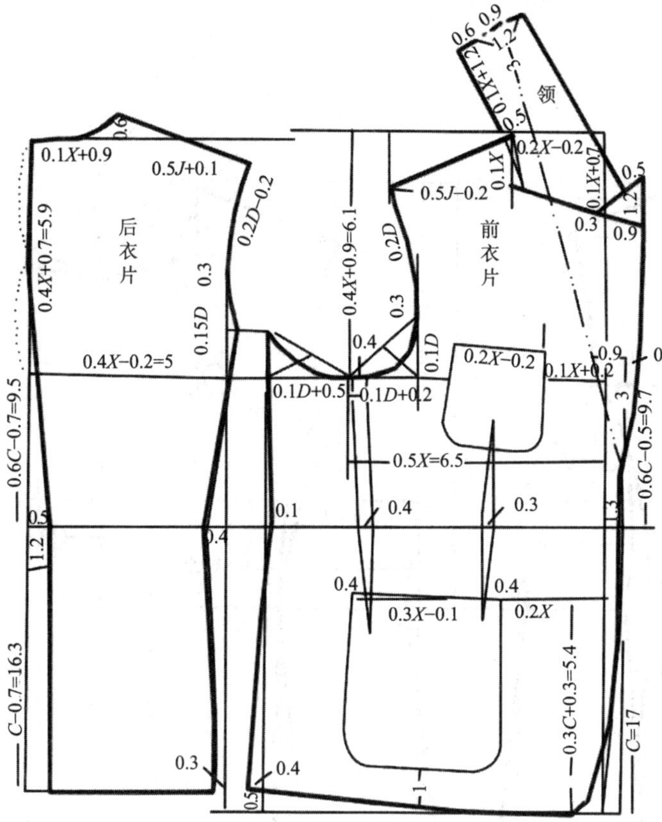

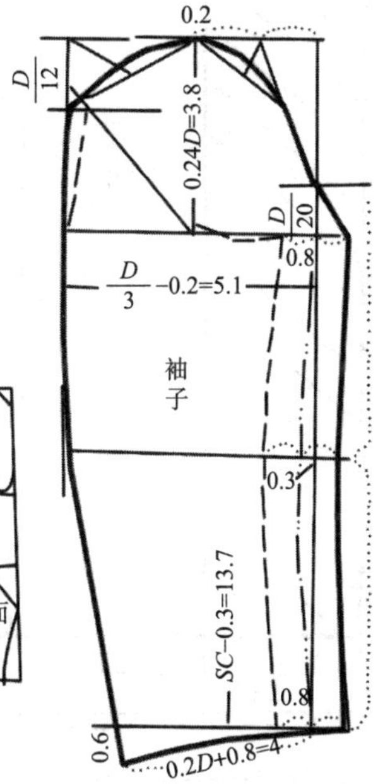

门幅: 27　用料: 40

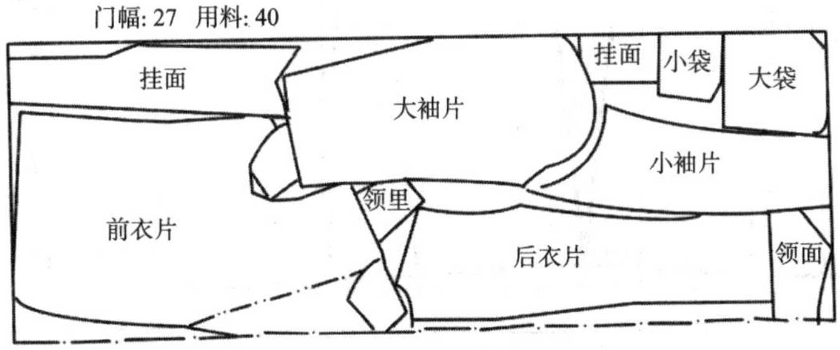

7. 女童风衣

单位：寸

部位	总长（Z）	衣长（C）	半胸围（X）	肩宽（J）	袖长（SC）	领围（L）	增值（δ）	袖系基数（D）
尺寸	32	21	14	11	13	11	4	18

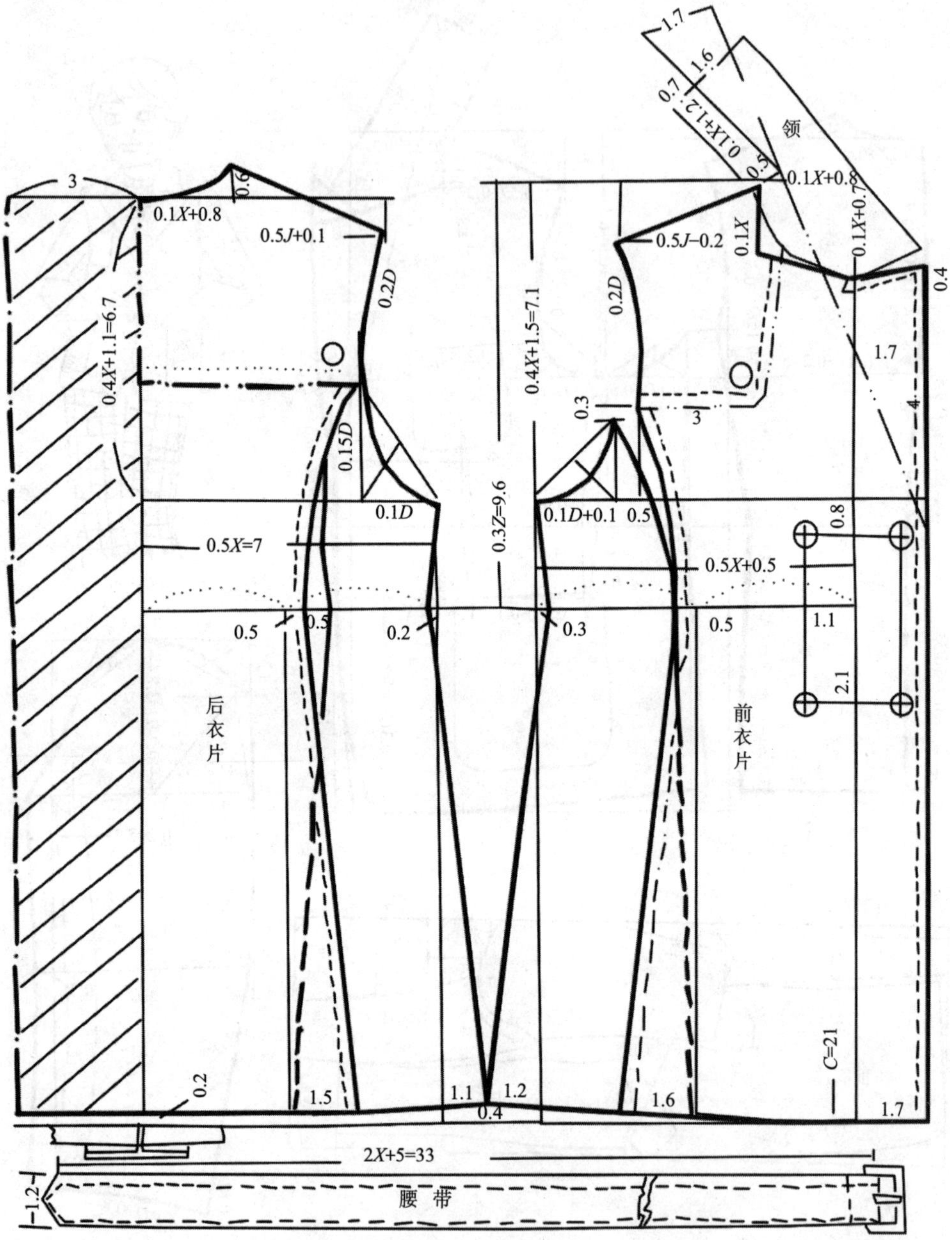

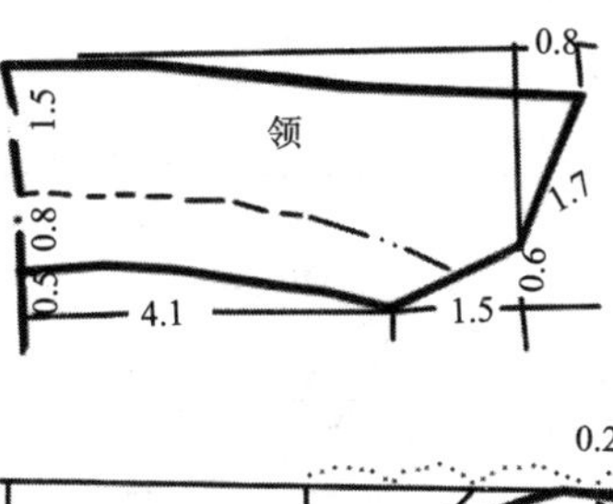
0.8
1.5
领
1.7
0.8
0.6
0.5
4.1
1.5

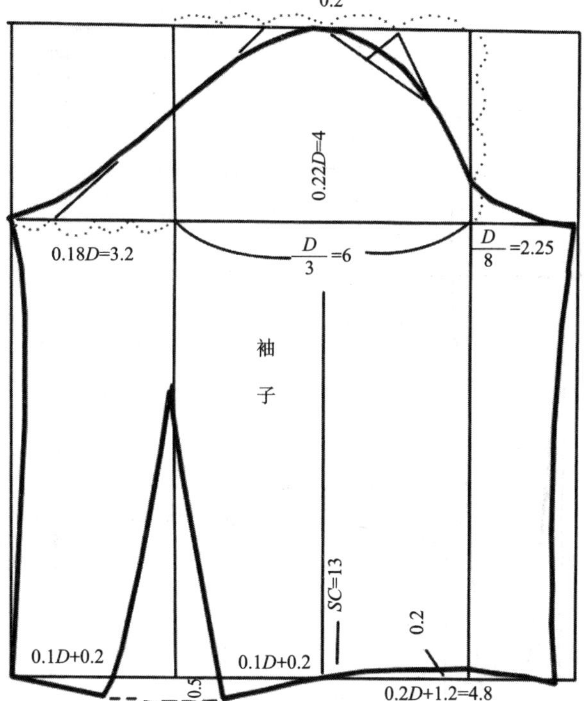
0.2
0.22D=4
0.18D=3.2
D/3=6
D/8=2.25
袖
子
SC=13
0.2
0.1D+0.2
0.1D+0.2
0.5
0.2D+1.2=4.8

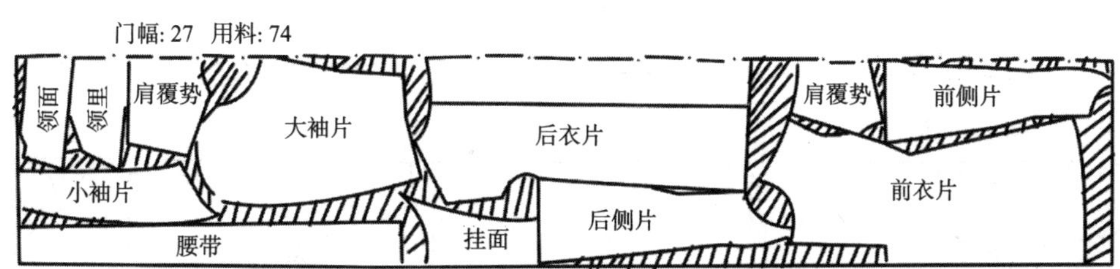
门幅: 27 用料: 74
领面
领里
肩覆势
大袖片
后衣片
肩覆势
前侧片
小袖片
前衣片
后侧片
挂面
腰带

8. 男童风衣

单位：寸

部位	总长（Z）	衣长（C）	半胸围（X）	肩宽（J）	袖长（SC）	领围（L）	增值（δ）	袖系基数（D）
尺寸	32	21	14	11	13	12	4	18

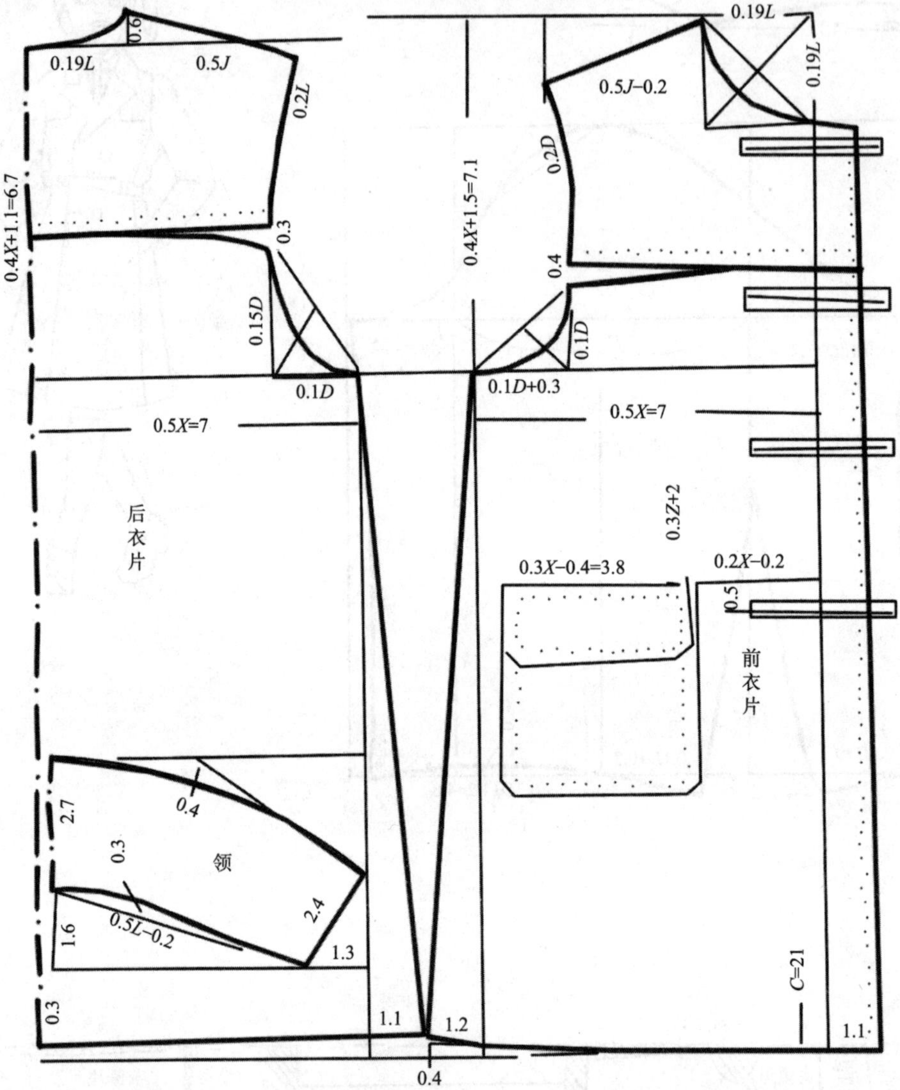

0.19L 0.6 0.5J 0.2L 0.4X+1.1=6.7 0.3 0.15D 0.1D 0.5X=7 后衣片 2.7 0.4 0.3 领 2.4 1.6 0.5L−0.2 1.3 0.3 1.1 1.2 0.4
0.19L 0.19L 0.5J−0.2 0.2D 0.4X+1.5=7.1 0.4 0.1D 0.1D+0.3 0.5X=7 0.3Z+2 0.3X−0.4=3.8 0.2X−0.2 0.5 前衣片 C=21 1.1

门幅: 27 用料: 62

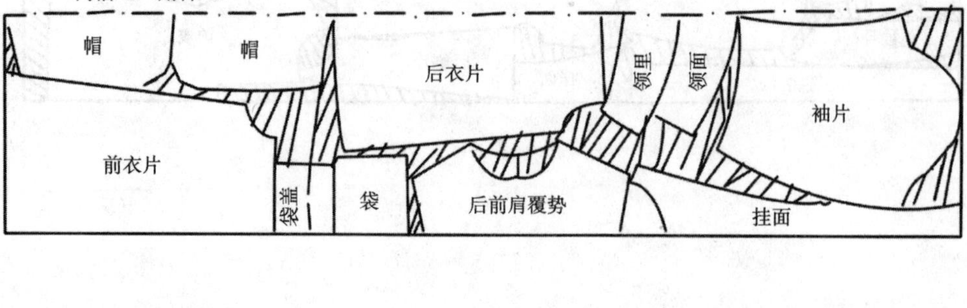

帽 帽 后衣片 领里 领面 袖片 前衣片 袋盖 袋 后前肩覆势 挂面

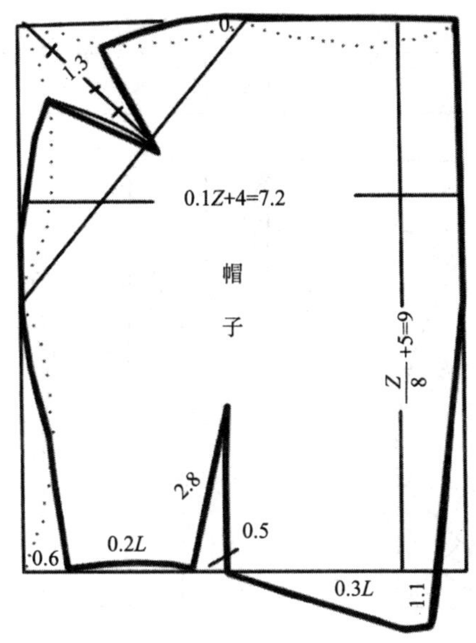
1.3
0.1Z+4=7.2
帽
子
Z/8+5=9
2.8
0.5
0.6
0.2L
0.3L
1.1

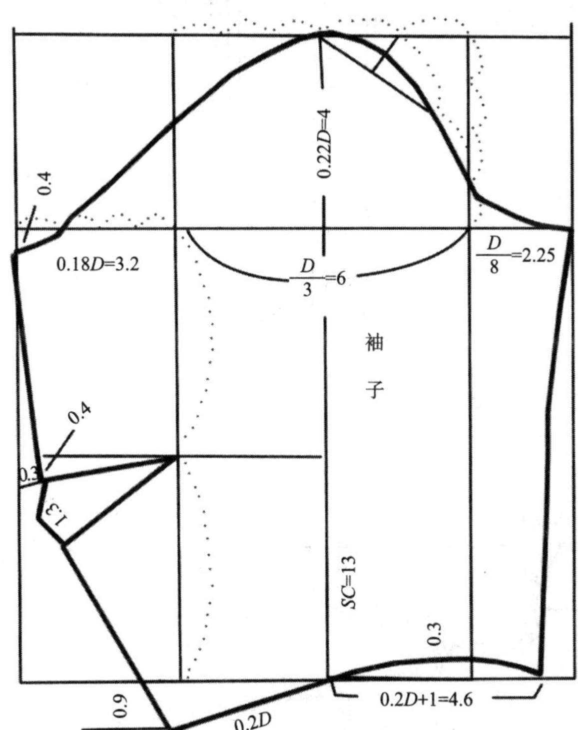
0.22D=4
0.4
0.18D=3.2
D/3=6
D/8=2.25
袖
子
0.4
0.3
1.3
SC=13
0.3
0.9
0.2D
0.2D+1=4.6

9. 风雪大衣

单位：寸

部位	总长（Z）	衣长（C）	半胸围（X）	肩宽（J）	袖长（SC）	领围（L）	增值（δ）	袖系基数（D）
尺寸	26	19.5	14	11	11.2	11.2	6	20

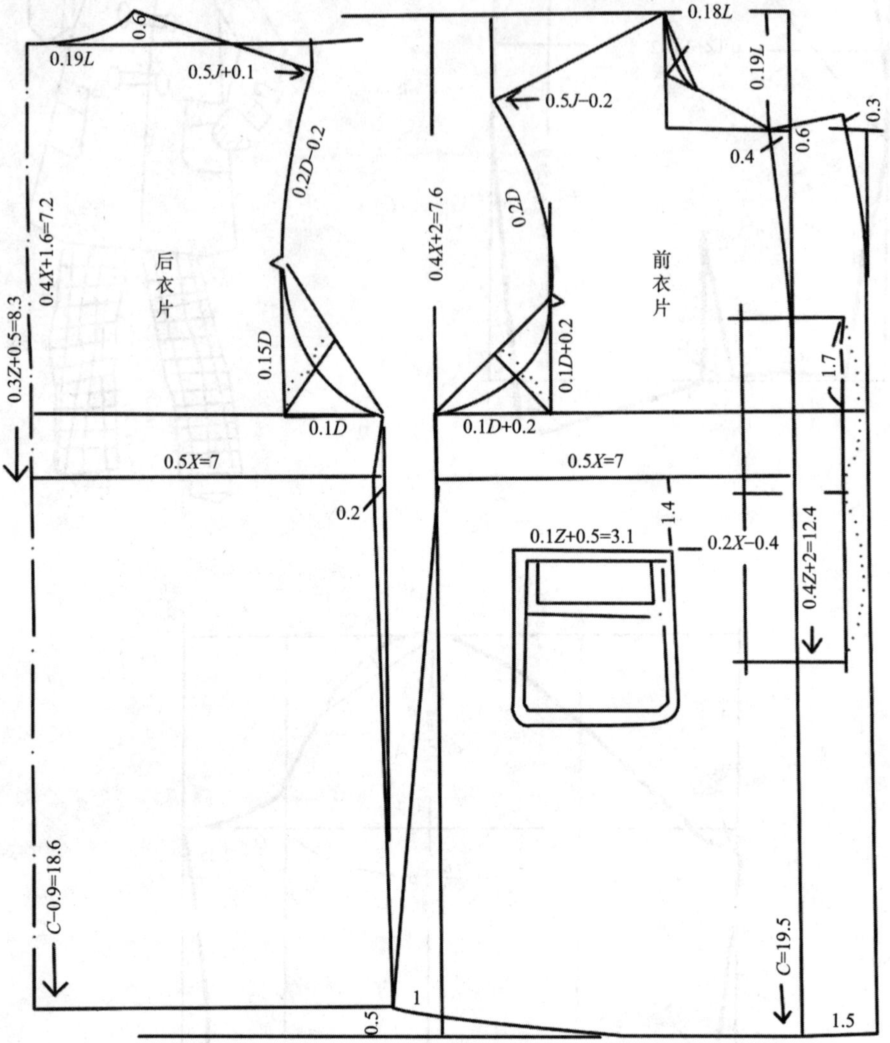

0.19L
0.6
0.5J+0.1
0.2D−0.2
0.4X+1.6=7.2
0.3Z+0.5=8.3
后衣片
0.15D
0.1D
0.5X=7
0.2
C−0.9=18.6
0.5
1
0.4X+2=7.6
0.5J−0.2
0.2D
0.1D+0.2
0.1D+0.2
0.5X=7
前衣片
0.1Z+0.5=3.1
1.4
0.2X−0.4
0.18L
0.19L
0.4
0.6
0.3
1.7
0.4Z+2=12.4
C=19.5
1.5

门幅: 27 用料: 60

小袖片
后衣片
大袖片
袋盖
领里
领面
前衣片
袋
挂面
帽

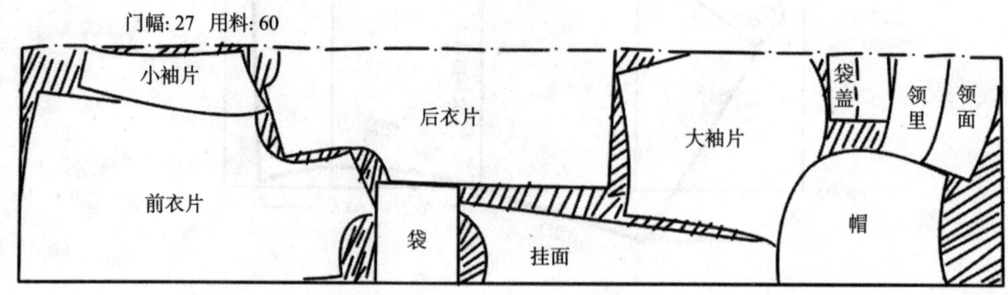

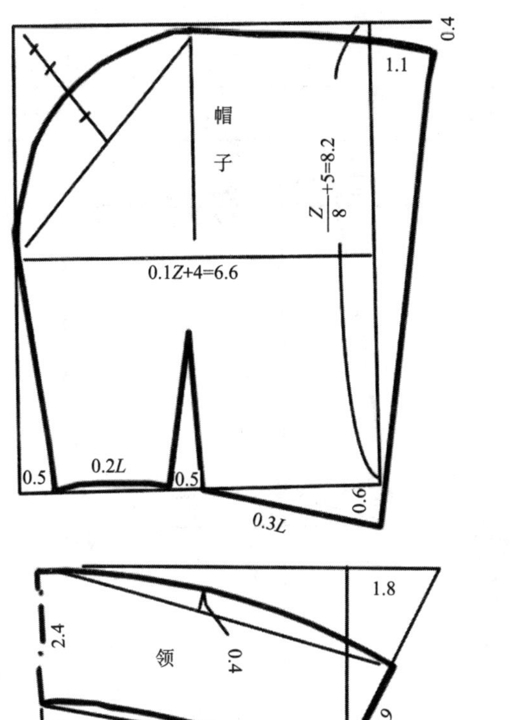
0.4
1.1
帽
子
$\frac{Z}{8}+5=8.2$
0.1Z+4=6.6
0.5
0.2L
0.5
0.6
0.3L
1.8
2.4
领
0.4
1.9
1.2
0.5L−0.2=5.4

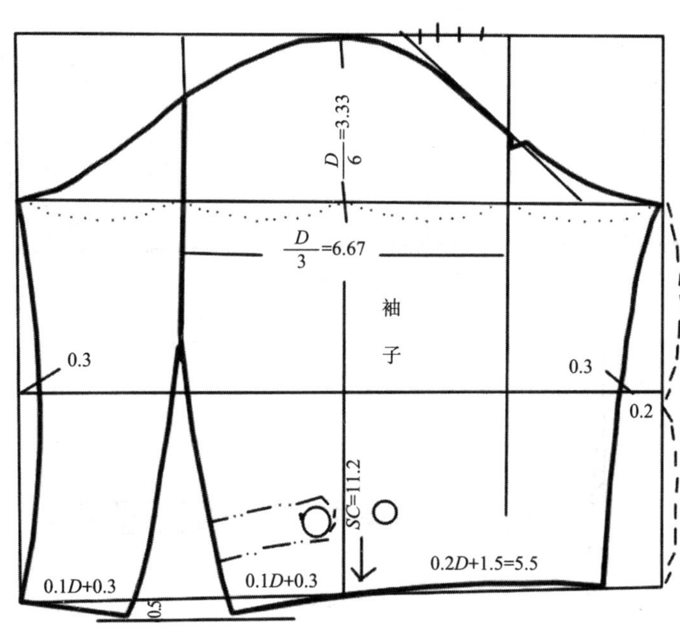
$\frac{D}{6}=3.33$
$\frac{D}{3}=6.67$
袖
子
0.3
0.3
0.2
SC=11.2
0.2D+1.5=5.5
0.1D+0.3
0.1D+0.3
0.5

10. 松紧腰女童裤

单位：寸

部位	总长（Z）	裤长（KC）	半臀围（T）	立裆（d）	脚口（K）
尺寸	24	17.8	11	8.1	4.9

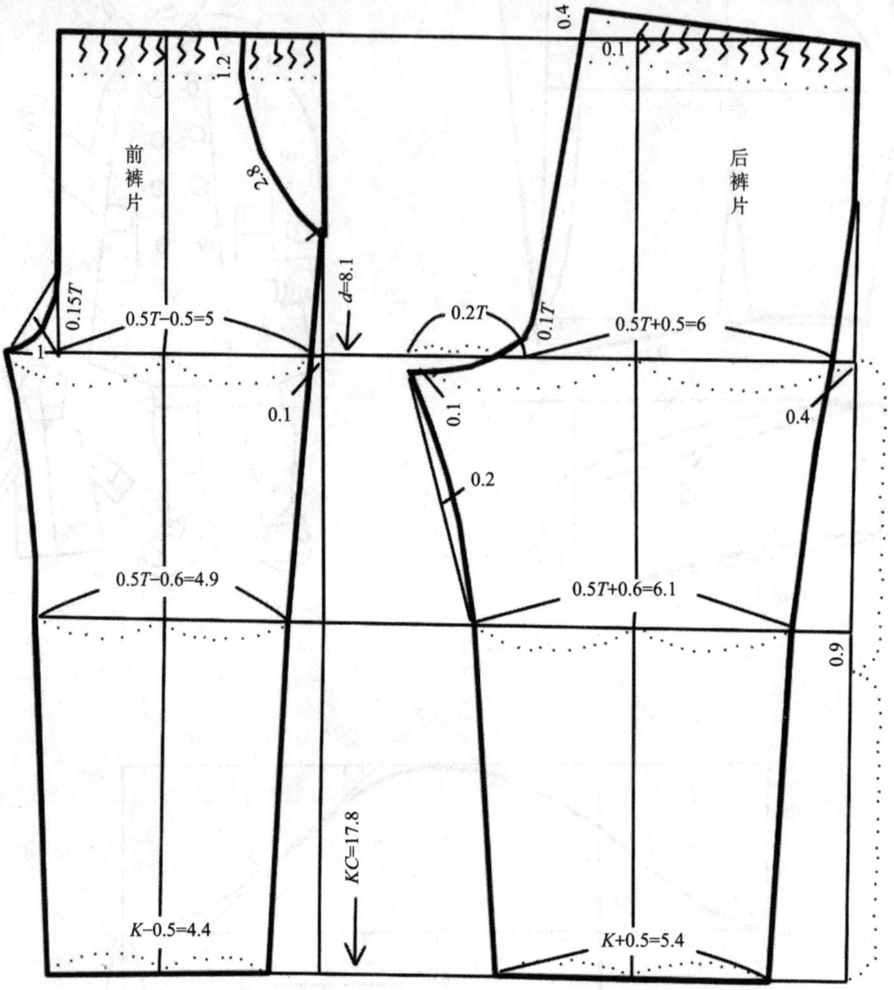

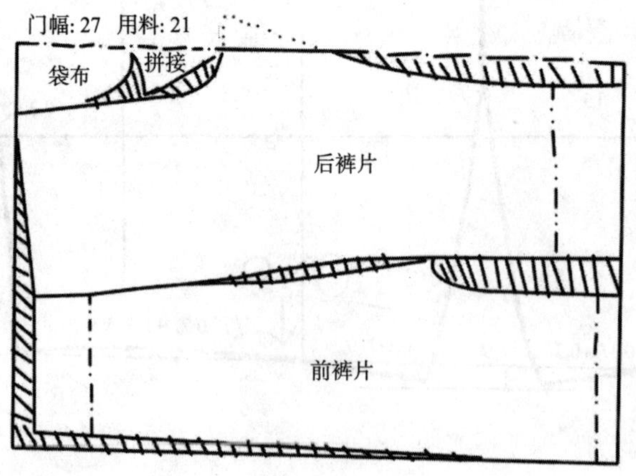

11. 男童裤

单位：寸

部位	总长（Z）	裤长（KC）	半腰围（Y）	半臀围（T）	立裆（d）	脚口（K）
尺寸	30	22	9	12	7	5.7

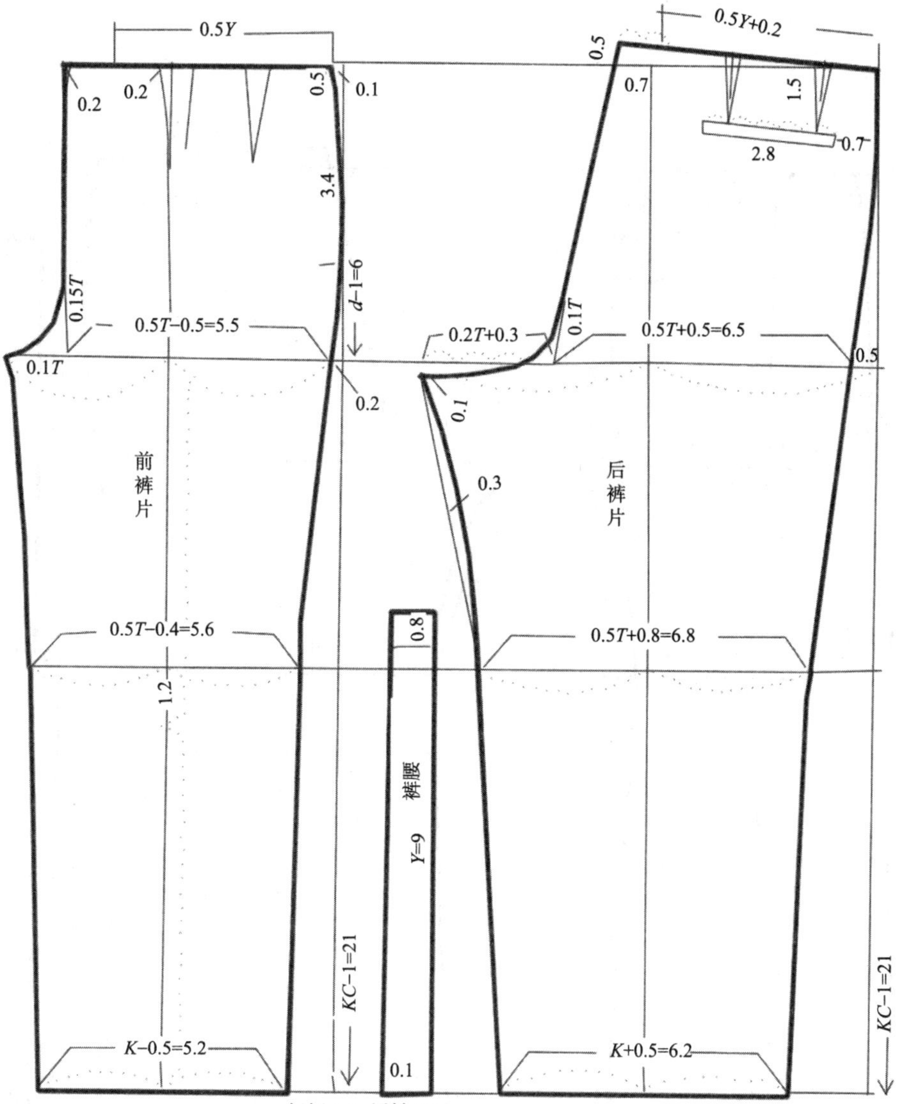

门幅: 34　用料: 25

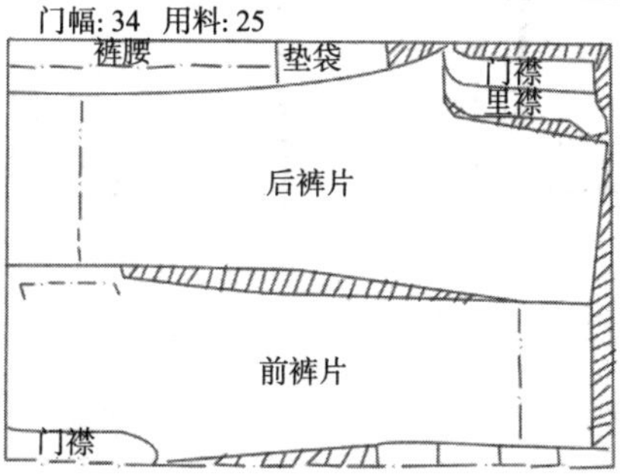

12. 儿童背心套装

单位：寸

部位	总长（Z）	衣长（C）	半胸围（X）	肩宽（J）	增值（δ）	袖系基数（D）	裤长（KC）	半腰围（Y）	半臀围（T）	立裆（d）	脚口（K）
尺寸	32	12.4	12	10	3	15	23.5	9	12	7	7

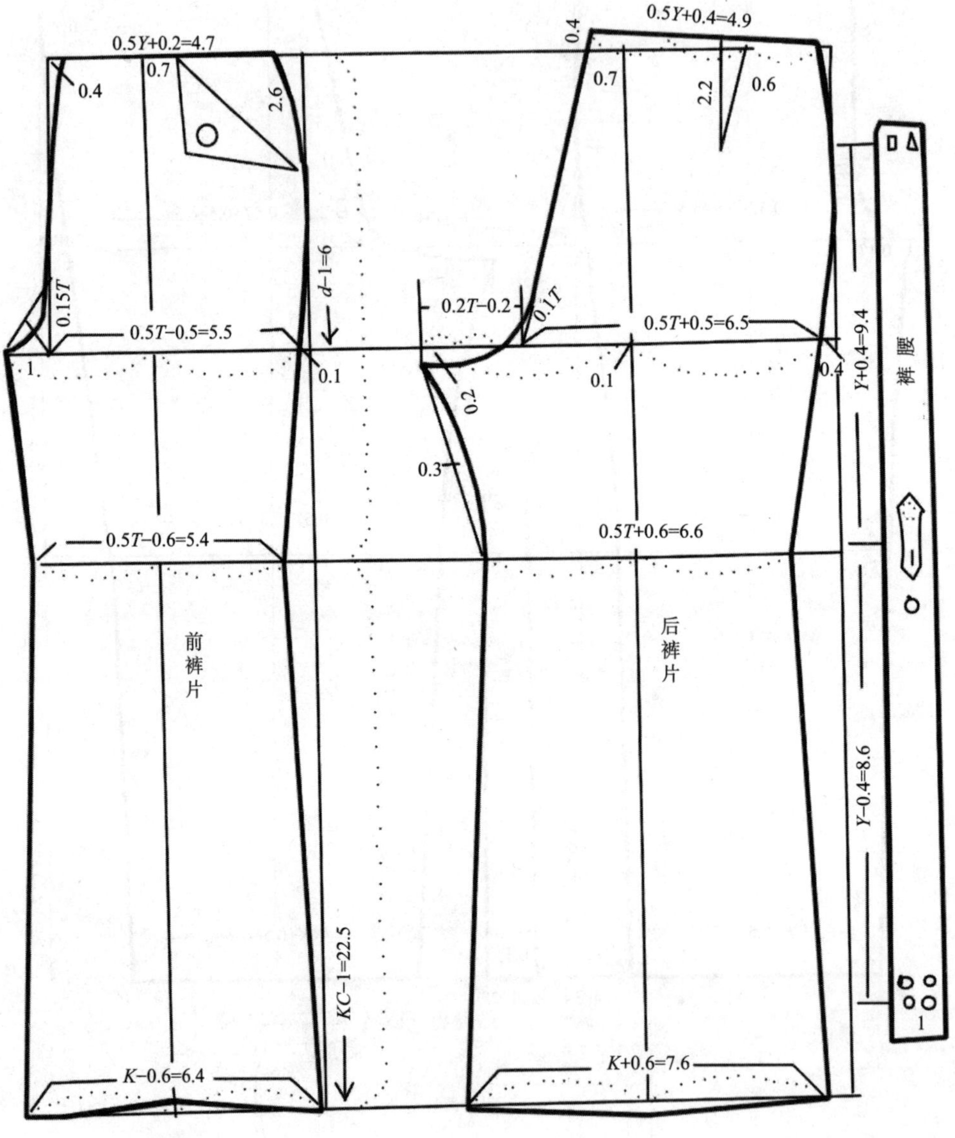

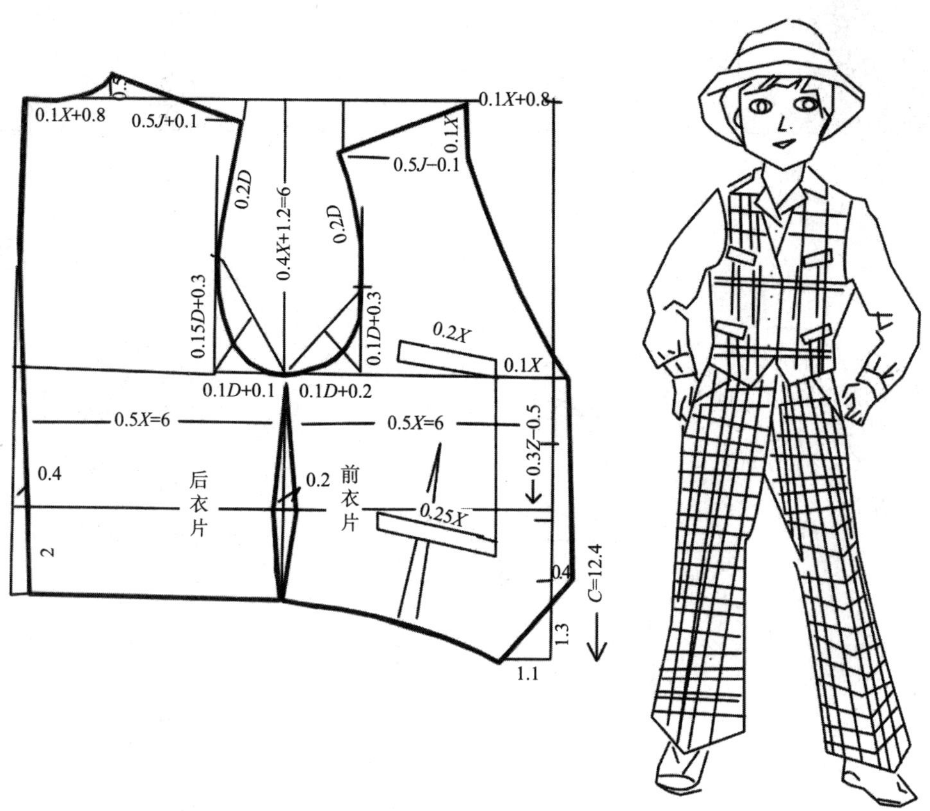

0.1X+0.8
0.5J+0.1
0.1X+0.8
0.1X
0.5J−0.1
0.2D
0.4X+1.2=6
0.2D
0.15D+0.3
0.1D+0.3
0.2X
0.1X
0.1D+0.1
0.1D+0.2
0.5X=6
0.5X=6
0.3Z−0.5
0.4
后衣片
0.2
前衣片
0.25X
2
0.4
C=12.4
1.3
1.1

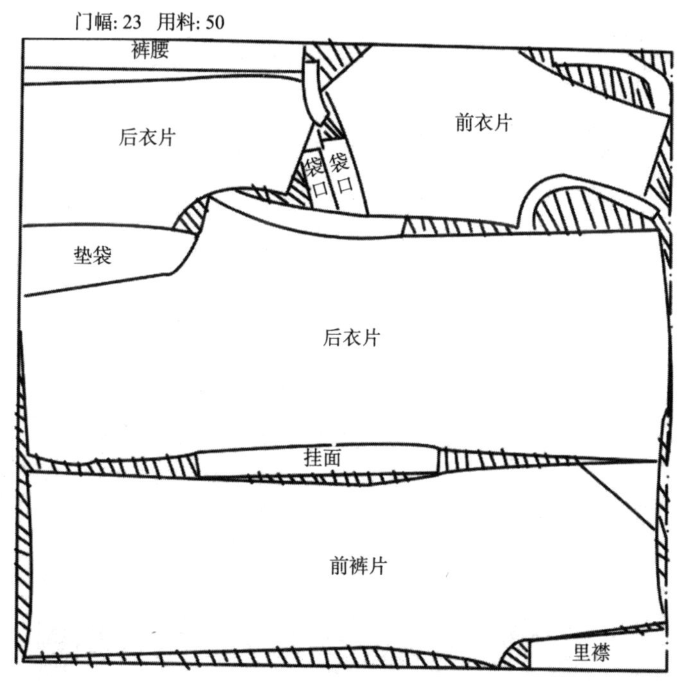

门幅: 23 用料: 50
裤腰
后衣片
袋口
袋口
前衣片
垫袋
后衣片
挂面
前裤片
里襟

13. 儿童工装裤

单位：寸

部位	总长 （Z）	裤长 （KC）	半腰围 （Y）	半臀围 （T）	立裆 （d）
尺寸	30	22	9	12	7

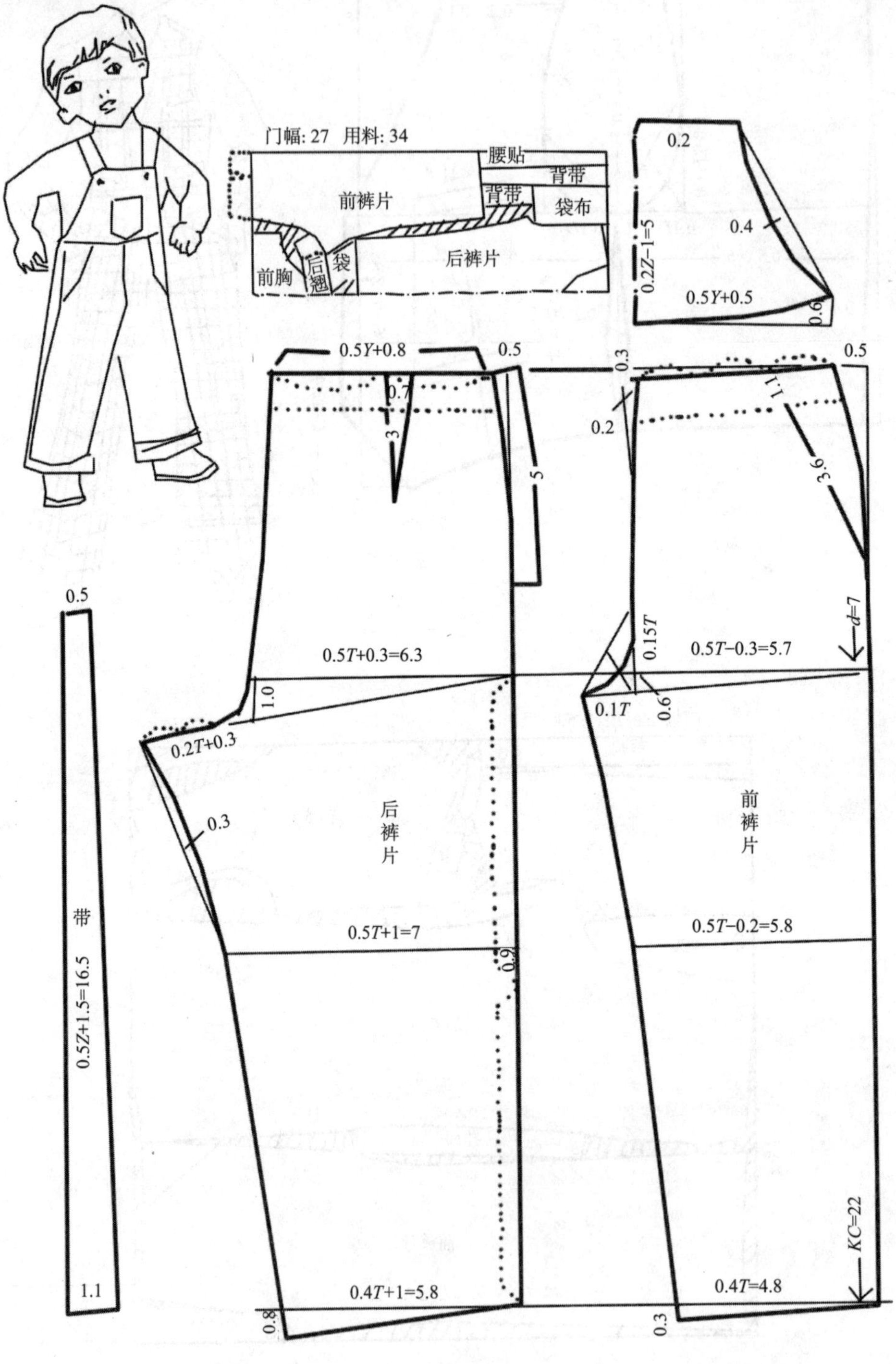

门幅: 27 用料: 34

腰贴 背带 前裤片 背带 袋布 前胸 后翘 袋 后裤片

0.2 0.4 0.2Z−1=5 0.5Y+0.5 0.6

0.5Y+0.8 0.5 0.7 3 5 0.3 0.5 1.1 0.2 3.6

0.5 0.15T d=7 0.5T+0.3=6.3 0.5T−0.3=5.7 1.0 0.1T 0.6 0.2T+0.3

0.3 后裤片 前裤片 带 0.5T+1=7 0.5T−0.2=5.8 0.9 0.5Z+1.5=16.5 KC=22

1.1 0.4T+1=5.8 0.4T=4.8 0.8 0.3

14. 开裆背带裤

单位：寸

部位	总长（Z）	裤长（KC）	半臀围（T）
尺寸	16	12	8.5

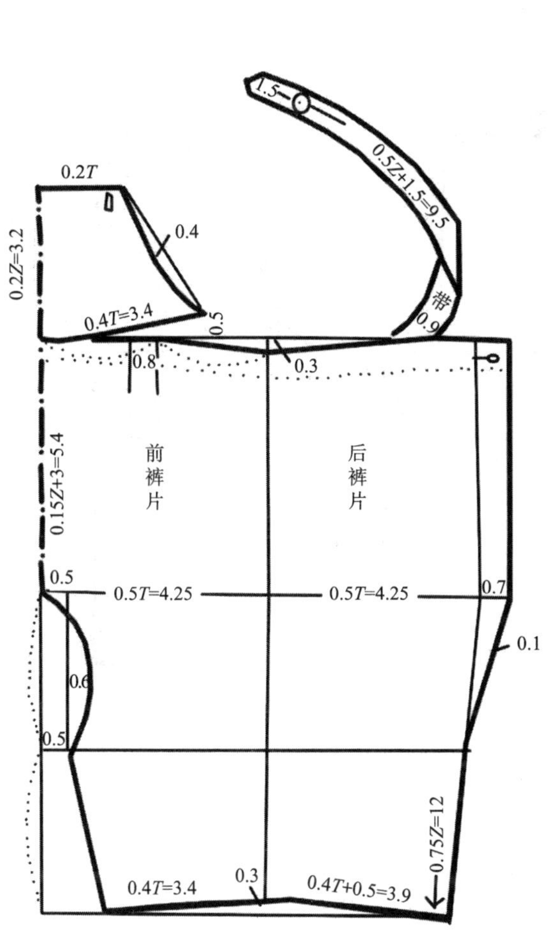

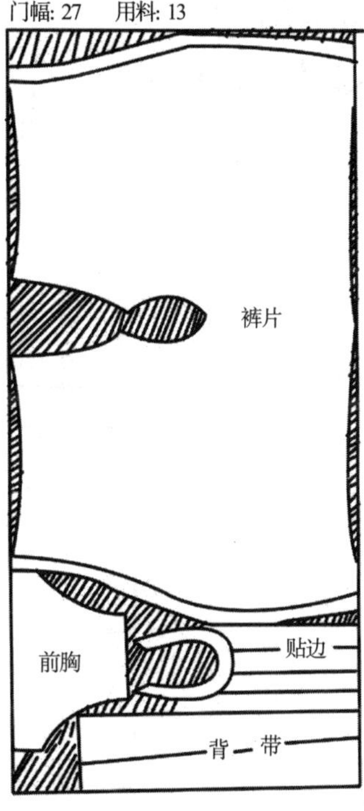

15. 圆领开口背心

单位：寸

部位	总长（Z）	衣长（C）	半胸围（X）	肩宽（J）	领围（L）	增值（δ）	袖系基数（D）
尺寸	24	12	10	8.2	8.2	3	13

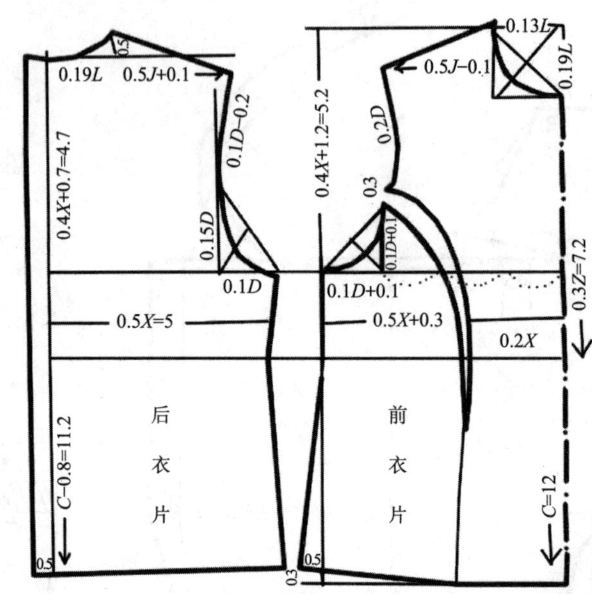

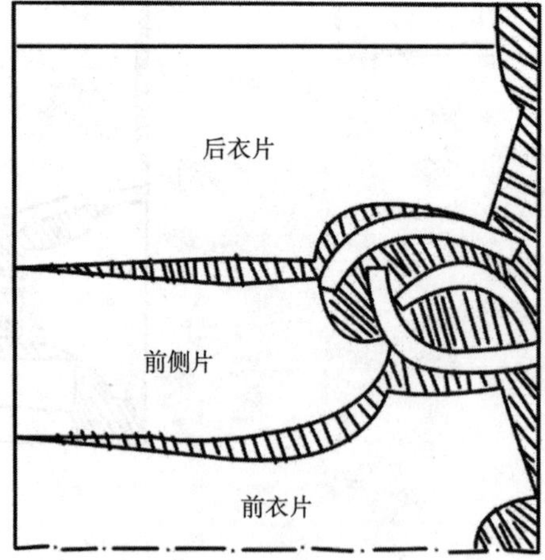

16. 方领横开口背心

单位：寸

部位	总长(Z)	衣长(C)	半胸围(X)	肩宽(J)	领围(L)	增值(δ)	袖系基数(D)
尺寸	24	12	10	8.2	8.2	3	13

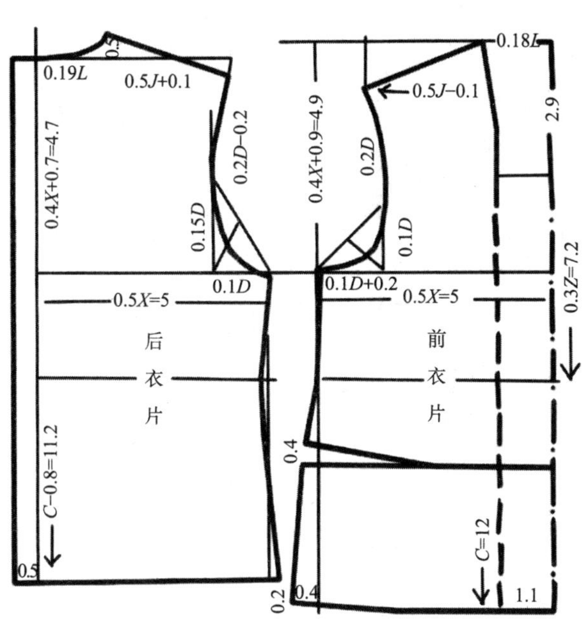

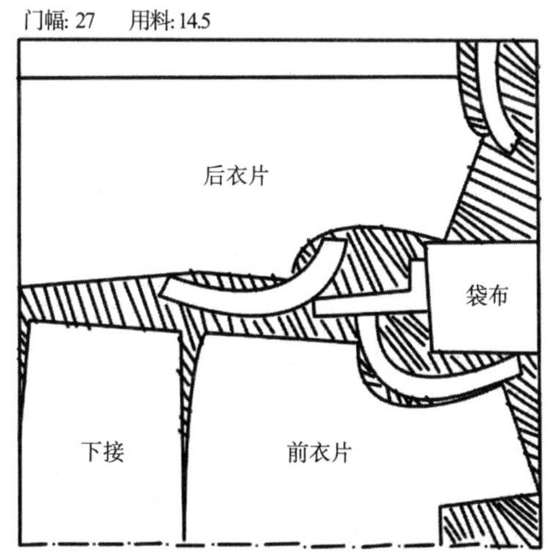

17. 幼童围身

单位：寸

部位	总长（Z）	衣长（C）	半胸围（X）	肩宽（J）	领围（L）	袖长（SC）	增值（δ）	袖系基数（D）
尺寸	20	13	12	9.6	10	9	3	15

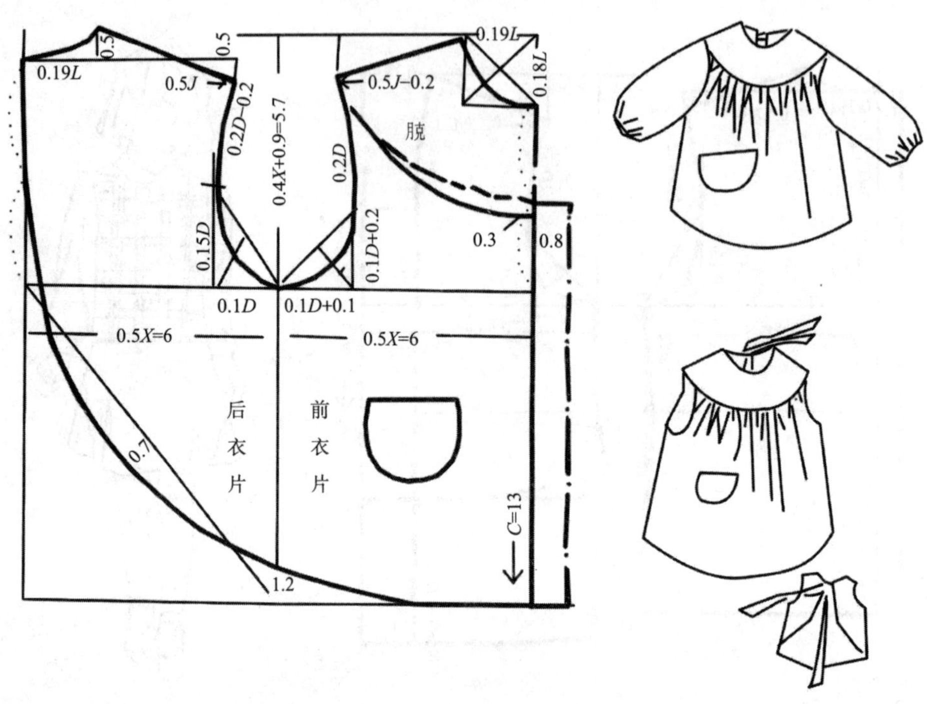

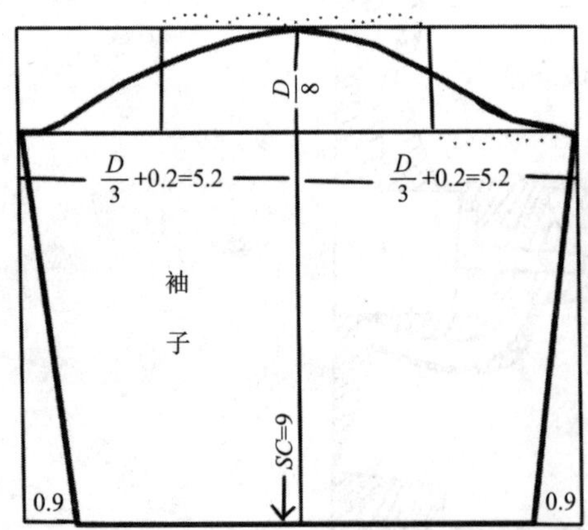

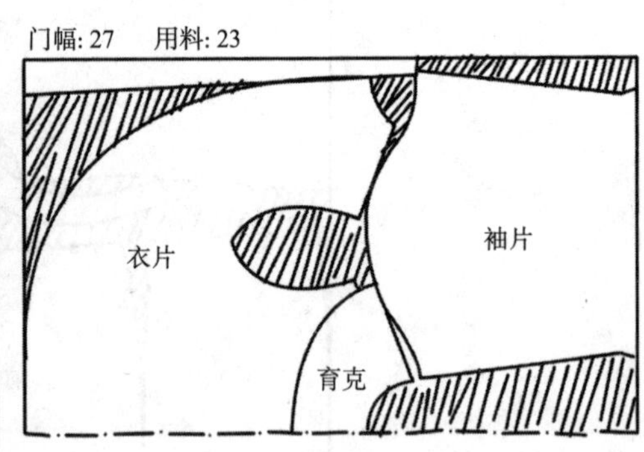

18. 幼童套袖罩衫

单位：寸

部位	总长（Z）	衣长（C）	半胸围（X）	领围（L）	袖长（SC）	增值（δ）	袖系基数（D）
尺寸	20	13	12	9	9	3	15

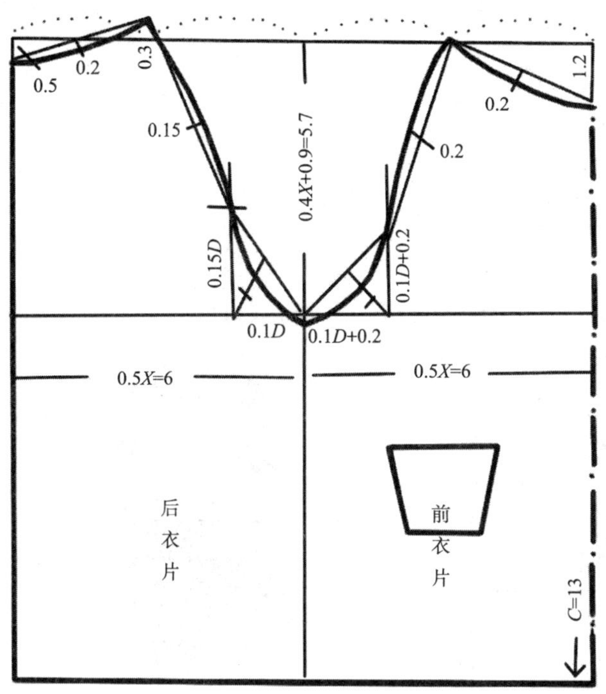

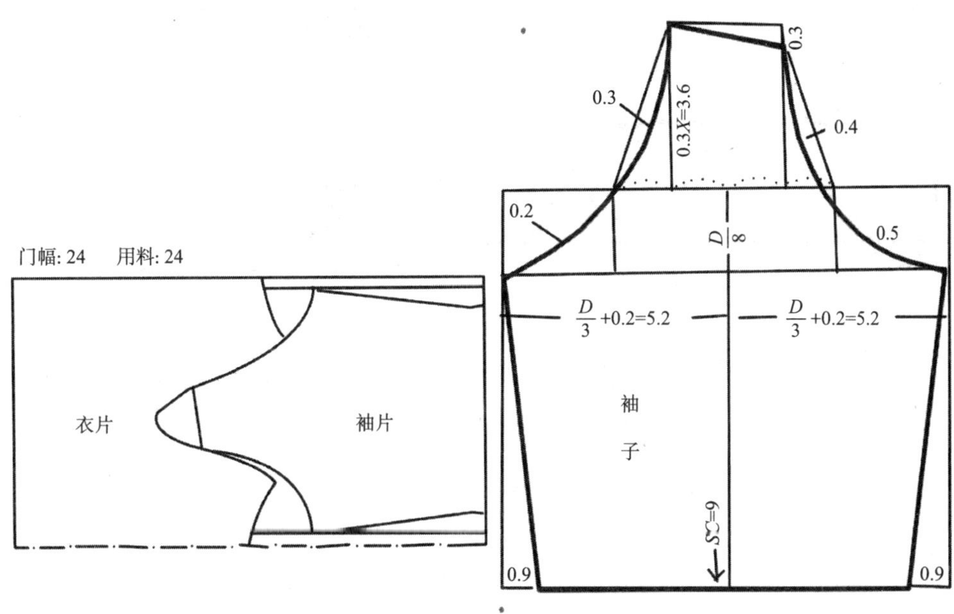

19. 幼童夏装

单位：寸

部位	总长（Z）	衣长（C）	半胸围（X）	肩宽（J）	增值（δ）	袖系基数（D）
尺寸	16	12	8	6.4	2	10

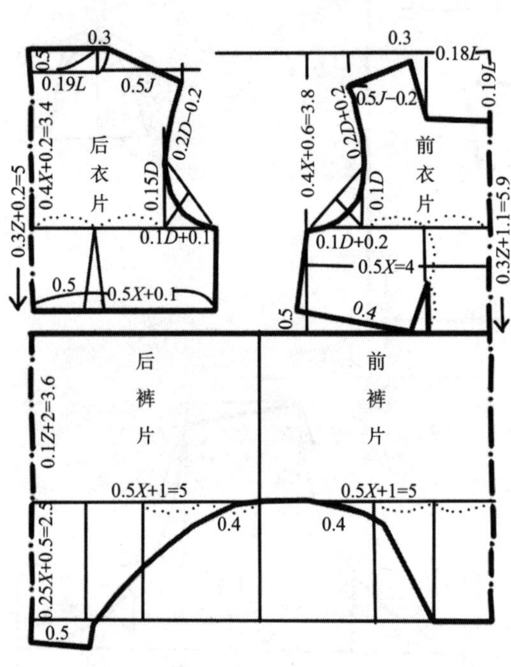

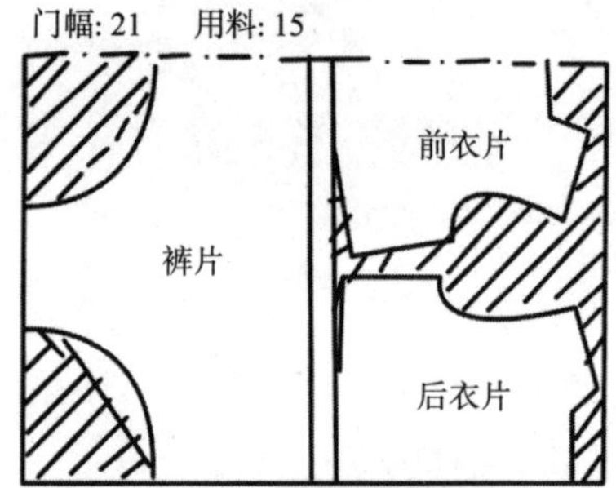

20. 婴儿套装

单位：寸

部位	总长（Z）	衣长（C）	半胸围（X）	肩宽（J）	领围（L）	袖长（SC）	增值（δ）	袖系基数（D）	裤长（KC）	半臀围（T）
尺寸	16	10	8.5	6.8	7.4	3	2	10.5	6.5	9

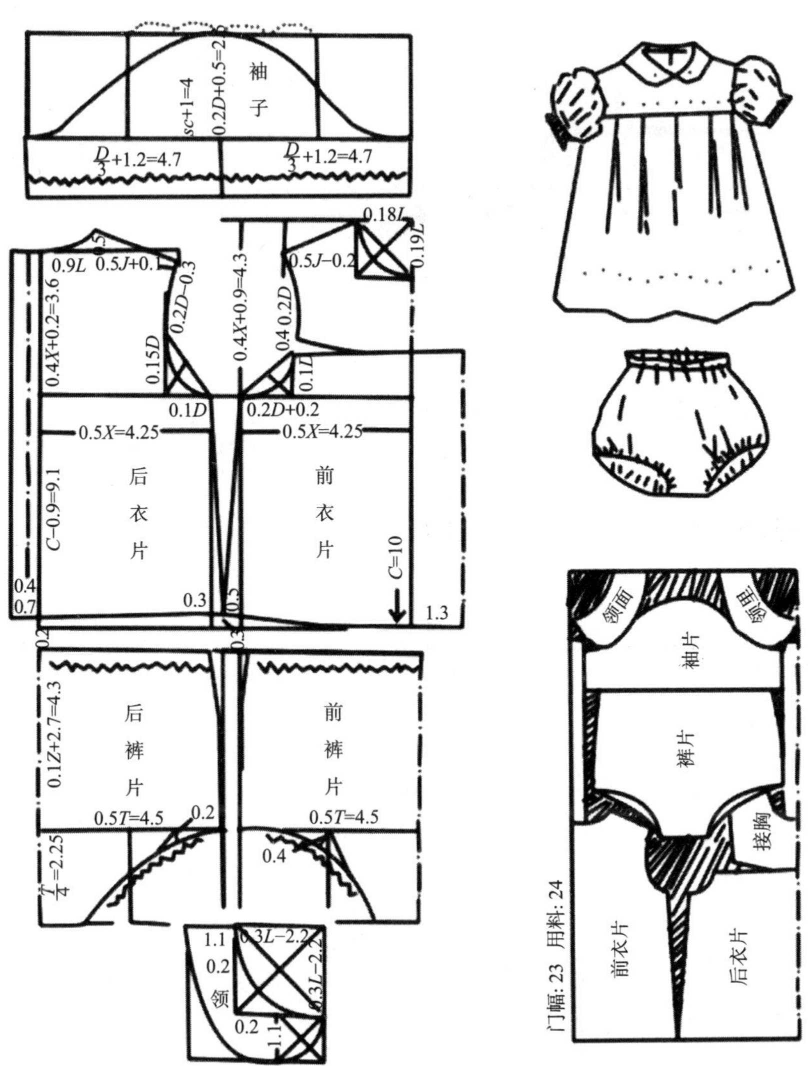

21. 娃娃衫

单位：寸

部位	总长（Z）	衣长（C）	半胸围（X）	肩宽（J）	袖长（SC）	领围（L）	增值（δ）	袖系基数（D）
尺寸	28	16	13	10	11.6	10	3	16

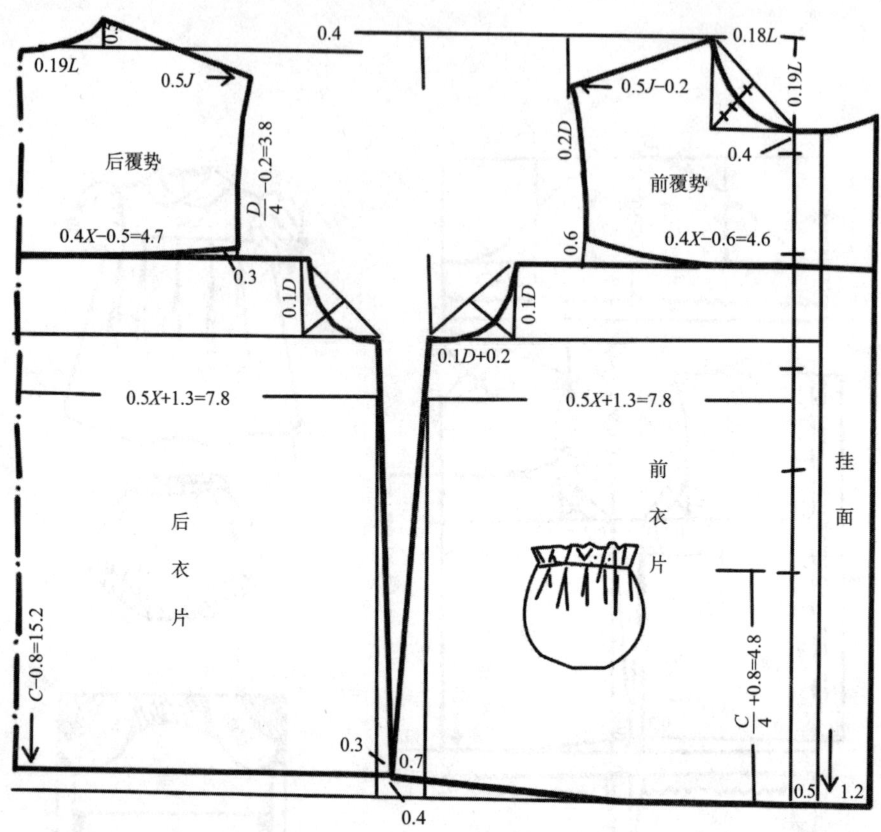

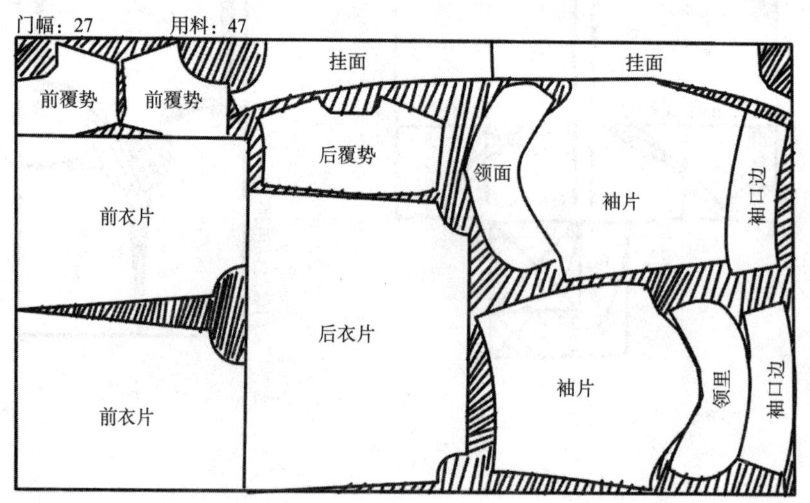

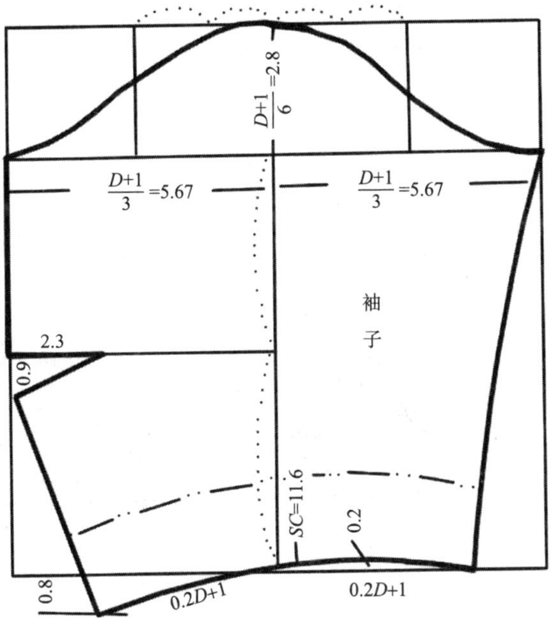

$\frac{D+1}{6}=2.8$

$\frac{D+1}{3}=5.67$　$\frac{D+1}{3}=5.67$

袖子

2.3　0.9　SC=11.6　0.2　0.8　0.2D+1　0.2D+1

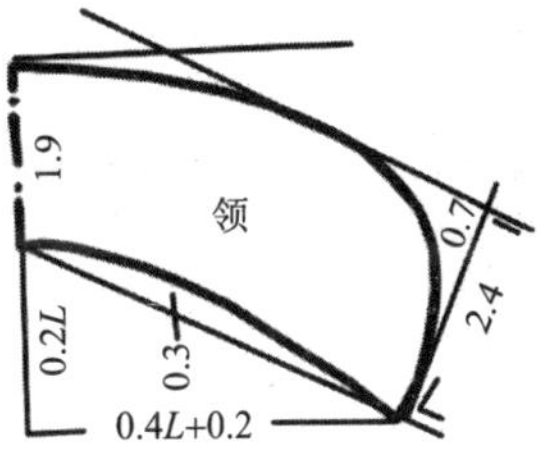

领

1.9　0.7　2.4　0.2L　0.3　0.4L+0.2

22. 婴儿斜襟衫

单位：寸

部位	总长（Z）	半胸围（X）
尺寸	14	8.5

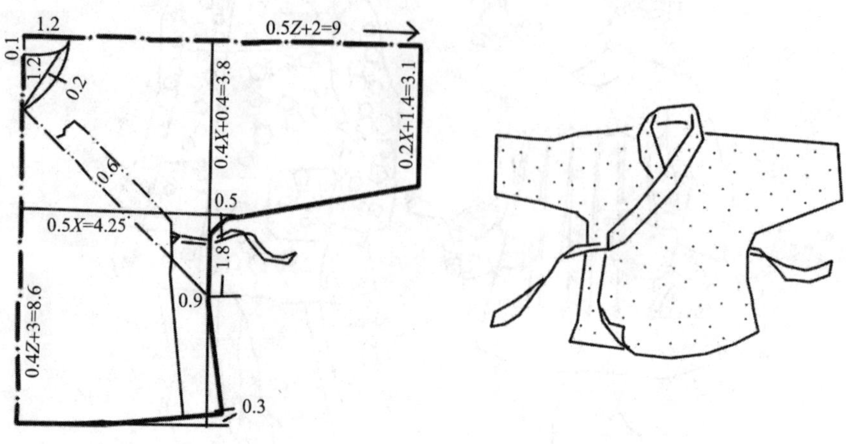

23. 婴儿斜襟棉袄

单位：寸

部位	总长（Z）	半胸围（X）
尺寸	14	9.5

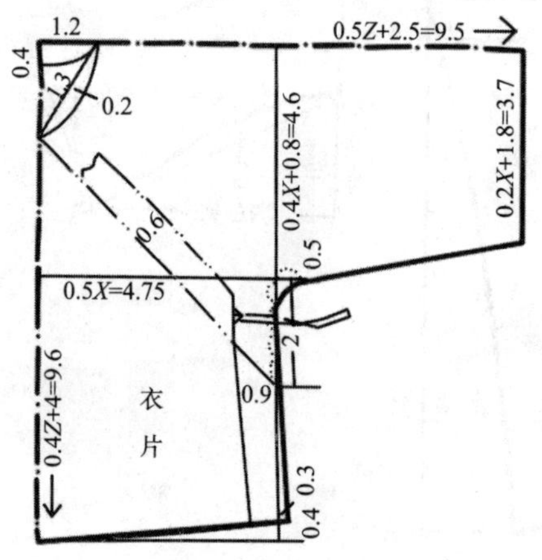

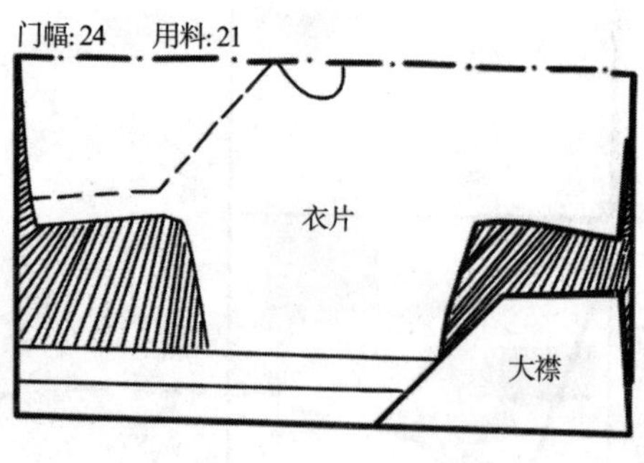

24. 婴儿倒穿大袍

单位：寸

部位	总长（Z）	半胸围（X）
尺寸	14	10.5

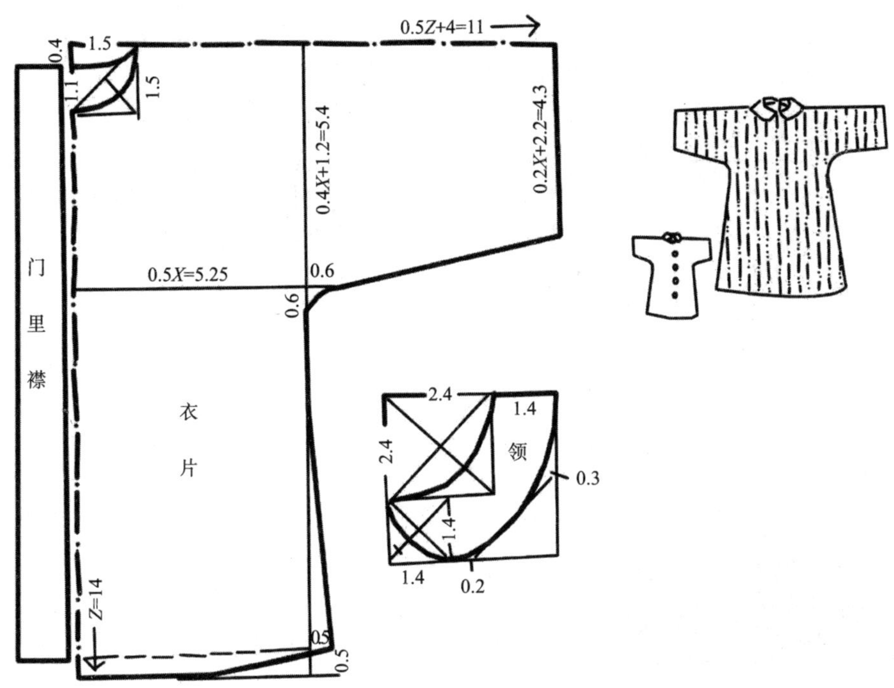

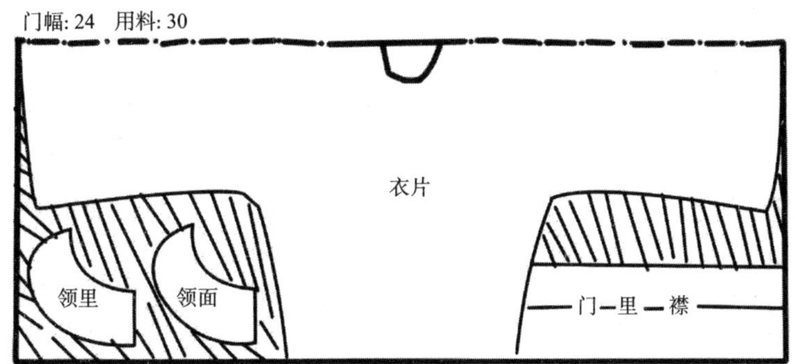

25. 婴儿开裆裤 单位：寸

部位	总长（Z）	半臀围（T）
尺寸	14	8.5

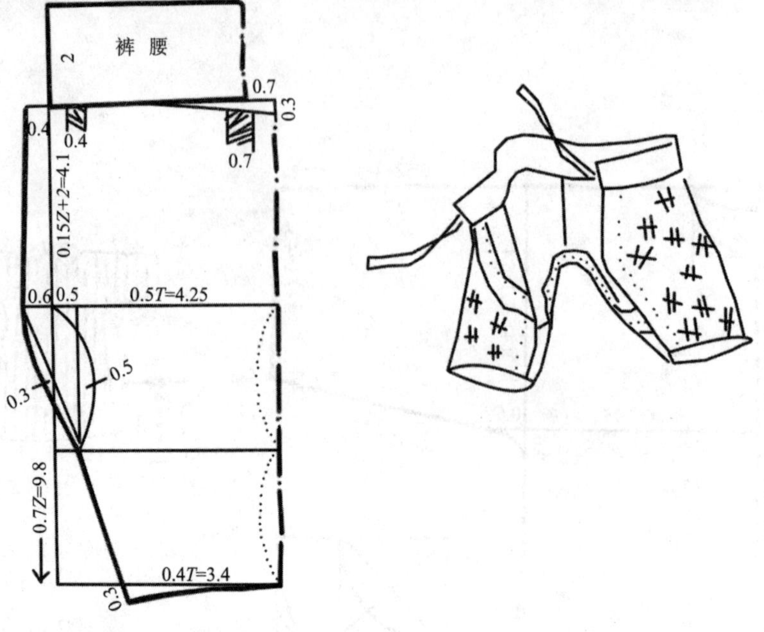

26. 婴儿开裆棉裤 单位：寸

部位	总长（Z）	半臀围（T）
尺寸	14	9.5

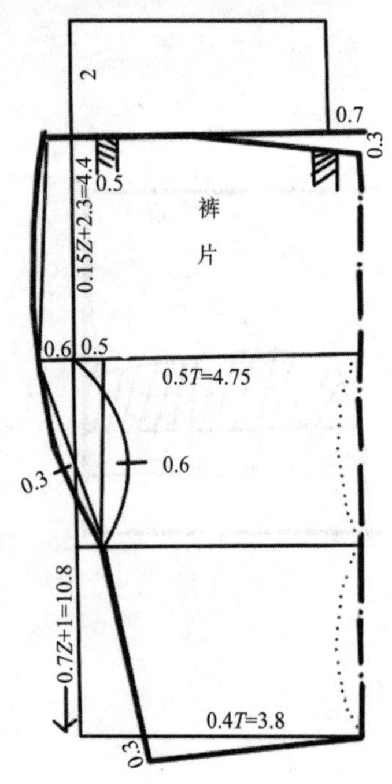

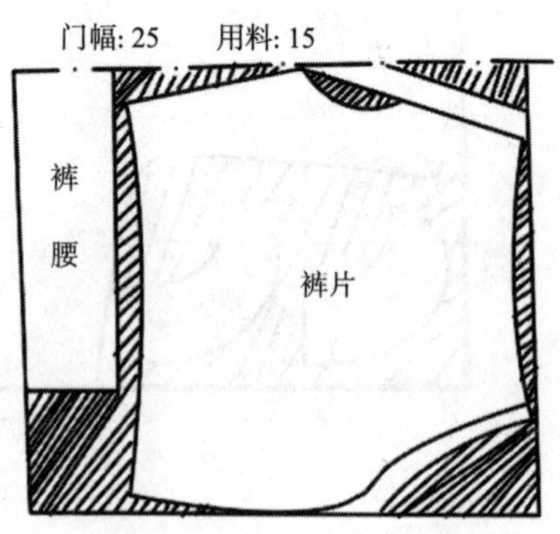

27. 婴儿连衣裤

单位：寸

部位	总长（Z）	半胸围（X）	半臀围（T）
尺寸	14	8.5	8.5

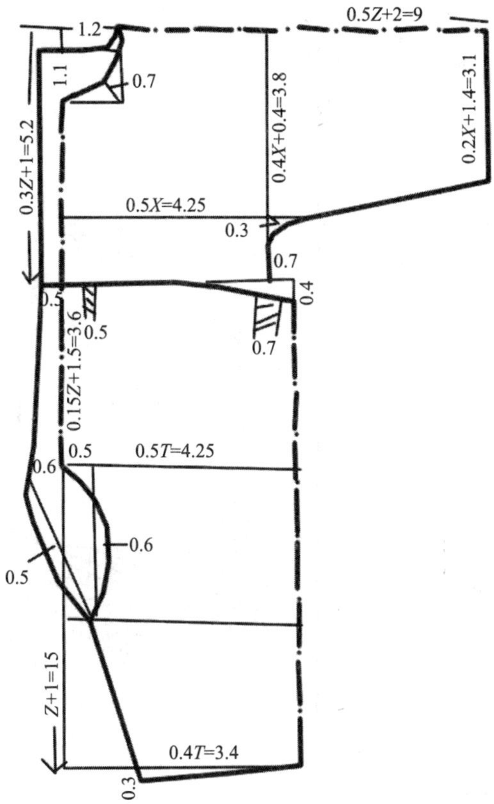

0.5Z+2=9
1.2
1.1
0.7
0.4X+0.4=3.8
0.2X+1.4=3.1
0.3Z+1=5.2
0.5X=4.25
0.3
0.7
0.5
0.4
0.5
0.7
0.15Z+1.5=3.6
0.5
0.5T=4.25
0.6
0.6
0.5
Z+1=15
0.4T=3.4
0.3

门幅: 24
用料: 24
衣长
裤片

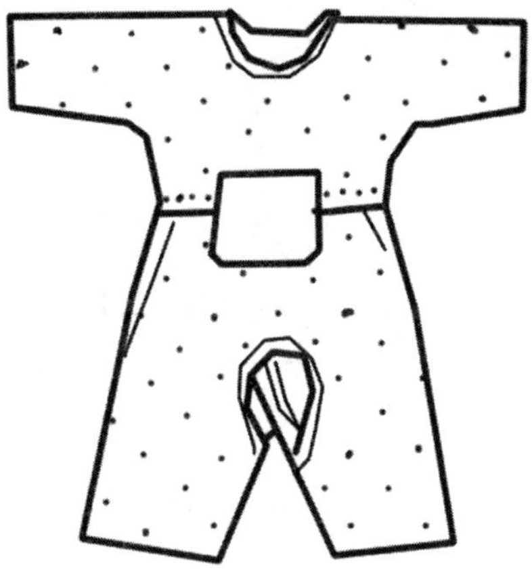

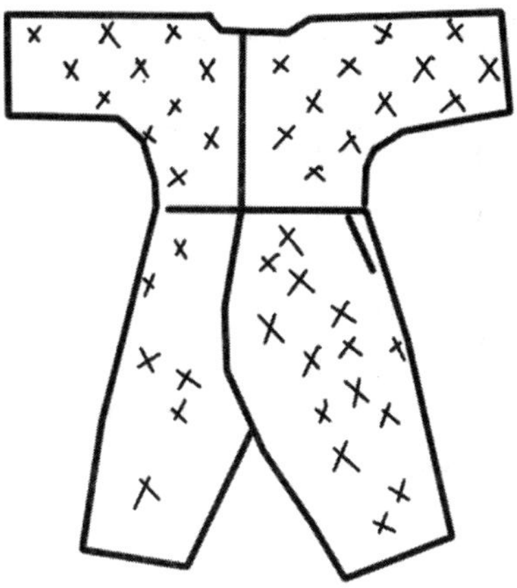

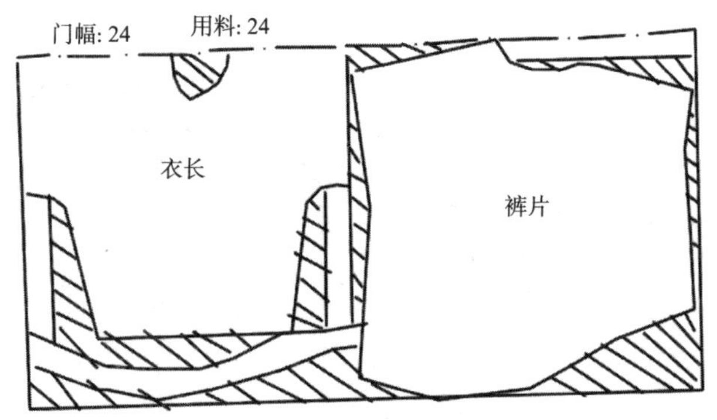

28. 短裙衫

单位：寸

部位	总长 (Z)	裙长 (QC)	半胸围 (X)	肩宽 (J)	领围 (L)	增值 (δ)	袖系基数 (D)
尺寸	24	15.5	10	8	8	2	12

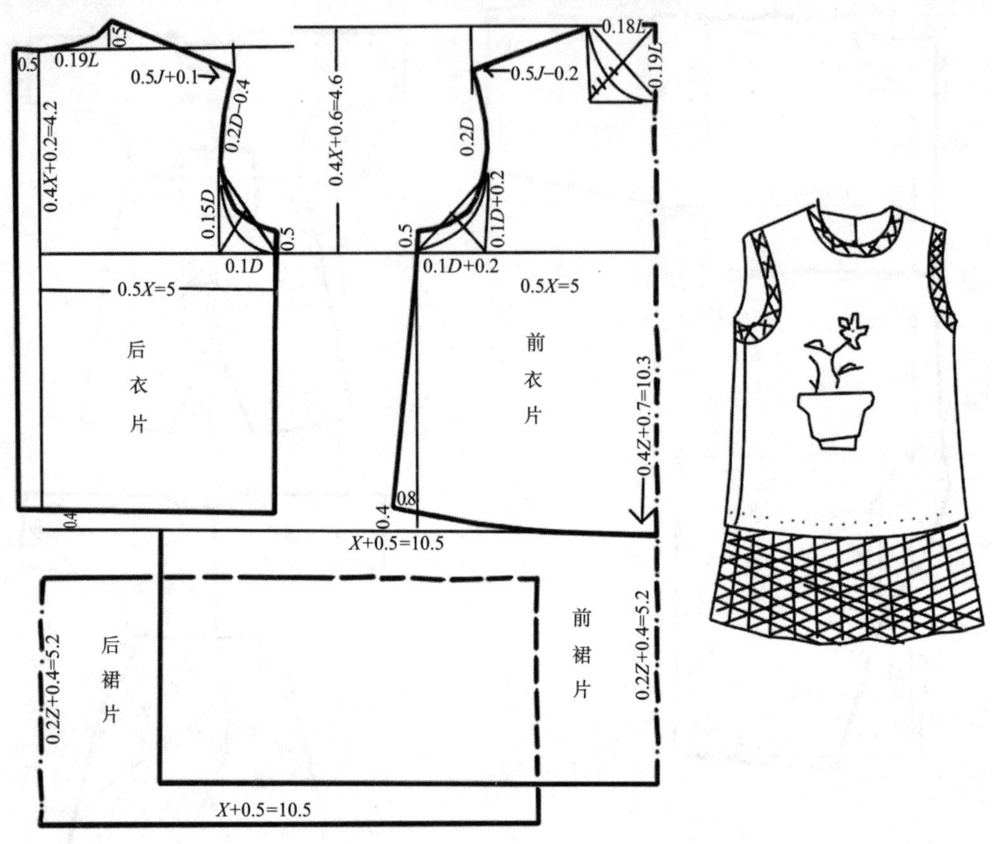

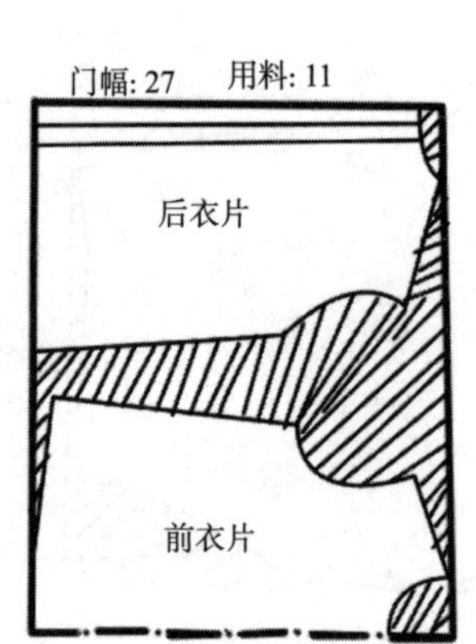

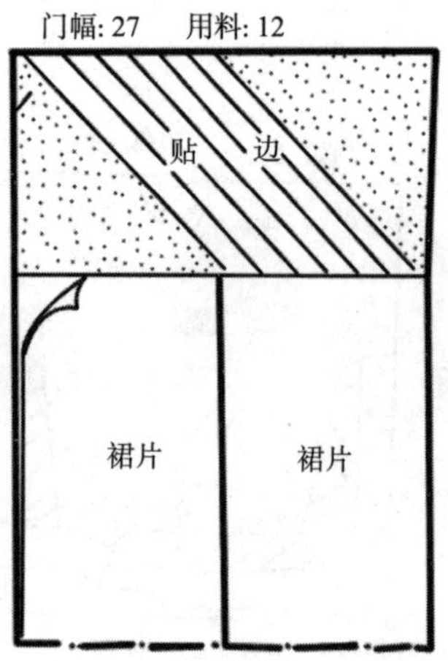

29. 泡袖连衣裙

单位：寸

部位	总长（Z）	裙长（QC）	半胸围（X）	肩宽（J）	袖长（SC）	领围（L）	增值（δ）	袖系基数（D）
尺寸	26	18.4	10	8.2	2.9	8.5	2	12

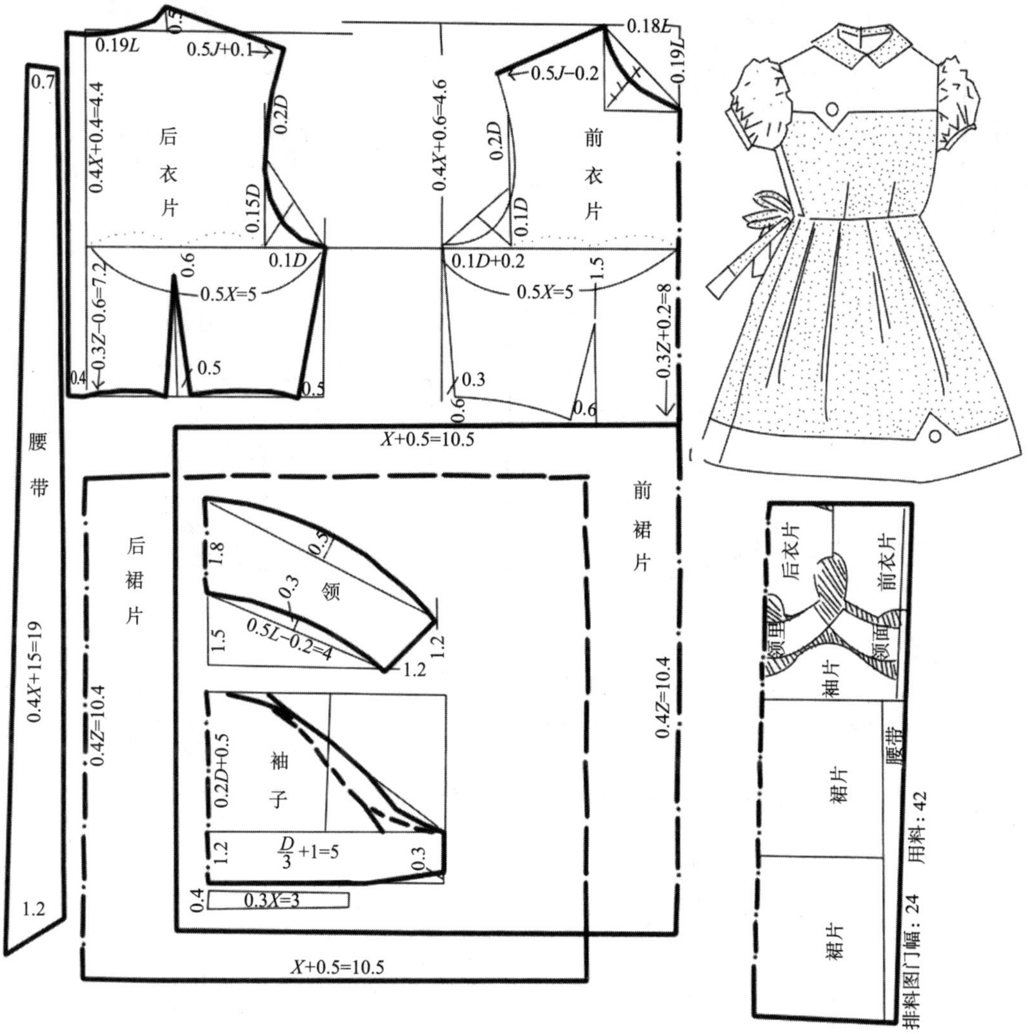

后衣片
0.19L
0.5J+0.1
0.4X+0.4=4.4
0.2D
0.15D
0.1D
0.6
0.5X=5
0.3Z−0.6=7.2
0.5
0.4
0.5

前衣片
0.18L
0.19L
0.5J−0.2
0.4X+0.6=4.6
0.2D
0.1D
0.1D+0.2
0.5X=5
1.5
0.3
0.6
0.6
0.3Z+0.2=8

腰带
0.7
0.4X+15=19
1.2

后裙片
0.4Z=10.4
X+0.5=10.5

前裙片
X+0.5=10.5
0.4Z=10.4

领
1.8
0.5
0.3
1.5
0.5L−0.2=4
1.2
1.2

袖子
0.2D+0.5
1.2
$\frac{D}{3}$+1=5
0.3
0.4
0.3X=3

后衣片
前衣片
领里
领面
袖片
腰带
裙片
裙片
用料：42
排料图门幅：24

30. 田鸡衫裤　　单位：寸

部位	总长（Z）	衣长（C）	半胸围（X）	肩宽（J）
尺寸	18	8	9	10

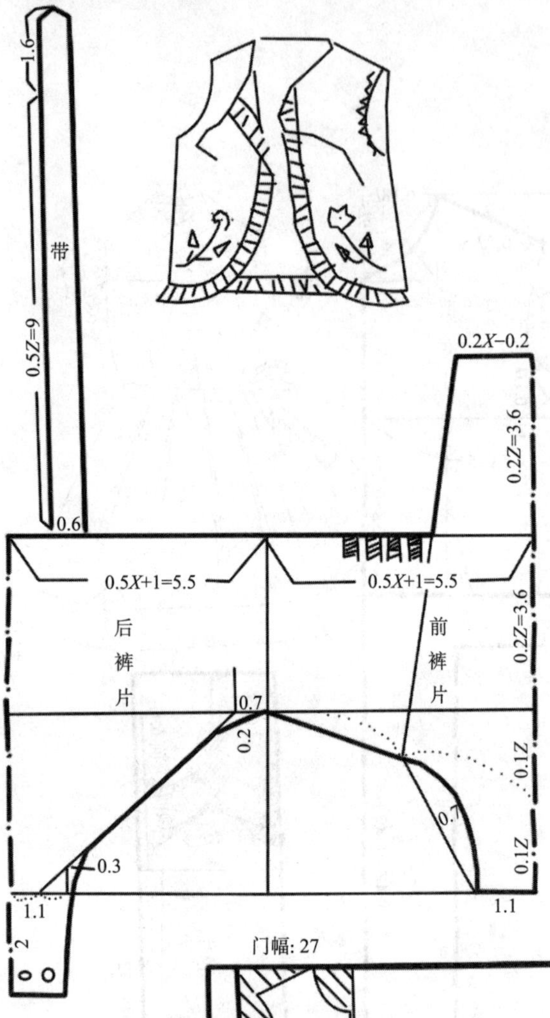

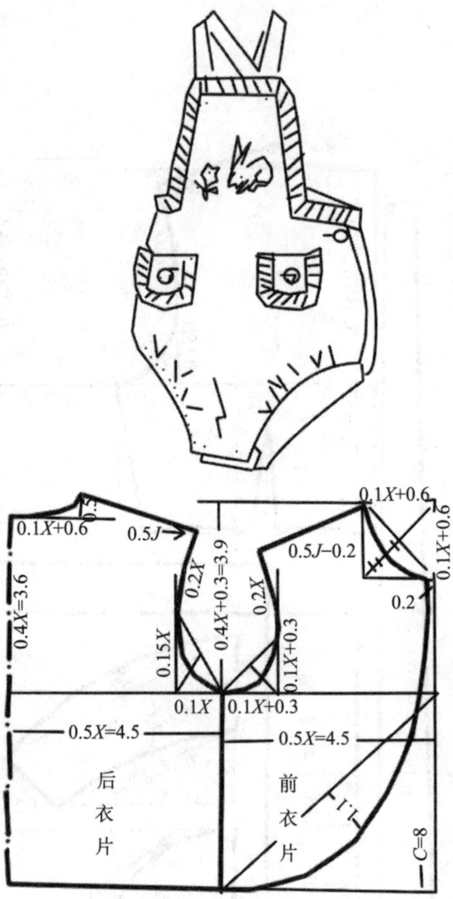

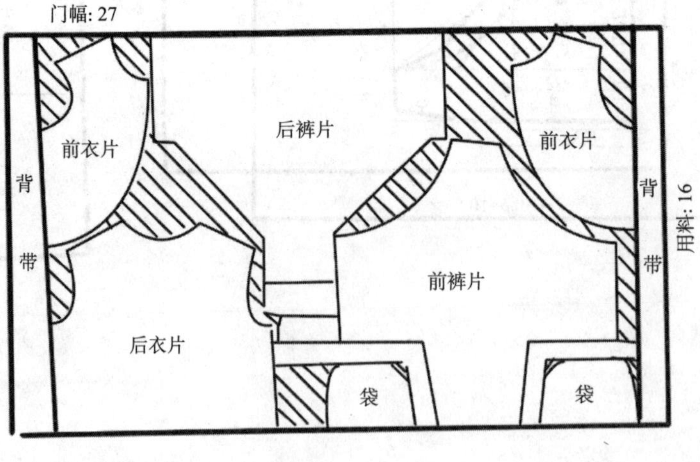

（四）帽子、鞋子、手套

在服装裁剪中，经常会有剩余的零料。这些不成衣料的大块零布，看起来藏之无用，但丢了又可惜，如能把这些零布裁制成帽子、手套或鞋子，既充分利用了物料，又可以与服装配套穿戴，使全身上下更加协调。

鞋子、帽子和手套是一项很难脱空裁剪的工艺。它不但要轮廓准确、穿戴舒适，而且要使左右对称、吻合准确。

要绘画好理想的鞋样，通常是请教有经验的老师傅。要变换尺寸，那就更需要依着原始纸样逐步放大或缩小，这不但需要一定的条件和时间，而且经过多次仿剪，往往会使原样变形。书中所列的鞋帽制图，可以使你在没有原始纸样的情况下，能够随手描绘出各档尺寸的鞋帮、鞋底和鞋样。

要做一顶大小适宜的帽子，首先要量准头围。量时夹入两个手指，自额头经过耳上，通过头后部突出处，轻绕一圈，代号为“*m*”。

“*J*”是鞋子大小的代号，根据脚底长度再加0.2～0.3寸；棉鞋按脚底长度再加0.5寸。制图实例中除船式女鞋是翻绱外，其余均为明绱。如明绱鞋帮改为翻绱时，鞋头和两边加放0.15寸，反之，则减小0.15寸。明绱鞋底的长度为$J+0.3$寸，而翻绱鞋底就不需加0.3寸。

做手套一般测两个尺寸：一是手长，代号为“*SC*”；二是手围，代号为“*SW*”，详见手套裁剪制图实例介绍。

注：① 本节中的裁剪制图，除标有“△△”符号的帽檐、帽圈是净粉外，其余都包括做缝0.15寸在内。

② 鞋后跟的做缝是0.16寸。

③ 夹手套的做缝是0.1寸。棉手套的做缝是0.15寸。

④ 帽檐面的外口放0.15寸，里口放0.25寸，帽檐里的外口不放。

⑤ 本节中的裁剪制图，除童鞋按3∶5的比例尺外，其余制图全部按3∶10。

1. 帽子

晴雨帽　头围（m）=17

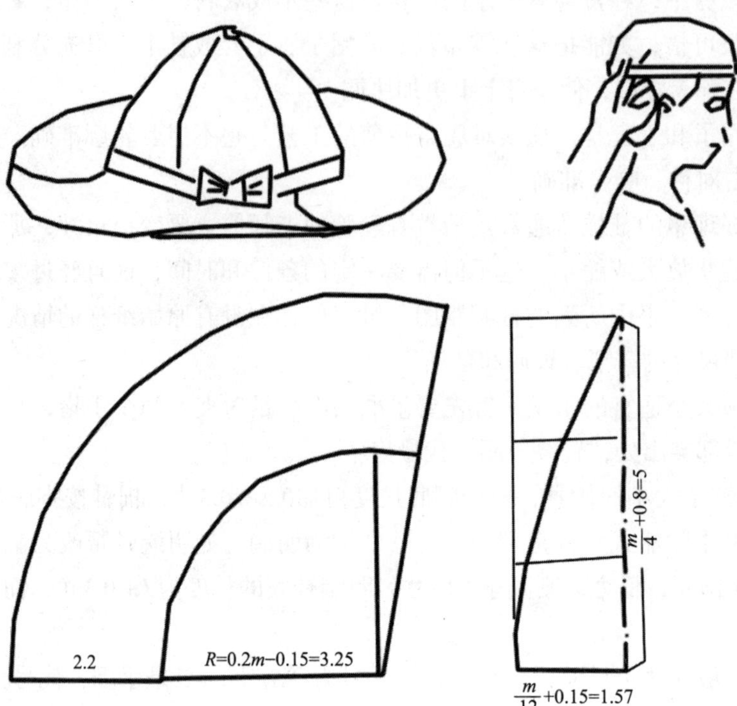

童 帽　头围（m）=15

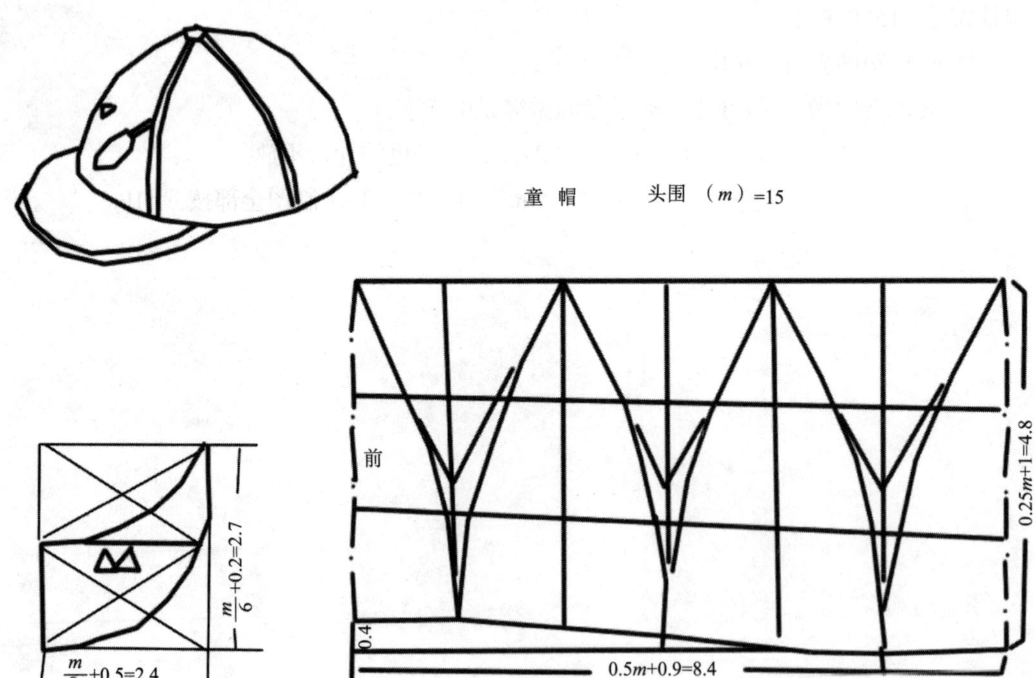

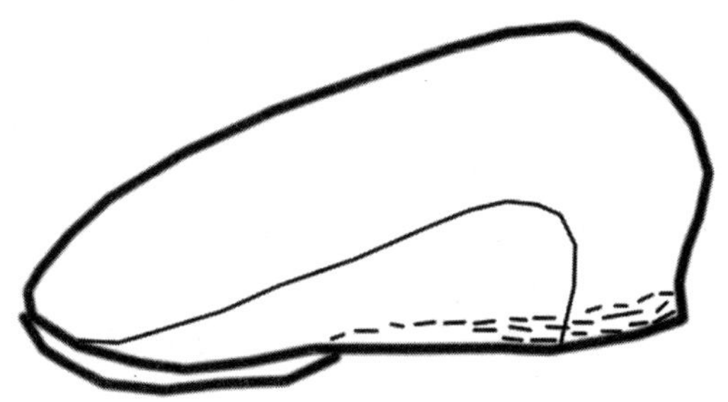

前进帽　　　　头围（m）=17

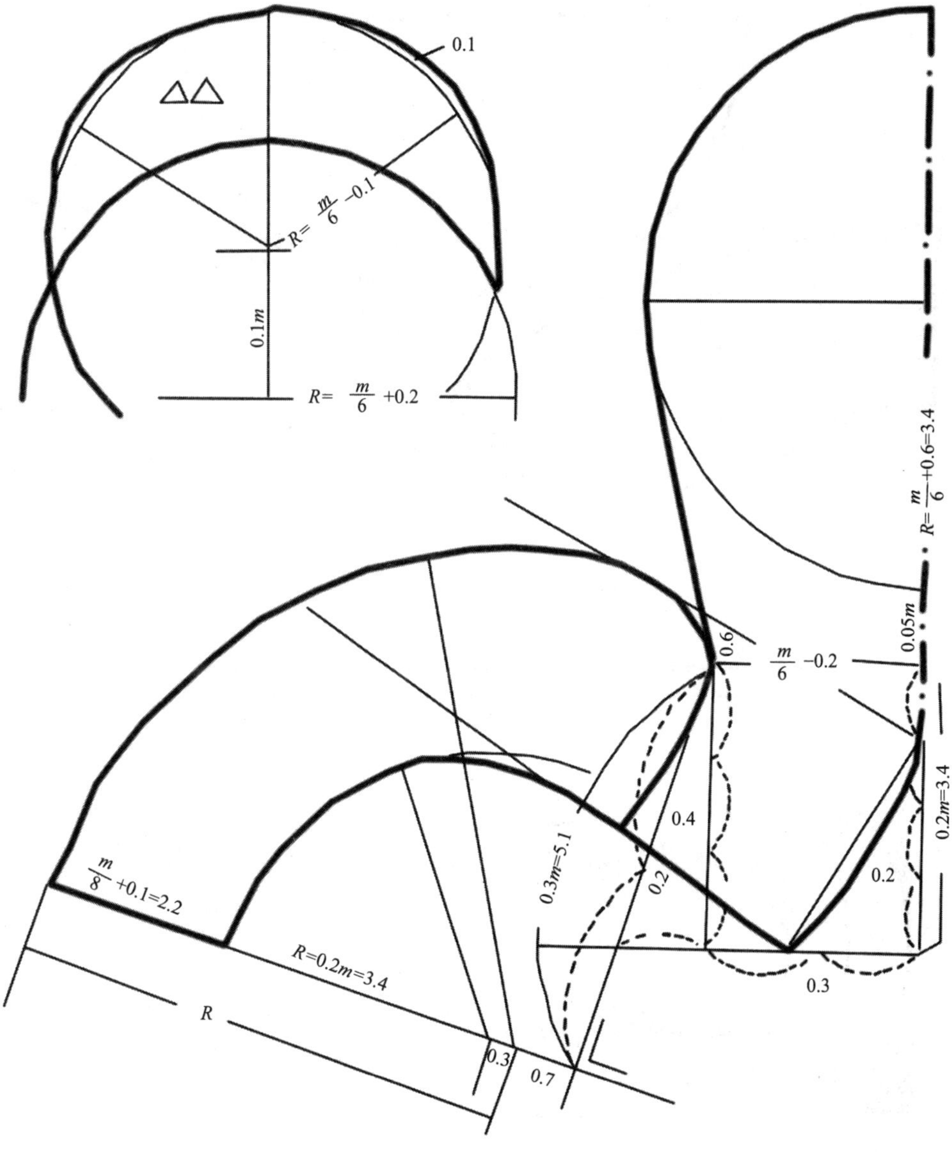

0.1

$R=\frac{m}{6}-0.1$

$0.1m$

$R=\frac{m}{6}+0.2$

$R=\frac{m}{6}+0.6=3.4$

$0.05m$

0.6

$\frac{m}{6}-0.2$

$0.2m=3.4$

0.4

0.2

0.2

$0.3m=5.1$

0.3

$\frac{m}{8}+0.1=2.2$

$R=0.2m=3.4$

R

0.3

0.7

圆顶帽　　头围（m）=17

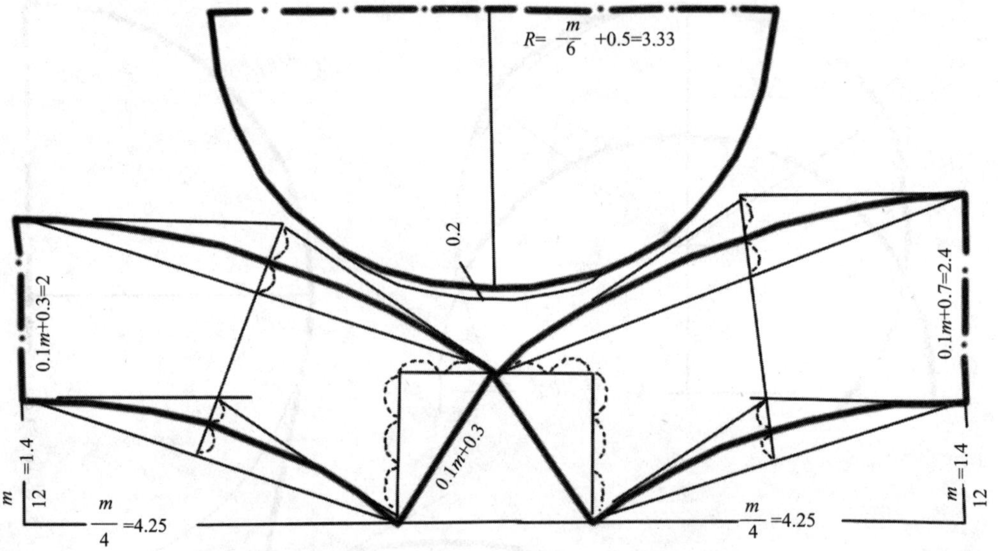

$R=\frac{m}{6}+0.5=3.33$

0.2

$0.1m+0.3=2$

$0.1m+0.7=2.4$

$0.1m+0.3$

$\frac{m}{12}=1.4$　　$\frac{m}{4}=4.25$

$\frac{m}{4}=4.25$　　$\frac{m}{12}=1.4$

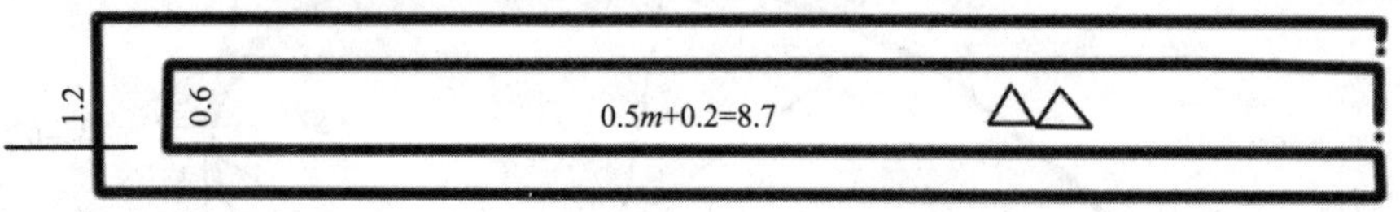

1.2　　0.6　　$0.5m+0.2=8.7$

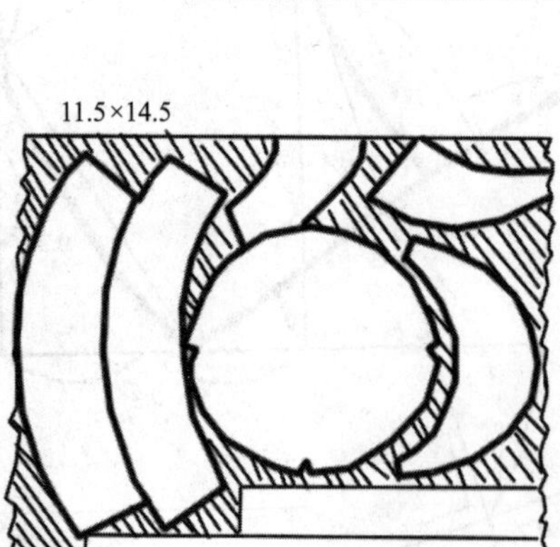

11.5×14.5

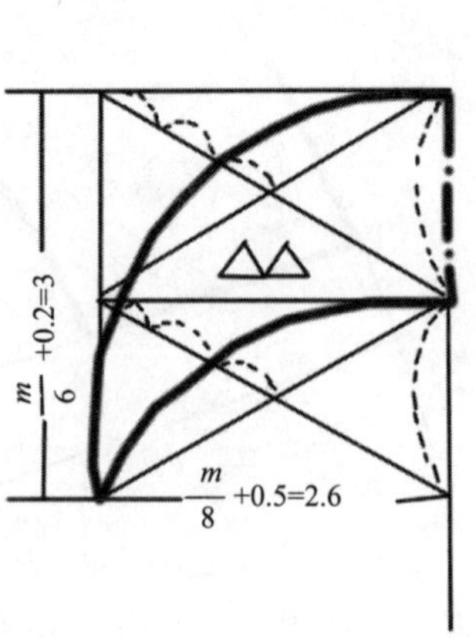

$\frac{m}{6}+0.2=3$

$\frac{m}{8}+0.5=2.6$

棉帽　头围（m）=17.5

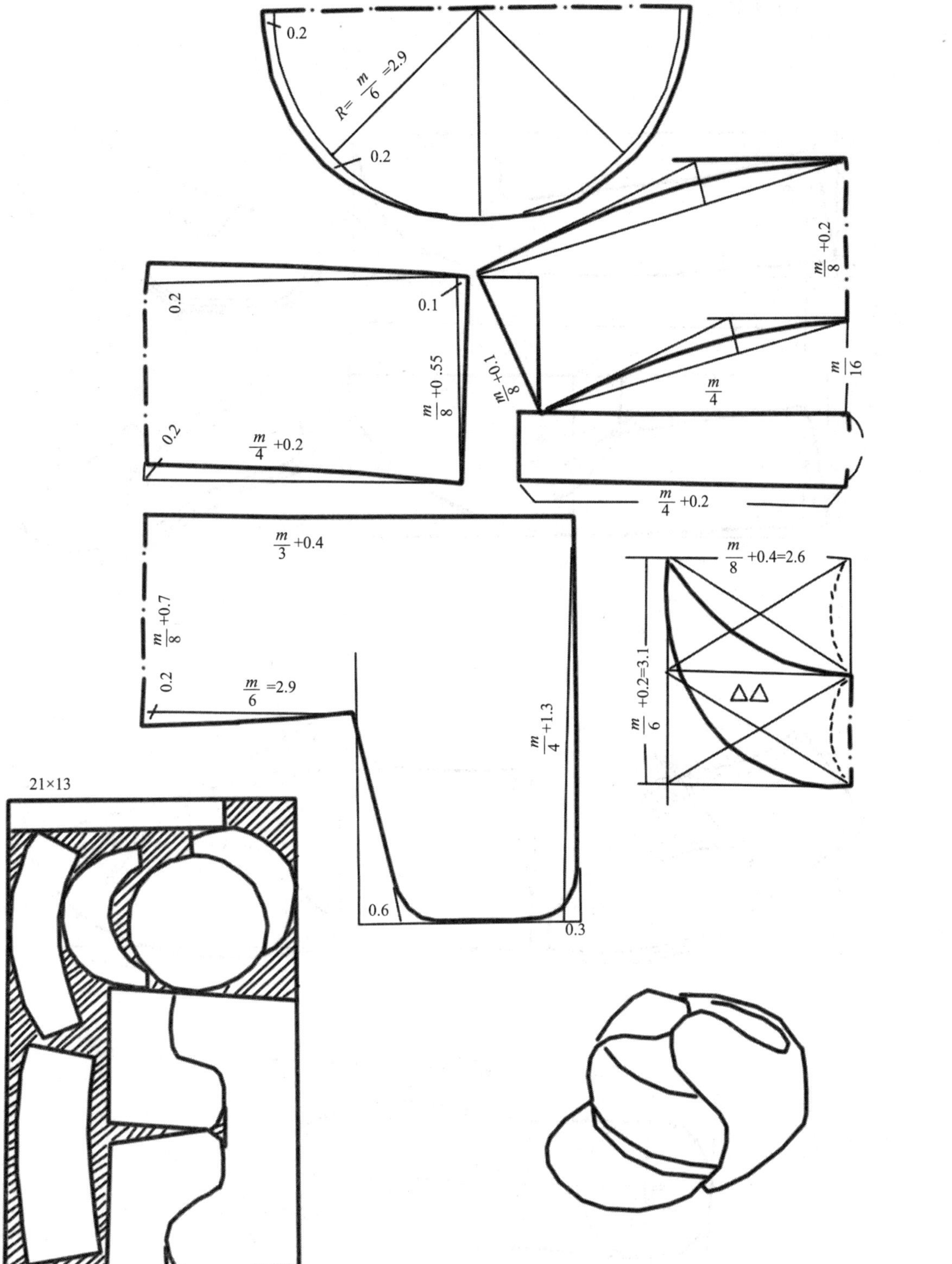

$R=\frac{m}{6}=2.9$

0.2

0.2

0.2

0.1

$\frac{m}{8}+0.55$

0.2

$\frac{m}{4}+0.2$

$\frac{m}{8}+0.1$

$\frac{m}{8}+0.2$

$\frac{m}{16}$

$\frac{m}{4}$

$\frac{m}{4}+0.2$

$\frac{m}{3}+0.4$

$\frac{m}{8}+0.7$

0.2

$\frac{m}{6}=2.9$

$\frac{m}{4}+1.3$

0.6

0.3

$\frac{m}{8}+0.4=2.6$

$\frac{m}{6}+0.2=3.1$

ΔΔ

21×13

2. 鞋子

（1）男鞋

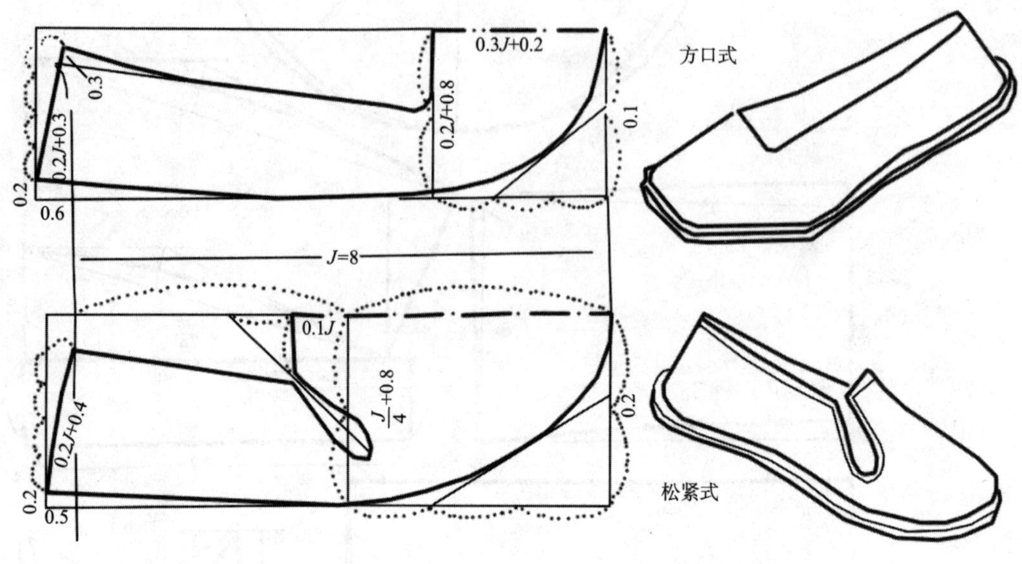
0.3J+0.2
方口式
0.3
0.2J+0.3
0.2J+0.8
0.1
0.2
0.6
J=8
0.1J
J/4+0.8
0.2J+0.4
0.2
0.2
0.5
松紧式

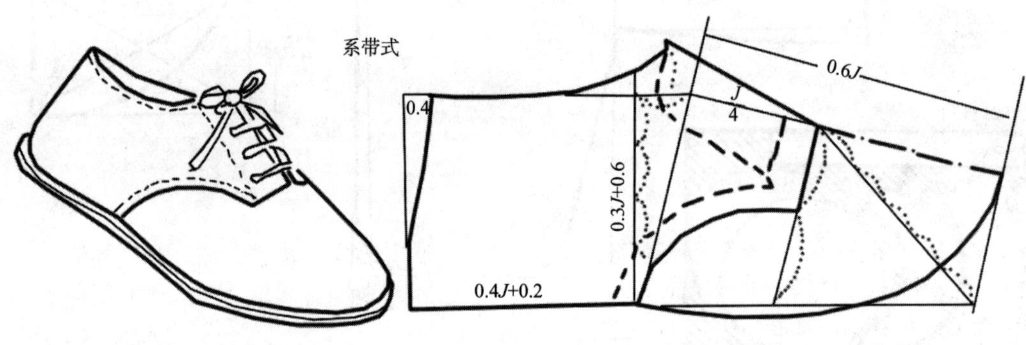
系带式
0.6J
0.4
J/4
0.3J+0.6
0.4J+0.2

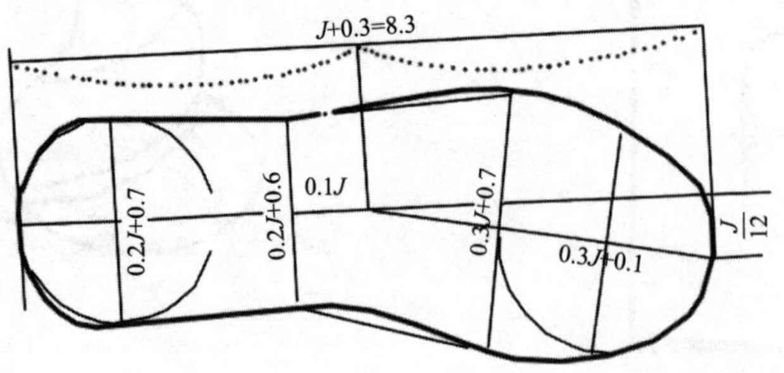
J+0.3=8.3
0.2J+0.7
0.2J+0.6
0.1J
0.3J+0.7
0.3J+0.1
J/12

（2）女鞋

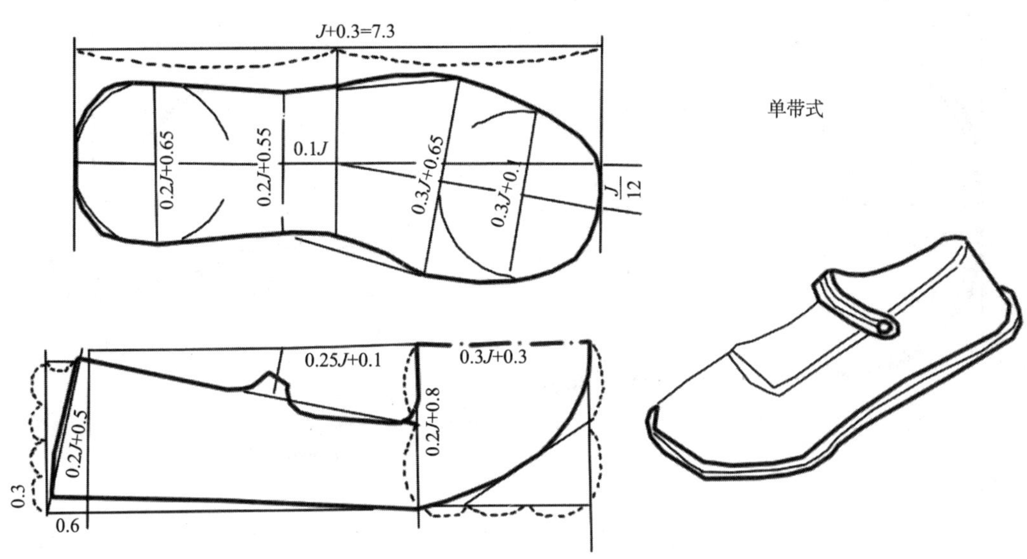
J+0.3=7.3
0.2J+0.65
0.2J+0.55
0.1J
0.3J+0.65
0.3J+0.1
J/12
单带式
0.25J+0.1
0.3J+0.3
0.2J+0.5
0.2J+0.8
0.3
0.6

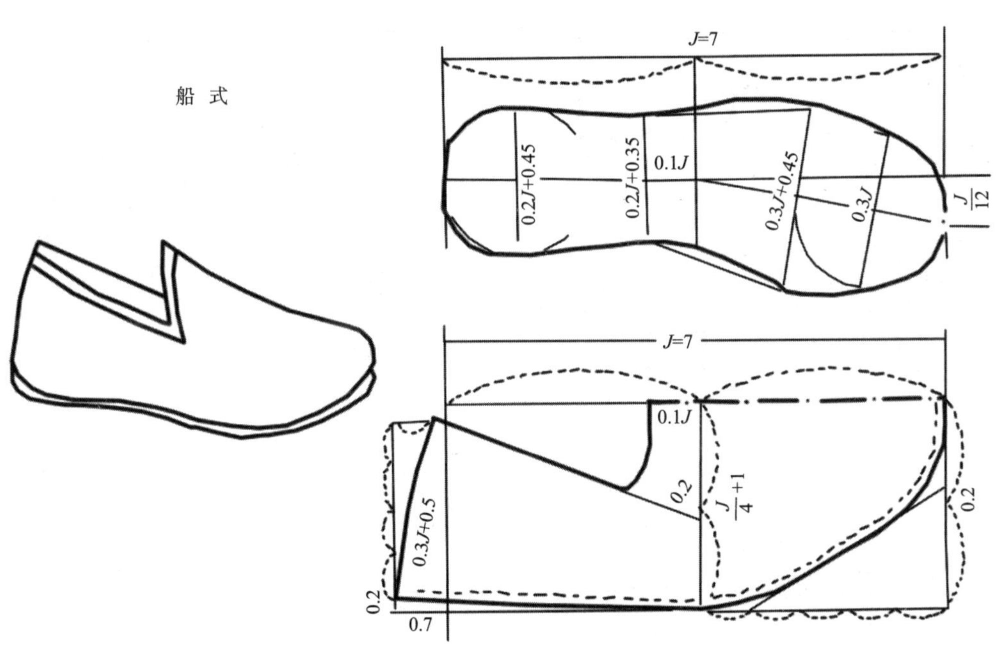
船 式
J=7
0.2J+0.45
0.2J+0.35
0.1J
0.3J+0.45
0.3J
J/12
J=7
0.1J
0.2
J/4+1
0.3J+0.5
0.2
0.2
0.7

（3）童鞋

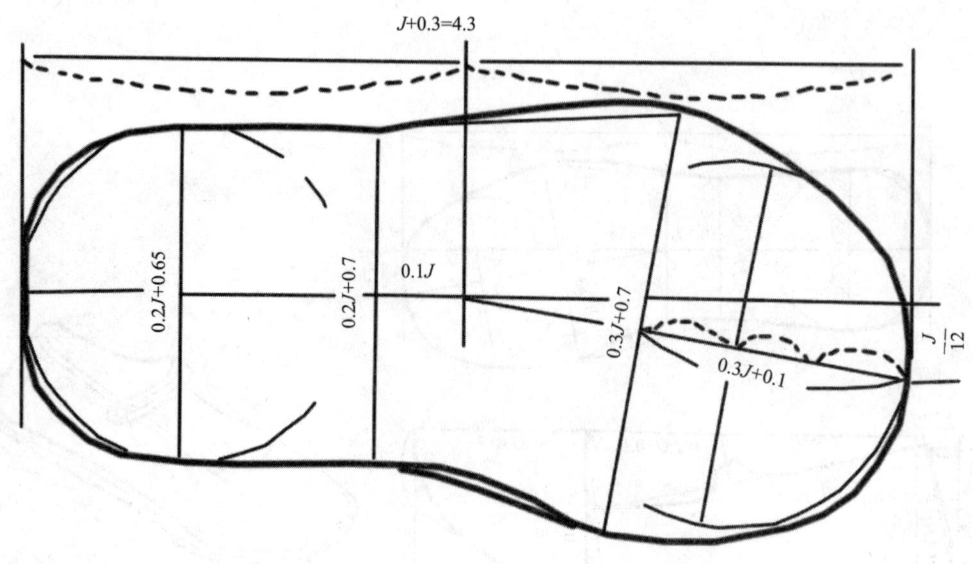
J+0.3=4.3
0.2J+0.65
0.2J+0.7
0.1J
0.3J+0.7
0.3J+0.1
J/12

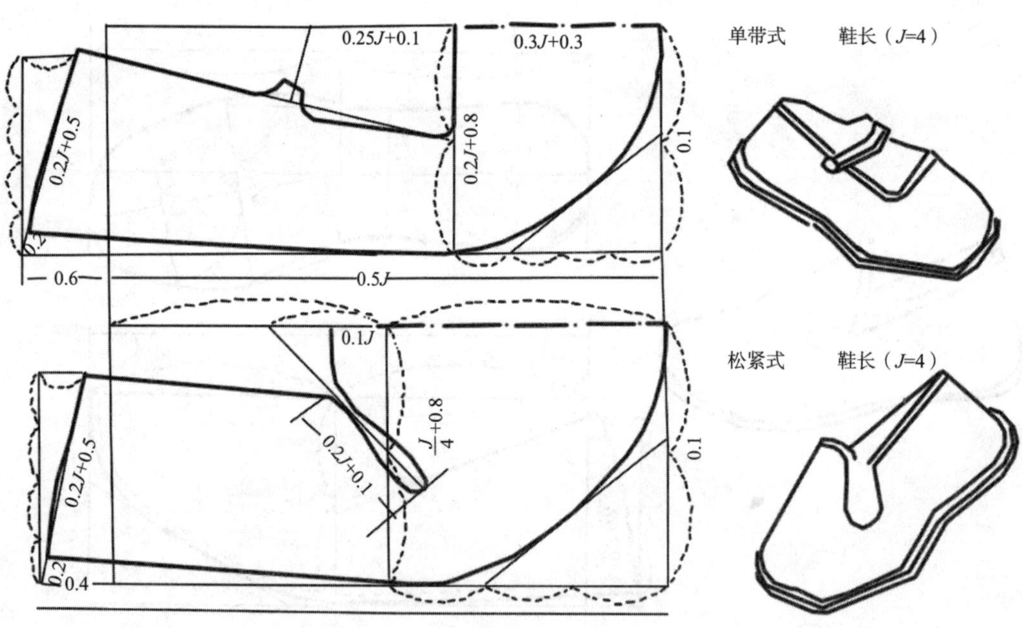
0.25J+0.1
0.3J+0.3
0.2J+0.5
0.2J+0.8
0.1
0.2
0.6
0.5J
单带式
鞋长（J=4）
0.1J
J/4+0.8
0.2J+0.5
0.2J+0.1
0.1
0.2
0.4
松紧式
鞋长（J=4）

3. 手套

棉手套　手长（SC）=6；手围（SW）=6.4

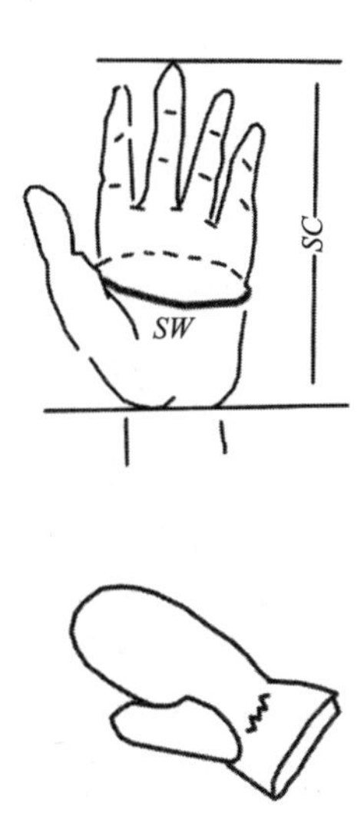

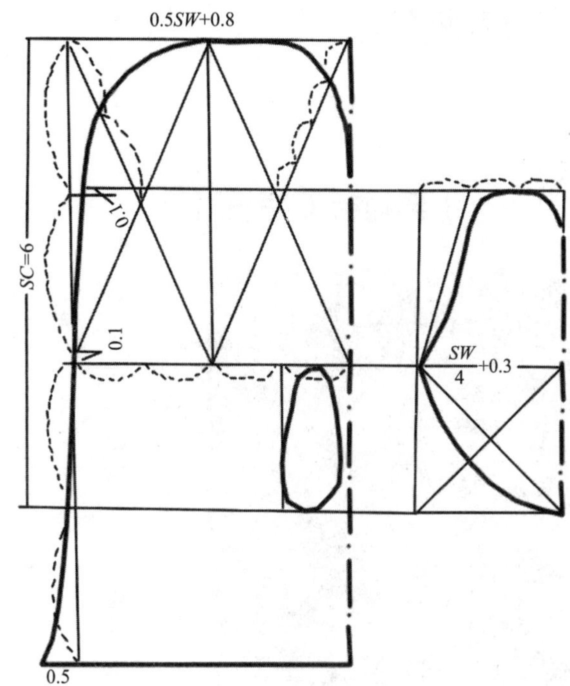

夹手套　手长（SC）=6；手围（SW）=6.4

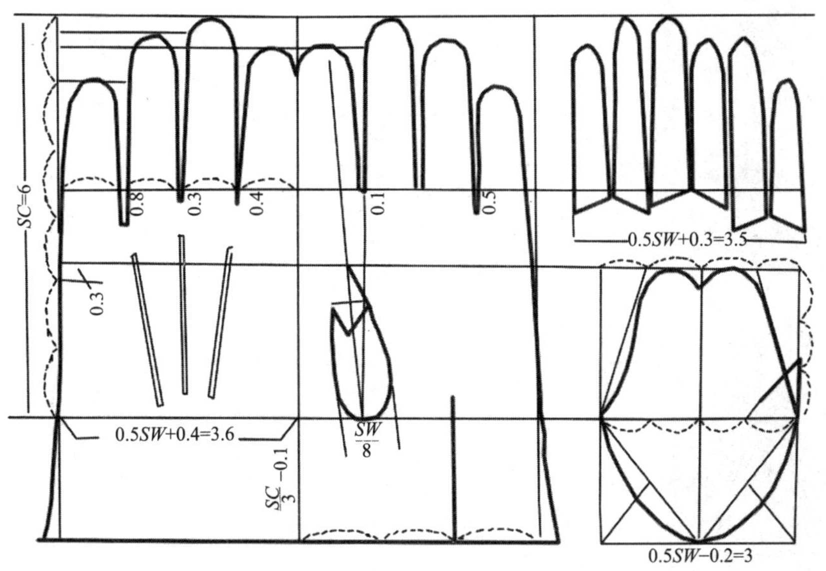

附录

（一）男衬衫参考尺寸

部位	Z（总长）																			
	16	18	20	22	24	26	28	30	32	34	36	38	40	42	43	44	45	46	47	48
	N（年龄）/岁																			
	0.5	1	2	3	4	5	6	7	8	9	11	13	≥14							
L（领围）	7.4	7.6	7.8	8	8.2	8.5	8.8	9.1	9.4	9.7	10	10.3	10.6	10.9	11.2	11.5	11.8	12.1	12.4	12.7
X（半胸围）	9	9.5	10	10.5	11	11.5	12	12.5	13	13.5	14	14.5	15	15.5	16	16.5	17	17.5	18	18.5
J（肩阔）	7.2	7.6	8	8.4	8.8	9.2	9.6	10.1	10.5	10.9	11.4	11.8	12.2	12.6	13	13.4	13.8	14.2	14.6	15
S（袖长）	5.9	6.7	7.5	8.3	9.1	9.9	10.7	11.5	12.3	13.1	13.9	14.7	15.5	16.3	16.7	17.1	17.5	17.9	18.3	18.7
S_1（短袖长）	2.4	2.7	3	3.3	3.6	3.9	4.2	4.5	4.8	5.1	5.4	5.7	6	6.3	6.45	6.6	6.75	6.9	7.05	7.2
C（衣长）	9	9.9	10.8	11.7	12.6	13.5	14.3	15.2	16.1	17	17.8	18.7	19.6	20.5	20.9	21.4	21.8	22.2	22.7	23.1
门幅27 长袖用料			20.5	23	25.5	28	30.5	33	36	39.5	43	46.5	50	53	56	58.5	61	64	67	70
门幅27 短袖用料			16.5	18.5	20.5	22.5	24.5	27	29.2	31.5	34	36.5	39.5	42	45	46	49	51	53	56
g（总体高）	69	77	83	90	98	105	112	120	128	135	142	149	157	164	168	171	175	179	182	186

注：表内年龄为实足年龄（周岁）；除总体高的单位是厘米外，其余单位为市寸。

（二）男式服装参考尺寸

部位	Z（总长）																			
	16	18	20	22	24	26	28	30	32	34	36	38	40	42	43	44	45	46	47	48
	N（年龄）/岁																			
	0.5	1	2	3	4	5	6	7	8	9	11	13	≥14							
L（领围）	8.4	8.6	8.8	9	9.2	9.5	9.8	10.1	10.4	10.7	11	11.3	11.6	11.9	12.2	12.5	12.8	13.1	13.4	13.7
X（半胸围）	9	9.5	10	10.5	11	11.5	12	12.5	13	13.5	14	14.5	15	15.5	16	16.5	17	17.5	18	18.5
J（肩阔）	7.2	7.6	8	8.4	8.8	9.2	9.6	10.1	10.5	10.9	11.4	11.8	12.2	12.6	13	13.4	13.8	14.2	14.6	15
S（袖长）	6.9	7.7	8.5	9.3	10.1	10.9	11.7	12.5	13.3	14.1	14.9	15.7	16.5	17.3	17.7	18.1	18.5	18.9	19.3	19.7
C（衣长）	9.5	10.4	11.3	12.2	13.1	14	14.8	15.7	16.6	17.5	18.3	19.2	20.1	21	21.4	21.9	22.2	22.7	23.1	23.6
Y（半腰围）	7	7.3	7.5	7.8	8	8.3	8.5	8.8	9	9.3	9.5	10	10.5	11	11.5	12	12.5	13	13.5	14
T（半臀围）	9	9.5	10	10.5	11	11.5	12	12.5	13	13.5	14	14.5	15	15.5	16	16.5	17	17.5	18	18.5
KC（裤阔）	11.7	13.1	14.5	15.9	17.3	18.7	20.1	21.5	22.9	24.3	25.7	27.1	28.5	29.9	30.6	31.3	32	32.7	33.4	34.1
d（立裆）	4.9	5.2	5.5	5.8	6.1	6.4	6.7	7	7.3	7.6	7.9	8.2	8.5	8.8	8.95	9.1	9.25	9.4	9.55	9.7
KC_1（短裤长）	6.5	7	7.5	8	8.5	9	9.5	10	10.5	11	11.5	12	12.5	131	3.25	13.51	13.7	14	14.25	14.5
上衣用料 布幅 27				26	29	32	35	38	42	45	48	52	56	60	63	66	69	73	76	79
上衣用料 布幅 43				16.5	18	20	22	24	26	28	30	33	36	38	40	42	44	46	48	50
套装用料 布幅 27				46	51	56	62	69	75	82	89	95	103	111	116	122	128	134	140	146
套装用料 布幅 43				28.5	32	35.5	39	43	47	51	56	60	65	70	74	77	81	85	89	92
g（总体高）	69	77	83	90	98	105	112	120	128	135	142	149	157	164	168	171	175	179	182	186

注：表内年龄为实足年龄；除总体高的单位是厘米外，其余单位为市寸。

（三）女式服装参考尺寸

部位			Z（总长）																	
			16	18	20	22	24	26	28	30	32	34	36	38	40	41	42	43	44	45
			N（年龄）/岁																	
			0.5	1	2	3	4	5	6	7	8	9	10	11	13	≥14				
L（领围）			8.4	8.6	8.8	9	9.2	9.4	9.6	9.9	10.2	10.5	10.8	11.1	11.4	11.7	12	12.3	12.6	12.9
X（半胸围）			9	9.5	10	10.5	11	11.5	12	12.5	13	13.5	14	14.5	15	15.5	16	16.5	17	17.5
J（肩阔）			7.2	7.6	8	8.4	8.8	9.2	9.6	10.1	10.5	10.9	11.4	11.8	12.2	12.6	13	13.4	13.7	13.8
S（袖长）			6.4	7.2	8	8.8	9.6	10.4.2012	11.2	12	12.8	13.6	14.4	15.2	16	16.4	16.8	17.2	17.6	18
C（衣长）			9	9.9	10.8	11.7	12.6	13.4	14.3	15.2	16.1	17	17.8	18.7	19.6	20	20.5	20.9	21.4	21.8
Y（半腰围）			7	7.25	7.5	7.75	8	8.25	8.5	8.75	9	9.5	9.8	10	10.5	11	11.5	12	12.5	13
T（半臀围）			9	9.5	10	10.5	11	11.5	12	12.5	13	13.5	14	14.5	15	15.5	16	16.5	17	17.5
KC（裤阔）			12.2	13.6	15	16.4	17.8	19.2	20.6	22	23.4	24.8	26.2	27.6	29	29.7	30.4	31.1	31.8	32.5
d（立裆）			4.9	5.2	5.5	5.8	6.1	6.4	6.7	7	7.3	7.6	7.9	8.2	8.5	8.65	8.8	8.95	9.1	9.25
上衣用料	布幅	27			23	25	28	32	34	37	40	43	47	51	55	57	60	63	67	70
		43				16	18	19.5	21.5	23.5	25.5	27.5	30	32	34	36	38	40	42	44
套装用料	布幅	27				44	50	54	60	66	72	79	86	93	100	106	111	117	123	130
		43				27.5	31	34	37	41	46	50	54	58	63	66.5	70	74	78	82
g（总体高）			69	77	83	90	98	105	112	120	128	135	142	149	157	160	164	168	171	175

注：表内年龄为实足年龄；除总体高的单位是厘米外，其余单位为市寸。

（四）女式夏装参考尺寸

部位	Z（总长）																	
	16	18	20	22	24	26	28	30	32	34	36	38	40	41	42	43	44	45
	N（年龄）/岁																	
	0.5	1	2	3	4	5	6	7	8	9	11	13	≥14					
L（领围）	7.4	7.6	7.8	8	8.2	8.4	8.6	8.9	9.2	9.5	9.8	10.1	10.4	10.7	11	11.3	11.6	11.9
X（半胸围）	8	8.5	9	9.5	10	10.5	11	11.5	12	12.5	13	13.5	14	14.5	15	15.5	16	16.5
J（肩阔）	6.6	7	7.4	7.8	8.2	8.6	9	9.5	9.9	10.3	10.8	11.2	11.6	12	12.4	12.8	13.1	13.4
S（袖长）	5.9	6.7	7.5	8.3	9.1	9.9	10.7	11.5	12.3	13.1	13.9	14.7	15.5	15.9	16.3	16.7	17.1	17.5
S_1（短袖长）	2.4	2.7	3	3.3	3.6	3.9	4.2	4.5	4.8	5.1	5.4	5.7	6	6.2	6.3	6.5	6.6	6.8
C（衣长）	8	8.9	9.8	10.7	11.6	12.5	13.4	14.2	15.1	16	16.8	17.7	18.6	19	19.5	9.9	20.4	20.8
E（前腰节）			6	6.6	7.2	7.8	8.4	9	9.6	10.2	10.8	11.4	12	12.3	12.6	12.9	13.2	13.5
QC（裙长）	11.2	12.6	14	15.4	16.8	18.2	19.6	21	22.4	23.8	25.2	26.6	28	28.7	29.4	30.1	30.8	31.5
长袖衬衫用料			18	20	22.5	25	28	30	33	37	40	42.5	46	48	51	53.5	56.4	59
短袖衬衫用料			14.5	16.5	18.5	20.5	22.5	24.5	27	29.5	32	34.5	37.5	39.5	42	44	46	48
g（总体高）	69	77	83	90	98	105	112	120	128	135	142	149	157	160	164	168	171	176

注：表内年龄为实足年龄；除总体高的单位是厘米外，其余单位为市寸；用料门幅以27寸计算。

（五）服装号型介绍

全国服装统一号型系列是以人的体型发育情况作为设计各类服装尺码规格的依据。“号”是指人的总体高，是服装长短的标记；“型”是指人的胸围和腰围，是服装肥瘦的标记。实行服装号型系列以后，在选购衣服时，只要告诉营业员你所需要的号和型，就能买到合体的服装。但在选购服装之前，首先要知道自己的总体高、胸围和腰围的尺码。总体高是由头顶垂直量到脚跟的长度；胸围是在腋下用软尺紧贴衬衣外面、通过胸部最丰满处水平围量一周的尺码；腰围是在单裤外腰间最细处水平围量一周的尺码。然后根据这三个数字，选择邻近值的号和型。号型在服装上的标记方法是号的数字写在前面，型的数字写在后面，中间用斜线隔开。例如，在上衣中标记165/88，就表示这件上衣适合身高165厘米、胸围88厘米左右的人穿着。在裤、裙中标记160/72，就表示这条裤子或裙适合身高160厘米、腰围72厘米左右的人穿着。号型系列的分档，身高一般以5厘米为一档，胸围一般以4厘米或3厘米为一档，腰围一般以2厘米为一档。如果你的身高是163厘米，可以选择邻近的165号；胸围86厘米，可选择88型或84型。只要你的身材不起变化，无论是选择什么式样的服装，它们的号型是不变的。

号型标记并不是服装的尺码规格，但服装的尺码规格是根据号型系列制定的。同一号型的服装，不同的式样品种，不同季节穿着，其服装的长短肥瘦规格是不同的，但能适合这一号型的人穿着，而且非常合体。因为服装工厂在按号型设计服装时，已经考虑到穿着季节、内外衣层次等各种因素。

号型服装如果规格系列做齐，基本上可以满足绝大多数人的穿着需要，体型特殊的人也可参考选用。有时可能人的体型实际尺寸和服装的号型系列不能吻合，究竟应该向上靠还是向下靠，选择哪一系列最为恰当，除了按照各人的穿着习惯以外，一般的选用原则是：儿童宜长不宜短，青年人宜小不宜大，成年人宜大不宜小。

参考文献

徐丽. 现代立体裁剪法--D式裁剪[M]. 北京：化学工业出版社，2015.